4차 산업혁명과
건설의 미래

KB143438

4차 산업혁명과
건설의 미래

황승현 저

씨
아이
알

머리말

건설의 매력은 지구상에서 가장 큰 제품을 만든다는 것이다. 지구에서 제공하는 재료를 사용하여 사람들에게 편리하게 이용할 수 있는 공간을 제공해주고, 자연재해로부터 보호해주며, 삶을 보다 풍요롭게 살아갈 수 있는 터전을 만들어주는 것이 바로 건설이다.

하지만 지금, 한국의 건설은 위기를 맞이하고 있다. 건설시장 축소에 따른 기업체질의 열악함과 기능 근로자의 처우 저하 및 고령화, 청년근로자의 감소로 인하여 건설업계 전체가 어려움에 직면하고 있다. 특히 베이비 붐 세대의 인력들이 퇴직에 직면해 있어 이들의 은퇴에 대비하려면 건설노동자의 세대교체를 위한 대책과 이에 따른 생산성향상의 조속한 실현이 강하게 요구되고 있는 시점이다. 그러나 이보다 더 큰 문제는 육체노동을 천시하는 후진적인 노동관이 우리나라 전반에 걸쳐 뿌리내리고 있어 이에 대한 의식변화 없이는 건설업이라는 직종은 점점 어려움을 겪을 것이다.

건설업의 특색으로서는 비양산성, 자연의존성, 노동집약성, 사회 환경의존성 등을 꼽을 수 있다. 건설현장에서는 주로 사람이 조작하는 건설기계나 전동공구를 사용하여 공사 원가절고 생산성향상을 도모해왔지만, 동일 제품이 대량 생산을 목적으로 한 라인화와 자동화 등 공장의 생산성향상을 도모해 온 제조업과는 달리 여전히 대폭적인 생산성향상 실현에는 이르지 못하였다. 다행히 ICT 도입의 인프라가 될 건설데이터 기반으로서의 BIM이 세계적으로 적용되기 시작하였으며 현재 그 보급이나 인식이 확대되고 있다.

따라서 본 책에서는 BIM의 고도화를 도모하고 정보를 기반으로 하면서 현재 세계적인 큰 흐름에 있는 IoT와 CPS라는 개념과 4차 산업혁명으로 대표되는 세계적인 산업구조 변혁의 흐름을 바탕으로 한국이 가진 각종 ICT기술을 조합한 '스마트건설시스템'을 구상하여 건설업이 안고 있는 과제에 대해서 해결이 가능한지를 알아보고자 한다.

구체적으로는 BIM과 드론, 위성측위시스템, 로봇, 각종 센서, 빅 데이터해석, 인공지능 등의 ICT를 연결하여 대량으로 취득되는 데이터 해석을 포함시켜 건설의 설계, 시공 및 유지관리의 라이프사이클에 적용시키면서 '차세대 BIM'으로 전환되는 것을 기대한다. 여기서 얻는 소득은 건설의 발주자, 시공업체, 설계업체, 설비업체와 같은 관계자에 그치지 않고 넓게는 자재·장비를 공급하는 일반 산업계, 동시에 현장에서 일하는 근로자의 복지향상으로도 이어지게 될 것이다.

또한 '스마트건설시스템'은 '스마트 사회'의 일각을 구성하는 시스템으로서 건설업계뿐만 아니라 건설물의 기획조사단계에서부터 완성 후 사회 인프라의 유지관리와 건설물 사용자의 시설관리 등 건설물의 라이프사이클을 통한 다양한 사람들이 이용하는 사회 정보기반의 일부가 될 것이며, 각 방면의 관계자들에게 폭 넓은 지식을 제공할 필요가 있다. 다른 업종이 참여하는 오픈 이노베이션을 활용하여 한국이 직면하고 있는 건설업의 문제와 매력 있는 업종으로의 탈피를 도모하는 근원적인 과제를 해결할 수 있는 사회시스템의 장대한 구상을 그릴 수 있도록 하고자 한다.

이 책이 미래의 건설에 대하여 고민하고 있는 모든 건설인들에게 조금이나마 도움이 되기를 희망하며, 늘 옆에서 격려해주는 아내와 전방에서 군 생활에 최선을 다하고 있는 큰딸, 해외에서 열심히 노력 중인 둘째 딸 그리고 프로그래머 꿈을 키우고 있는 늦둥이 아들에게 고마움을 전하며, 책이 출판되도록 도와주신 씨아이알의 김성배 사장님과 직원들에게 깊은 감사를 드립니다.

2017년 6월

황 승 현

차 례

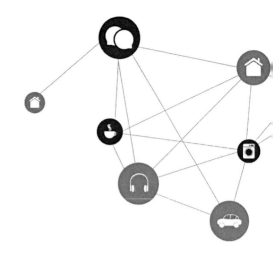

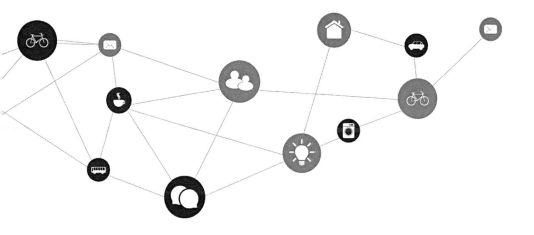

제5장 건설에 적용 가능한 ICT 요소기술

제6장 건설공법의 합리화

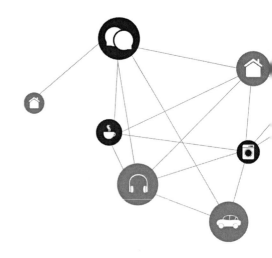

제7장 산업혁명에 대한 건설의 대처

제1장

4차 산업혁명

용어 설명

이 책에는 제4차 산업혁명과 IT, BIM 관련 다양한 용어들이 사용되고 있는데, 건설에 종사하는 이들에게는 다소 생소한 단어일 수 있기 때문에 간략하게 먼저 설명한다.

사물인터넷
IoT: Internet of Things

사물인터넷은 사물에 센서를 부착해 데이터를 인터넷으로 실시간 주고받는 기술이나 환경을 일컫는다. 영어 머리글자를 따서 '아이오티'라 약칭하기도 한다. 이 용어는 1999년 매사추세츠공과대학교MIT의 오토아이디센터Auto-ID Center 소장 케빈 애시턴Kevin Ashton이 향후 전파식별태그RFID와 기타 센서를 일상생활에 사용하는 사물에 넙새만 사물인터넷이 구축될 것이라고 전망하면서 처음 사용한 것으로 알려져 있으며, 이후 시장분석 자료 등에 사용되면서 대중화되었다. 지금도 인터넷에 연결된 사물은 주변에서 적잖게 볼 수 있다.

하지만 사물인터넷이 여는 세상은 이와 다르다. 지금까진 인터넷에 연결된 기기들이 정보를 주고받으려면 인간의 '조작'이 개입되어야 했다. 사물인터넷 시대가 열리면 인터넷에 연결된 기기는 사람의 도움 없이 서로 알아서 정보를 주고받으며 대화를 나눌 수 있다.

가상물리시스템
CPS: Cyber-Physical Systems

가상물리시스템은 로봇, 의료기기, 산업 기계 등 물리적인 실제의 시스템과 사이버 공간의 소프트웨어 및 주변 환경을 실시간으로 통합하는 시스템을 일컫는 용어이다. 기존에 단순하게 기계나 장치에 내장되어 간단한 프로그램만을 수행하던 환경에서 진화하여 다른 기계들과의 연결은 물론이고 기계적으로 운영되던 많은 부분을 소프트웨어가 담당하게 되는 시스템을 의미한다. 주변을 둘러보면 이미 우리를 둘러싼 다양한 산업 분야에서 소프트웨어의 비중이 점점 높아지고 있다는 사실을 피부로 느

[그림] 가상물리시스템의 구성 예

출처: www.jaist.ac.jp/is/labs/lim-lab/research.php

낄 수 있다. 매일 손에서 놓지 않는 스마트폰은 전화기의 기능을 뛰어넘어 하나의 컴퓨터로 진화하였다. 2012년 조사 결과에 따르면 가전제품의 경우 53.7%, 통신장비는 52.7%, 의료분야는 45.5%, 자동차는 35%가량이 소프트웨어의 영역이라고 하며, 1960년대 하늘을 주름잡았던 F-4기의 경우 4% 정도에 불과했던 소프트웨어의 비중이 2000년대 F-22기로 넘어오면서 80% 정도가 소프트웨어의 힘이라고 하니 가히 소프트웨어를 빼놓고 이야기 할 수 없는 세상이 되어가는 것이다. 현실이 이렇다 보니 기업들도 자체적으로 소프트웨어 인력 양성에 열을 올리고 있고 국가에서도 정책까지 동원해 가면서 소프트웨어 미래에 대한 비전을 설계하고 있는 것이다.

증강현실
AR: Augmented Reality

사용자가 눈으로 보는 현실세계에 가상 물체를 겹쳐 보여주는 기술이다. 현실 세계에 실시간으로 부가정보를 갖는 가상세계를 합쳐 하나의 영상으로 보여주므로 혼합현실MR: Mixed Reality이라고도 한다. 현실 환경과 가상 환경을 융합하는 복합형 가상현실 시스템hybrid VR system으로 1990년대 후반부터 미국과 일본을 중심으로 연구·개발이 진행되고 있다. 현실세계를 가상세계로 보완해주는 개념인 증강현실은 컴퓨터 그래픽으로 만들어진 가상환경을 사용하지만 주역은 실제 현실의 환경이다. 컴퓨터 그래픽

[사진] 증강현실의 예
출처: courtesy of Nextspace

[사진] 증강현실의 예(실시간 현장 데이터 피드백에 사용되는 증강현실)
출처: digitalconstructionnews.com

은 현실 환경에 필요한 정보를 추가로 제공하는 역할을 한다. 사용자가 보고 있는 실사 영상에 3차원 가상영상을 겹침^{overlap}으로써 현실 환경과 가상화면과의 구분이 모호해지도록 한다는 뜻이다. 원격의료진단·방송·건축 및 토목설계·제조공정관리 등에 활용되고 있다.

건설 분야에서의 증강현실은 폭 넓은 업무에 활용할 수 있다. 예를 들면 타깃^{target}을 손바닥 위에 올려놓고 회전하거나 기울이면 컴퓨터의 화면에 있는 BIM 모델도 연동하여 움직인다. BIM 모델로 작성한 구조물을 마치 모형을 손에 들고 보는 것과 같은 느낌으로 설계를 확인할 수 있으므로 BIM 소프트웨어를 다루지 못하는 사람도 구조물을 쉽게 확인할 수 있다. 또한 태블릿 PC용이나 스마트폰용의 AR 애플리케이션^{Application}을 사용하면, 내장된 카메라와 GNSS 기능을 이용하여 실제 영상에 BIM 모델을 중첩시켜 표시할 수 있다. 지중에 매설되어 있는 가스관이나 수도관 등을 BIM 모델로 만들어 지중을 '투시'하는 것처럼 지하매설물의 위치를 볼 수 있다. 이와 같이 건설 분야에서의 AR은 해외에서 많은 연구가 진행되고 있는데 이미 실용화하고 있는 곳도 있으며, 유지관리업무를 혁신하는 기술로서 기대하고 있다.

통합 프로젝트 수행방식
IPD: Intergrated Project Delivery

IPD는 미국의 건축업계에서 태어난 새로운 비즈니스 모델이다. IPD는 건축가, 엔지니어, 시공업체, 건물주 등 건축 프로젝트와 관련된 팀이 초기단계에서부터 협력하여 최적의 건축물을 건설하겠다는 공유 목적 아래 가장 효과적인 결정을 공동으로 내릴 수 있는 협업형태이다. 성공한 건축 프로젝트의 요인은 '팀의 돈독한 관계'이며 건축가, 엔지니어, 시공업체가 '좋은 건물을 만들자'라는 목표를 공유한 것이다. IPD는 이러한 성공을 실현하기 위하여 건물주를 설계단계에서부터 참여시켜서 단순히 초기 비용에 그치지 않고 공사일정 및 퍼포먼스라고 하는 목표의 설정에도 관여하게 한다. 동시에 설계, 엔지니어, 시공 등의 각 전문가에게 프로젝트의 결과에 대한 리스크와 보수를 공유함으로써 팀 속에서 서로 책임추궁이나 전가가 아니라 결과 및 문제를 해결하기 위하여 주력하게 된다. 이 IPD의 협업형태에서는 BIM 기술을 프로세스 전반에서 활용하여 항상 일관된 프로젝트 정보를 실시간으로 가시화, 공유할 수 있는 환경이 필요하다. 각 공정에서 전문가의 능력을 충분히 프로젝트에 활용하여 최적의 건축을 실현하기 위해서는 통합된 팀에 의한 IPD의 업무형태와 BIM 환경이 필요한 것이다.

[그림] 통합 프로젝트 수행방식의 구성

출처: Menemsha Development Group 홈페이지

산업용 기초등급
IFC: Industry Foundation Classes

IFC가 만들어진 목적은 서로 다른 소프트웨어끼리 정보를 효과적으로 교환하기 위한 것이다. IFC는 빌딩스마트 데이터모델 표준으로 ISO에 의하여 ISO/PAS 16739로 등록되어 있다. IFC는 특정 소프트웨어 벤더의 소유물이 아닌 중립적인 데이터 모델로 BIM 표준포맷으로 자리 잡고 있다. 건축 분야에서 시작하여 현재는 시회기반시설을 포함하여 환경 분야에서도 사용할 수 있도록 IFC가 확대되고 있다. I는 건설업체industry를, F는 공유 프로젝트·모델의 기초foundation이며, C는 합의 하에 구축하기 위한 공통인 언어로서의 클래스classes를 나타낸다.

IFC가 중요한 것은 건설 산업에서 사용될 다양한 3차원 소프트웨어의 연계를 위해서는 표준적인 포맷이 필요하다. 현재 진행되는 4차 산업혁명에서는 건설뿐만이 아니라 다양한 분야와도 연계가 필요하다. 이에 공통된 언어로서의 IFC는 다양한 데이터를 표준으로 정하여 생산성향상과 효율성 측면에서 각 분야별 연구가 필요하며 국제적인 움직임도 살펴보아야 한다.

[그림] 건설 분야에서 IFC와 다른 분야의 표준관계

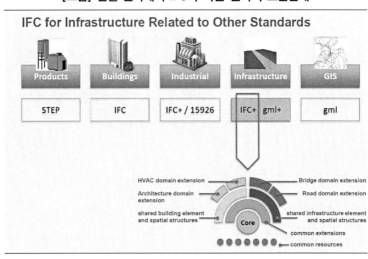

출처: OpenINFRA, 도쿄(2012. 10. 14.)

스마트공장
Smart Factory

Smart Factory는 독일 정부가 제창한 4차 산업혁명을 구현한 형태의 선진적인 공장을 가리키는 것으로 Data중심soft과 설비중심hard이 합쳐진 Data기반의 분석적 공장자동화를 말한다. 센서나 설비를 포함한 공장 내의 모든 기기를 인터넷에 접속IoT하여 품질 및 상태 등 다양한 정보를 '가시화', 정보 간의 '인과 관계의 명확화'를 실현하여 설비끼리M2M: Machine to Machine 또는 설비와 사람이 강조되어 동작하는CPS 것에 의하여 실현된다. 가상물리시스템CPS을 이용하여 실제와 똑같이 제품설계 및 개발을 모의 실험하여 자산을 최적화하고, 공장 내 설비와 기기 간에 사물인터넷IoT을 설치하여 실시간 정보를 교환하게 하여 생산성을 향상시키고 돌발 사고를 최소화한다. 건설업에서는 특히 Precast나 Prefabrication화 할 수 있는 제품에 대한 적용에 유용하게 사용될 것으로 보이는데 이에 대한 연구가 필요하다.

[그림] Smart Factory의 예

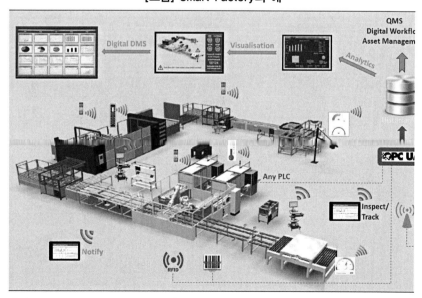

출처: www.smartfactory.ie/smartfactory-efficiency-through-innovation/

웨어러블 디바이스
Wearable Device

Wearable과 Device의 합성어로 옷, 안경, 시계 등과 같이 사용자의 신체에 착용할 수 있는 전자장치를 말한다. 노트북이나 스마트폰 등 단순히 들고 다니는 컴퓨터와 달리 옷이나 손목시계 모양으로 신체에 착용하여 사용하는 것을 말하는데 웨어러블 단말기라고 부르기도 한다. 손목시계타입, 안경타입, 반지타입, 구두타입, 포켓타입, 목걸이타입 등 다양한 유형이 있다. 디바이스는 '단말기' 또는 '장치'라는 뜻이다. 과거에는 몸에 착용하여 이용하는 전자 기기의 단말기는 오직 '웨어러블 컴퓨터'로 불렸으나 최근에는 웨어러블 디바이스로 불리는 것이 많아지고 있다. 웨어러블 디바이스와 웨어러블 컴퓨터는 실질적으로 같지만 디바이스를 주변 기기의 의미로 사용하는 것도 있어 아키텍처 등에서 호칭을 구별하여 사용하는 경우도 있다. 건설안전에 유용하게 사용될 것으로 보인다.

[그림] Wearable Device 연대표

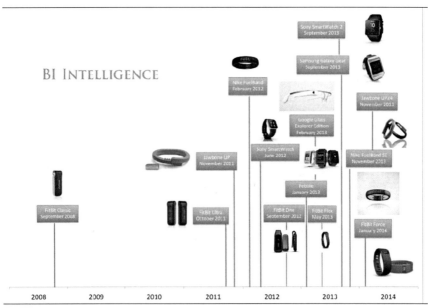

출처: BUSINESS INSIDER 홈페이지

무선인식 또는 전파식별
RFID:
Radio Frequency IDentification

무선주파수^{Radio Frequency}를 이용하여 사물이나 사람과 같은 대상을 식별^{IDentification}할 수 있도록 해주는 기술을 말한다. ID정보를 넣은 RF태그로부터 전자계나 전파 등을 이용한 근거리(주파수대로 수 cm~수 m)의 무선통신으로 정보를 교환하는 기술 전반을 가리키는데, 기존 RF태그는 복수의 전자 소자로 이루어진 회로기판으로 구성되어 있지만 최근에는 작은 One-chip의 IC(집적회로)로 실현되게 되었다. 이는 IC태그라고도 부르는데, 그 크기로 인하여 깨알 칩이라고 불리기도 한다. 일반적으로 RFID는 IC태그, 그중에서도 특히 Passive Type의 IC태그만 가리켜 이용되는 경우가 많다. 비접촉 IC카드도 RFID와 같은 기술을 사용하고 있는데, 넓은 의미에서 RFID의 한 종류로 포함된다. 비접촉 IC카드는 교통카드나 전자 화폐, 사원증, 보안 잠금 등 여러 가지 용도가 있다. 좁은 의미에서 태그와 리더 사이의 무선통신 기술이지만 기술 분야로는 여기에 그치지 않고 태그를 다양한 사물이나 사람에 부착하여 이들의

[그림] RFID 구성도

출처: 12MANAGE 홈페이지

위치와 움직임을 실시간으로 파악한다는 운용시스템 전반까지 포함해서 말하고 있다. 이 기술은 건설 분야에서도 활발하게 연구가 진행되고 있는데, 유지관리 분야, 재해 분야, 현장의 안전관리, 자재추적 등 많은 분야에서 사용될 것으로 보인다.

IC태그
IC Tag

IC태그는 전파를 받고 움직이는 소형 전자장치의 하나로 RFID의 일종이다. IC태그는 물체의 식별에 이용되는 미세한 무선 IC칩으로 자신의 식별 코드 등의 정보가 기록되어 전파를 사용하여 관리시스템과 정보를 송수신하는 능력을 가진다. IC태그는 산업계에서 바코드 대신 제품식별·관리기술로서 연구가 진행되어 왔으나, 여기에 그치지 않고 사회의 IT화·자동화를 추진하는 기반기술로서 관심이 높아지고 있다.

에지 컴퓨팅
Edge Computing

사용자의 근처에 에지서버를 분산시켜 거리를 단축시킴으로써 통신지연을 단축시키는 기술이다. 스마트폰 등의 단말기에서 했던 처리를 에지서버에 분산시킴으로써 애플리케이션의 빠른 처리가 가능하며 실시간으로 서비스나 서버와의 통신 빈도·양이 많은 빅 데이터 처리 등에 효과가 기대된다.

무결절성
Seamless

말 그대로 이음새seam가 없는 환경을 말한다. 사용자가 어떤 애플리케이션을 사용할 때 그 애플리케이션이 PC를 통한 것인지, 전용 단말기를 사용하는 것인지, Web인지 실제 환경이 어떻게 달라지는지 느끼지 못할 정도로 언제 어디서나 '똑같은 환경'을 느끼며 사용할 수 있도록 하여 사용자가 다른 장치 혹은 애플리케이션을 사용할 때와 같은 일을 할 때 다른 무엇인가를 사용하고 있지만 별도의 무언가를 인식해야 할 필요가 없도록 하자는 것이다. 스마트폰에서 Wi-Fi 접속과 휴대 데이터통신 서비스의 변환이 자동으로 이루어지는 경우가 이에 해당된다.

게이트웨이
Network Gateway

여러 대의 컴퓨터와 근거리 통신망LAN : Local Area Network을 상호 접속할 때 컴퓨터와 공중 통신망, LAN과 공중 통신망 등을 접속하는 장치를 가리킨다. 실제로는 미니컴퓨터 등이 사용되고 있으며, 게이트웨이 프로세서gateway processor라고도 불린다. 일반적으로 컴퓨터와 단말기를 공중 통신망을 경유하여 접속할 경우에는 게이트웨이로서는 대규모 장치를 필요로 하지 않는다. 그러나 네트워크 간 통신을 행할 때에는 통신 속도의 제어, 트래픽 제어, 네트워크 사이에서의 컴퓨터 어드레스의 변환 등 복잡한 처리를 행하기 때문에 게이트웨이 프로세서로서는 적지 않게 미니컴퓨터 정도의 능력을 갖는 장치가 필요하게 된다. 요즘은 원래의 정의 대신에 '라우터router'라는 용어가 대신 사용된다. 게이트웨이는 자체 프로세서와 메모리를 가지고 있으며, 프로토콜 변환이나 대역폭 변환을 하기도 한다. 일반적으로 게이트웨이는 근거리 통신망 프로토콜이 하나 이상 설치되어 있는 큰 규모의 네트워크에서 볼 수 있는데, 예를 들어 소프트키네틱사SoftKinetic의 패스트패스fastpath라는 애플토크AppleTalk와 이더넷ethernet 네트워크를 연결할 수 있다.

공급사슬
Supply Chain

기업의 경영관리에 사용하는 용어로 원자재·부품의 조달에서부터, 제조, 재고관리, 판매, 배송까지 제품의 전체적인 흐름을 말한다. 각각의 공정이 따로 있는 것이 아니라 사슬로 연결되어 있다는 의미로 특히 물류의 구조나 상류·하류를 포함한 복수기업 간 연계를 강조하는 경우도 있다. 건설에서도 필요한 시스템이다.

바이탈 센싱
Vital Sensing

고혈압, 고지혈증, 당뇨병 등 성인병은 심장질환, 뇌혈관 질환을 일으키는 위험인자이기 때문에 매일 바이탈을 체크하는 게 중요하다. Cybernics(인간의 신체 기능을 지원·확장하여 기술·산업·사회의 창출을 목표로 하는 학제적인 학문 분야를 말한다. 의료·간호 로봇의 개발과 보급을 비롯한 공학·의학·정보과학·사회과학 등 다양한 학술 영역이 포함된다.) 기술을 이용하여 손바닥 크기의 '바이탈 센서'는 손가락에 끼고 다니면서 약간의 동작으로 혈압, 맥박, 심전, 체온 등의 생리 계측을 간편하게 실현하기 위해 개발되고 있다. 나중에는 가정에서 계측된 정보를 컴퓨터Home Medical Server로 집에서 관리하고 인터넷을 통해서 의료기관에 데이터를 전송함으로써 집에서 의료기관 전문가와 함께 간편하게 매일 매일 Medicare 체크가 가능하다. 열악한 환경에서 작업하는 건설근로자에게도 안전을 위해서 필요한 기기다.

[그림] Vital Sensing

출처: www.cooking-hacks.com 홈페이지

[사진] Laser Range-finder 측정 예
출처: www.eastsiberiasea.cocolog-nifty.com/

레이저 거리 측정기
Laser Range-finder

레이저를 사용하여 한 점 또는 한 물체 까지의 거리를 재는 기구. 전자기파 송 수신 간의 시간을 측정하여 거리를 측 정하고 광원으로 가시광선이나 적외선을 사용한다. 레이저 거리 측정기는 기 존 군사용 광학 거리 측정기나 레이더 측정기를 대체하고 있다. 현장에서 유 용하게 사용될 것으로 보인다.

심층학습
Deep Learning

컴퓨터가 여러 데이터를 이용하여 마치 사람처럼 스스로 학습할 수 있게 하기 위해 인공 신경망(ANN, Artificial Neural Network)을 기반으로 한 기계학습 기술을 말한다. 심층학습은 인간의 두뇌가 수많은 데이 터 속에서 패턴을 발견한 뒤 사물을 구분하는 정보처리 방식을 모방해 컴퓨터 가 사물을 분별하도록 기계를 학습시킨다. 심층학습 기술을 적용하면 사람이 판단 기준을 정해주지 않아도 컴퓨터가 스스로 인지·추론·판단할 수 있게 된 다. 음성·이미지 인식과 사진분석 등에 광범위하게 활용된다. 화제가 되었던 구글의 알파고도 심층학습 기술을 기반으로 한 컴퓨터 프로그램이다.

액추에이터

Actuator

동력을 이용하여 기계를 동작시키는 구
동 장치. 메카트로닉스mechatronics 분야에
서는 어떤 종류의 제어 기구를 갖고 있
는 전기 모터 혹은 유압이나 공기압으로 작동하는 피스톤·실린더 기구를 가
리킨다. 최근에는 신소재를 이용한 인공 근육이나 초소형 액추에이터의 개발
등이 활발하게 이루어지고 있다. 이 구동장치를 이용하여 사람이 착용할 수
있는 장치를 개발하면 무거운 건설기자재도 쉽게 다룰 수 있어 생산성향상에
도움이 될 것으로 기대하고 있다.

제조실행 시스템

MES:

Manufacturing Execution System

공장 생산라인과 작업순서, 입하, 출하
품질관리, 유지보수, 스케줄링 등과 연
계하여 공장기계와 노동자의 작업을 관
리하는 공장정보화 시스템이다.

제조현장의 실시간 모니터링, 제어, 물류와 작업내역 추적관리, 상태파악,

[그림] Manufacturing Execution System

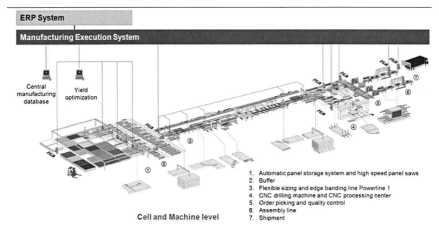

출처: homag-group 홈페이지

불량관리에 초점을 맞추고 있으며, 이를 현장에 국한하지 않고, On-line System 을 이용하여 계층 간 구성요소의 상호교환, 공유를 가능하게 하는 시스템이다.

멀티콥터
Multicopter

3개 이상의 모터 및 프로펠러(로터^{rotor})를 가진 비행체를 일컫는다. 드론^{drone}과 같은 의미로 사용된다. 사람이 타는 정도의 대형 헬리콥터^{helicopter}는 보통 로터가 2개면 충분하기 때문에 이러한 형상을 하는 경우가 거의 없다. 공기역학적인 측면에서 로터가 여러 개 일수록 로터의 효율은 떨어진다. 반면에 RC$^{Radio\ Control,\ 무선원격조정}$나 무인기·드론 등의 분야에서는 널리 사용되는 방법이다. 기술적으로 제어하기 쉽고 장비도 간단하다.

준천정 위성 시스템
QZSS:
Quasi-Zenith Satellite System

준천정 위성 시스템은 준천정 궤도의 위성이 주체가 되어 구성된 일본의 위성 위치확인 시스템이다. '준천정 위성'이라고 하는 경우에는 준천정 궤도의 위성과 정지 궤도 위성의 둘을 합쳐서 부르기 때문이다. 준천정 궤도의 위성을 구별할 필요가 있는 경우는 '준천정 궤도 위성'이라고 한다. 위성 위치확인

[사진] Multicopter의 한 종류
출처: www.pixabay.com

시스템은 위성 전파로 위치정보를 계산하는 시스템으로 미국의 GPS가 유명하며, 준천정 위성 시스템을 일본판 GPS라고 부르기도 한다. 일본은 이 위성을 사용함으로써 정밀도가 좋은 위치정보를 제공하여 건설과 관련된 많은 발전이 기대된다.

레이저 프로파일러
Laser Profiler

레이저광을 사용하여 복잡한 대상물을 고속으로 스캔하여 고정밀도로 3차원 계측을 하는 기기를 말한다. 항공기 탑재에 의한 공중에서의 탐사 기기와 지상에 설치하여 탐사하는 2종류가 있다. 지상형 레이저 계측에서는 계측 현장에서 먼 곳이나 위험한 장소, 접촉하지 못하는 곳 등의 계측에도 적합하다.

이동 지도제작 시스템
MMS: Mobile Mapping System

사진측량기술의 하나로 구현된 CCD카메라charge-coupled device camera와 위치측정 장비GNSS 등의 다양한 센서들을 통합하여 차량에 탑재하고, 차량의 운행과 함께 도로 주변에 있는 지형지물의 위치측정과 시각정보를 취득할 수 있도록 구현한 시스템이다. 기존의 현장측량보다 비

[그림] Laser Profiler에 의한 하수관 스캔 예

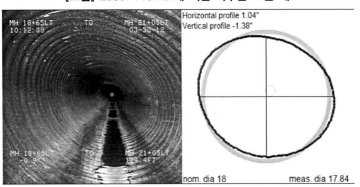

출처: rausch 홈페이지

용, 효율 측면에서 유리하며 수치지도나 3차원 자료의 수정, 갱신 주기를 단축할 수 있어 효과적이다.

다각촬영 항공 카메라
Oblique Camera

다각촬영 항공 카메라는 수직사진과 경사사진을 동시에 촬영하는 항공 카메라를 말하는데, 수직사진(직하)은 주로 수직면(도로와 지붕 등)의 텍스처 이미지texture image, 위치측정, 고정밀도 점군을 추출하고 경사사진(전후좌우)은 주로 벽면의 텍스처 이미지, 수직사진의 정보 보완에 사용한다. 다각으로 촬영하여 취득된 사진은 대부분 전용 소프트웨어에서 처리되는데, 소프트웨어를 사용하면 취득한 여러 장의 경사 사진이 각각 접합되어 겹쳐진 부분을 알 수 없을 정도의 텍스처가 붙여진 3차원 모델이 출력된다. 일반적인 항공 카메라에서는 취득하기 어려운 건물 벽면의 사진을 쉽게 취득할 수 있어 3차원 도시모델이나 자동차 내비게이션용 디지털 지도제작에 이용되고 있다.

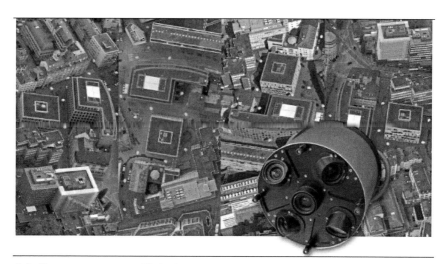

[사진] Oblique Camera 촬영 예
출처: GeoConnexion Limited 홈페이지

SFM:

Structure from Motion

SFM은 1대의 카메라를 이용하여 이동하면서 얻은 이미지(보는 점이 다른 여러 장의 이미지)에서 피사체의 3차원 형상 및 카메라의 상대 위치를 복원하는 장르이다. 이론상 5시점이면 카메라 위치를 추정할 수 있다. 최근에는 인터넷 이미지를 사용하여 거리의 형상을 복원하는 연구도 진행되고 있다. CG분야에서 보면 넓은 의미에서 모델링의 프로세스 측면에서 보면 현실 물체의 3차원 스캔 수법이라고 할 수 있을 것이다.

[표] Structure from Motion의 개요

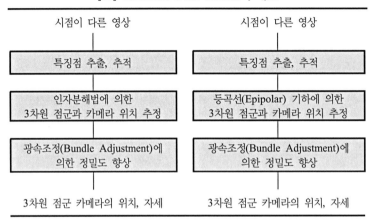

시점이 다른 영상	시점이 다른 영상
특징점 추출, 추적	특징점 추출, 추적
인자분해법에 의한 3차원 점군과 카메라 위치 추정	등곡선(Epipolar) 기하에 의한 3차원 점군과 카메라 위치 추정
광속조정(Bundle Adjustment)에 의한 정밀도 향상	광속조정(Bundle Adjustment)에 의한 정밀도 향상
3차원 점군 카메라의 위치, 자세	3차원 점군 카메라의 위치, 자세

[그림] Structure from Motion의 예

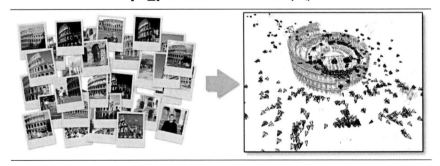

출처: www.cs.cornell.edu/~snavely/bundler/

비주얼 슬램

Visual SLAM:
Simultaneous Localization and Mapping

슬램SLAM이란 자기 위치추정과 환경지도 작성을 동시에 실행하는 것을 말한다. 로봇이나 자동차의 자율주행에서 정확한 자기 위치를 아는 것이 중요한데, 그 방법으로 GPS가 현재 정확도가 가장 높은 자기위치 추정법이다. 그러나 몇 가지 상황(실내, 거리, 터널 안 등)에서는 GPS의 정확도가 떨어져 추정 오차가 커진다. 이런 상황에서 위치정보와 환경지도 작성을 동시에 실시하는 방법인 '슬램'이 활발히 연구되고 있다. 특히 카메라의 이미지정보에 의한 것을 '비주얼 슬램'이라고 부른다. 알고리즘의 상세는 아직 제대로 갖추어져 있지 않지만 '자기위치 추정 → 지도 작성 → 자기위치 추정 → …'처럼 순차적으로 피드백에 의한 보정을 하여 위치정보를 얻고 있다. 비주얼 슬램이 화제가 되고 있는 것은 자율주행 자동차나 청소로봇을 시작으로 자율로봇 전반에 걸쳐 핵심이 되는 기술이기 때문이다. 비주얼 슬램은 증강현실AR에서도 이용된다. RGB-D카메라에서 얻은 정보로 슬램에 의한 3차원 지도를 작성·인식하여 객체를 배치한다.

[그림] Simultaneous Localization and Mapping 예

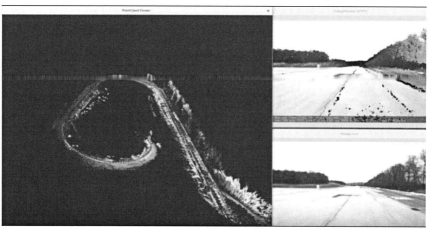

출처: youtube.com

비콘
Beacon

Beacon은 봉화와 횃불이라는 뜻이 있다. 이처럼 Beacon은 '위치와 정보를 동반한 전달 수단'을 파악하는 것이라고 보면 된다. 일본의 도로교통 정보통신 시스템^{VICS}에서는 정체 상황과 소요시간, 통제 등의 정보를 전파 Beacon과 광 Beacon이라고 말하는 것으로 자동차에 정보를 제공하고 있다. Beacon에는 2개의 기능이 있는데, 첫 번째는 iOS기기가 불빛이 영역 내에 들어가고 나가는 것을 감지하는 기능이다. 기기를 검지할 수 있는 범위는 대체로 반경 수십cm, 수십m 정도이다. 두 번째는 불빛이 영역 내에 있는 iOS기기와 불빛사이의 거리를 '멀다' '가깝다' '아주 가깝다'의 3단계로 감지할 수 있다. 이것에 의해서 이용자의 생생한 위치를 파악하여 현 시점의 장소에 있는 사람에게 정보를 보낼 수 있다.

[그림] Beacon의 예

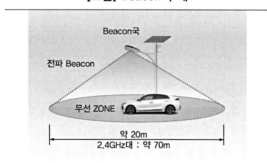

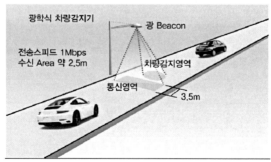

출처: 일본 VICS연락협의회 자료 재구성

비즈니스 프로세스 관리
Business Process Management

비즈니스 프로세스에 분석, 설계, 실행, 모니터링, 개선·재구축이라는 관리 사이클을 적용하여 지속적인 프로세스 개선을 수행한다는 경영 업무개선 컨셉트를 말한다. IT용어로서는 전술한 컨셉트를 실행하기 위해서 복수의 업무 프로세스나 업무 시스템을 통합, 제어, 자동화하여 업무흐름 전체를 최적화하기 위한 기술 및 도구를 말한다.

[그림] 비즈니스 프로세스 관리

출처: www.technologynewsextra.com/

비즈니스 활동 모니터링
Business Activity Monitoring

Business Activity Monitoring은 미리 정한 업무 프로세스대로 작업이 제대로 수행되는지를 실시간으로 감시하는 것으로 업무의 책임자나 경영층이 문제를 신속히 파악할 수 있도록 하여 의사결정속도 향상이나 업무 프로세스의 개선을 도모한다. 2001년 조사 회사인 미국의 가트너Gartner가 제창하였다. BAM에서는 업무시스템에서 처리를 추진할 때 '각 처리에 얼마나 시간이 걸렸나?', '목표 시간에 늦지 않았는가?' 등을 실시간으로 조사한다. 판매관리 시스템이라면 '재고 확인은 순조롭게 진행되고 있는가?' 등을 지켜본다.

글로벌 위성항법 시스템

GNSS:
Global Navigation Satellite System

'글로벌 내비게이션 새틀라이트 시스템'의 영어 머리글자를 딴 것으로 글로벌 위성항법 시스템, 범지구 위성항법 시스템, 전 세계 위성항법 시스템 등으로 번역된다. 우주 궤도를 돌고 있는 인공위성을 이용하여 지상에 있는 물체의 위치·고도·속도에 관한 정보를 제공하는 시스템이다. 작게는 1m 이하 해상도의 정밀한 위치정보까지 파악할 수 있으며, 군사적 용도뿐 아니라 항공기·선박·자동차 등 교통수단의 위치 안내나 측지·긴급구조·통신 등 민간 분야에서도 폭넓게 응용된다. 우리가 널리 알고 있는 GPS^{Global Positioning System}는 미국에서 1970년대 초에 특정대상 물체의 위치를 정확하게 측정하기 위해 만든 군사 목적의 시스템으로 GNSS의 일종이다.

GLONASS^{Global Navigation Satellite System}는 러시아가 미국의 GPS를 견제하기 위하여 독자적으로 개발한 시스템이며, 유럽연합과 유럽우주국이 공동으로 개발한 GALILEO^{Europian Satellite Navigation System}가 있다. 아시아에서는 중국의 BeiDou, 일본은 자체적으로 MSAS 위성과 지역적 정지궤도 위성항법 보정 시스템인 QZSS 위성이 있다. 또한 인도는 IRNSS를 2013년에 완성하여 운영하고 있다.

GNSS는 ICT와 융·복합을 통해 다양한 부가가치 창출이 가능한 핵심 정보로 4차 산업혁명에서는 가장 기반이 되는 기술이기도 하다. 건설 분야에서도 위치정보를 취득하는 데 있어 필수적인 시스템으로 정밀도를 높이는 노력이 필요하기도 하다.

[그림] GALILEO의 배치 이미지

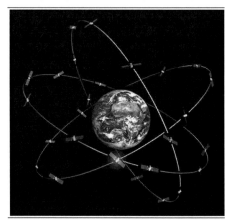

출처: ESA.

머신 가이던스

MG: Machine Guidance

TS, GNSS의 계측기술을 이용하여 시공기계의 위치와 시공정보로부터 설계값(3차원 설계 데이터)과의 차이를 산출하여 오퍼레이터에 제공하여 시공기계의 조작을 지원하는 기술을 말한다.

[그림] 굴삭기에 설치하는 MG 기기 예

inclination sensor
TS-i3

GNSS antenna
PG-S3

Controller
MC-i4

Control Box
GX-55

출처: 일본 topcon 홈페이지

「그림」 굴삭기에 설치된 컨트롤 화면

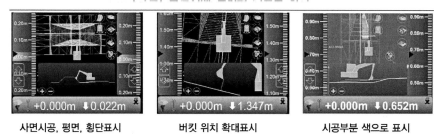

| 사면시공, 평면, 횡단표시 | 버킷 위치 확대표시 | 시공부분 색으로 표시 |

출처: 일본 topcon 홈페이지

머신 컨트롤
MC: Machine Control

머신 컨트롤은 토털스테이션과 GNSS의 계측 기술을 이용하여 시공기계의 위치정보·시공 정보 및 현장상황(시공상황)과 설계 값(3차원 설계 데이터)과의 차이를 차재 모니터를 통해서 오퍼레이터에 제공하여 조작을 지원하는 머신 가이던스Machine Guidance의 기술에 시공기계의 유압제어 기술을 조합하고, 설계 값(3차원 설계 데이터)에 따라서 기계를 실시간으로 자동 제어하여 시공하는 기술이다.

예를 들어 일본의 진동 로라 전압시스템은 GNSS에 의해서 얻은 위치정보로부터 시공 영역에서의 진동롤러의 다짐횟수, 평면위치를 오퍼레이터에게 실시간으로 제공하는 동시에 시공이력을 자동으로 기록하여 기존 인력 혹은 패스 카운터 등에 의한 다짐횟수와 비교하여 확실한 시공관리와 에너지절약을 실현하고 있다. 무선 LAN을 이용하면 현장사무소에서 진동롤러에 직접 시공지점의 지시가 가능하며, 진동롤러의 실시간 모니터링도 할 수 있다.

머신 컨트롤을 사용하면 작업 효율의 향상, 공기 단축, 공사 현장의 안전성

[그림] 머신 컨트롤

출처: http://leica-geosystems.com/

향상, 건설 현장의 이미지 제고, 숙련자 부족에 대응, 기술 경쟁력 강화 등의
장점이 있어 미래의 기술로 각광받고 있다.

[그림] 토털스테이션을 이용한 머신 컨트롤

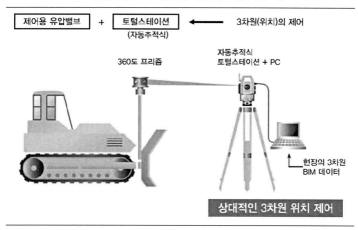

출처: www.kobeseiko.co.jp/machine_control.html

[그림] GNSS를 이용한 머신 컨트롤

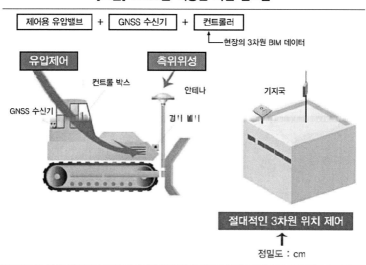

출처: www.kobeseiko.co.jp/machine_control.html

프런트 로딩
Front-loading

BIM에서 가장 많이 나오는 용어로 일반적으로 설계 초기 단계에 부하를 걸어^{loading} 작업을 조기에 추진하는 것을 말한다. BIM 접근에서는 설계초기에 3차원 모델과 필요한 속성정보를 만들어 정보를 활용한 시뮬레이션과 검증을 실시함으로써 초기 단계에 많은 업무를 실시하여(프런트 로딩) 사전에 설계검토나 문제점의 개선을 도모함으로써 빠른 단계에서 설계 품질을 높일 수 있다. 종래는 모형을 만들어 설계검토, 수정, 확인을 했지만 BIM도입으로 이러한 공정으로 바꾸고, 3차원 모델을 가상으로 가시화하여 시뮬레이션에 의한 검증을 실시하여 용이하게 품질의 최적화를 도모할 수 있게 되었다. 일반적으로 설계단계의 전체 공정 중에서 업무협의에 대부분의 시간을 소비하는 국내의 설계현실에서 빈발하는 설계변경에 따른 스케줄의 장기화 및 낭비적 비용의 발생을 사전에 줄일 수 있어 효과적이며, 특히 시공단계에서 발생하는 설계오류를 가시화에 의하여 사전에 차단함으로써 시공단계에서의 설계변경도 줄일 수 있다.

[그림] Front-loading

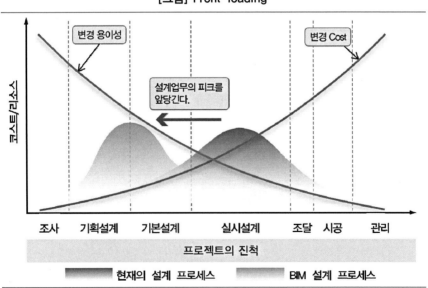

페이퍼리스
Paperless

페이퍼리스는 데이터나 자료를 종이에 인쇄하고 보관·공유·열람 등을 하던 것을 컴퓨터 시스템상에서의 파일의 조작이나 화면 표시로 대체하려는 것으로 기업의 업무 효율화 및 원가절감 노력의 일환으로 해외 많은 기업이 도입하고 있다.

대량고객화
Mass customixation

대량고객화란 대량생산mass production과 맞춤customization이 결합된 용어로 맞춤화된 상품과 서비스를 대량생산을 통해 비용을 낮춰 경쟁력을 창출하는 새로운 생산·마케팅 방식을 말한다. 주로 마케팅, 제조업, 콜센터, 경영전략론의 용어로 컴퓨터를 이용한 유연한 제조시스템에서 특별 주문품을 제조하는 것을 가리킨다. 저렴한 대량생산 공정과 유연한 개인화personalization를 조합한 시스템이다. 대량고객화는 제조업과 서비스업에서의 새로운 비즈니스 경쟁 무대이다. 비용을 증대시키지 않고 다양한 커스터마이즈customize를 가능하게 하고 있다. 최소한 개별적으로 커스터마이즈된 제품이나 서비스를 대량으로 생산하는 것이 잘 되면 전략적 우위와 경제적 가치를 가져다준다.

트랜스폰더
Tranopondor

트랜스폰더는 TRANSmitter(송신기)와 resPONDER(응답기)의 합성어로 위성에 탑재되는 장치로 개발되었다. 수신한 전기 신호를 중계 송신하거나 전기 신호와 광신호를 서로 변환하거나 수신신호에 어떠한 응답을 돌려주는 기기의 총칭이다. 2차 레이더라고도 한다. 통신 분야에서는 중계기, 전파응용 분야에서는 응답 장치라고도 불린다.
방식에는 수신한 전파의 주파수를 재송신전파의 주파수로 직접 변환·증폭하는 단일방식과 수신의 주파수를 일단 중간 주파수로 변환하여 증폭한 다음,

재송신 주파수로 변환·증폭하는 2중방식이 있다. 방송위성의 경우는 단일방식이 쓰인다.

가치사슬
Value chain

Value chain이란 1985년 미국의 하버드대학교 마이클 포터M. Porter의 저서 '경쟁 우위 전략'에서 사용한 말로 가치사슬로 번역된다. 포터는 가치사슬의 활동을 주 활동과 지원 활동에 분류하였다. 주 활동은 구매 물류inbound logistics, 운영(제조), 출하 물류outbound logistics, 마케팅·판매, 서비스로 이뤄지며, 지원 활동은 기업 인프라, 인재 자원관리, 기술개발, 조달로 구성된다.

가치사슬이라는 말이 나타내는 것과 같이 구매한 원재료 등에 대해서 각 프로세스에서 가치value를 부가하는 것이 기업의 주 활동이라는 콘셉트에 입각한 것이다. [매출] − [주 활동 및 지원 활동의 비용] = 이익margin이기 때문에 그림으로 표시하는 경우에는 가치사슬의 가장 하류에 이익이라고 기재된다. 주 활동의 구성 요소 효율을 높이거나 경쟁 타사와의 차별화를 통하여 기업의 경쟁우위가 확립되는 것으로 하였다.

또한, 가치사슬이 기업의 경쟁우위성을 갖는 이유는 기업 내부의 다양한 활동을 서로 연결시킴으로써 시장 니즈에 유연하게 대응할 수 있게 되어 결과적으로 고객에게 가치를 가져오는 것이 요구된다. 즉, 비용 리더십 전략cost leadership strategy으로 차별화 전략을 취하여 단순히 그것을 끌어내기 위한 각각의 시스템을 독립적으로 구축하는 것이 아니라 그것들을 잘 연결시켜 '기업 전체에서 이들의 전략이 실제로 달성할 수 있는가?'를 생각할 필요가 있다.

임베디드 시스템
Embedded system

임베디드 시스템이란 특정 기능을 실현하기 위해서 가전 제품이나 기계 등에 추가로 탑재되는 컴퓨터 시스템을 말한다. PC 등의 범용적인 시스템과 대비되며, 특정 기능을 실현할 목적으로 추가된다. 산업용 기기, 의료용 기기, 가정용 기기 등 제어를 필요로 하는 많은 제품에 이용되고 있다.

임베디드 시스템이 등장하기 이전에 장치의 제어는 주로 전기·전자 회로가 가져오는 현상적인 전기량이나 기계적인 기구의 조합 등에 의하여 직접적으로 실현하였다. 이들의 제어적인 기능을 소프트웨어로 함으로써 장치의 정확한 상태 감시, 판단, 복잡한 명령의 조합 등을 실현할 수 있으며, 기능의 추가나 변경도 쉽게 할 수 있다. 임베디드 시스템 중에서도 휴대전화나 디지털 가전, 자동차 등 다기능 시스템에서는 여러 개의 하드웨어와 소프트웨어가 조합되어 있어, 많은 개발인력과 개발기간을 요하는 대규모 임베디드 시스템으로 불린다. 최근 마이크로프로세서의 가격 인하, 성능 향상으로 임베디드 시스템 도입은 확산되고 있는 추세이다. 기능의 추가나 변경이 소프트웨어로 가능하기 때문에 전기·전자 회로의 변경을 최소화하여 비용도 줄일 수 있어 광범위한 제품에 탑재되고 있다.

포그 컴퓨팅
Fog Computing

방대한 양의 데이터를 먼 곳에 있는 커다란 데이터 서버에 저장하지 않고, 데이터 발생 지점 근처에서 처리하는 시스코CISCO의 기술을 말한다. 데이터에 빠르게 반응할 수 있다는 장점이 있다.

포그 컴퓨팅은 클라우드 컴퓨팅 기능을 네트워크 엣지(network edge)에서 확장시키는 기술이다. 포그 컴퓨팅의 낮은 지연시간, 위치인식, 실시간 상호작용 및 광역 지리분배wide geo distribution 능력 때문에 거의 실시간으로 주변상황을 감지하고 반응하는 것이 가능하다.

예컨대 도로에서 구급차가 감지되면 신호등을 즉각적으로 초록불로 바꿔주는 스마트 교통신호 등에 사용될 수 있으며, 열차운행 시 선로에 문제가 있을 때 기관사에게 바로 경고를 보낼 수 있다. 스마트시티에서 음향센서와 포그 컴퓨팅 인프라를 연결하면 총소리, 가해자, 피해자, 도움을 요청하는 소리 등을 정확히 판별하여 관련기관에 자동으로 신고하는 시스템을 도입할 수 있다.

가설검증
Hypothesis testing

가설검증hypothesis testing이란 가설의 진위를 사실 정보에 근거한 실험 및 관찰 등을 통해서 확인하는 것을 말하는 것으로, 경영 전략의 입안 및 마케팅 등의 활동에 필요한 '사고思考의 프로세스'에 해당한다. 가설검증은 현대의 사업가businessperson에게 요구되는 '사고의 프로세스'이다. 사실을 알려고 하는 것에 따라 관찰과 정보 수집이 필요하게 되지만, 무엇을 원하는지 알지 못하면 방대한 정보 속에서 필요한 정보를 효율적으로 수집할 수 없다. 또한 다양한 정보를 나열하는 것만으로는 과거의 현상을 파악하여 그 원인과 추가 전략을 찾아내기는 어렵다. "어쩌면 이렇게 되는 것이 아닌가?", "이런 사태가 일어나고 있는 것은 아닌가?" 등 가상의 답을 갖고 그 답을 이끌어 내기 위해서 정보를 수집하고 조합하는 것이 중요하다. 이 가상의 답이 '가설'이며, 이런 생각을 가지면서 사고하는 것을 가설사고라고 한다. 그리고 이 가설이 옳은지 검증을 추진하는 것이 가설검증이 된다.

눈앞에 성큼 다가온
4차 산업혁명

우리는 지금 새로운 산업혁명의 파도가 밀려오는 해안가에 서있다. 이 변혁의 규모, 범위, 복잡성은 인류가 지금까지 경험한 적이 없는 것이다. 아쉽지만 이것이 어떤 전개를 보일지 아직 모르지만 우선은 그동안 '산업혁명'으로 불리는 것과 무엇이 어떻게 다른지 알아보자.

1차 산업혁명에서는 증기기관의 발명이 종전의 수공업에서 기계공업으로 산업구조의 전환을 촉구하였다. 2차 산업혁명에서는 전력을 이용하여 기계화가 추진되면서 대량생산이 가능한 공장제 기계공업의 형태로 변해 갔다. 3차 산업혁명(디지털혁명)에서는 일렉트로닉스electronics와 정보기술Information Technology을 구사한 생산의 자동화가 추진되었다.

현재 진행 중인 4차 산업혁명에서는 가상공간Cyber Space의 뛰어난 컴퓨팅 능력과 현실세계Physical System의 센서 네트워크의 다양한 정보를 연계시켜 보다 효율적인 생산 실현을 목표로 삼고 있다. 또 인공지능, 로보틱스robotics, IoT, 자율주행자동차, 3D인쇄, 나노기술Nano Technology, 바이오기술biotechnology, 재료과학material science, 에너지 저장기술, 양자 컴퓨팅Quantum computing 등과의 융합에 특징이 있다. 예를 들면 인공지능 자체는 이전부터 연구되고 있었지만 최근의 지수 함수적인 컴퓨팅 파워의 증대와 빅 데이터 처리기술로 신약개발에서부터 예측기술의 정교하고 치밀함까지 그동안의 산업혁명과 비교해서 여러 기술 분야의 교류가 기술혁신의 속도를 가속시켰으며 향후 더 큰 변모를 예감할 수 있다.

매스컴이나 온라인매체 등에서 제4차 산업혁명이라는 단어가 자주 등장하고 있는데, Industry 4.0은 독일 정부가 추진하는 제조업의 고도화를 목표로 하는 전략적인 프로젝트이며, 정보기술을 구사한 제조업 혁신을 말한다. 공업, 특히 제조업을 고도로 디지털화함으로써 제조업의 양상을 근본적으로 바꾸어 대량고객mass customization화를 가능하게 하며, 제조비용을 대폭 절감하는 것에 중점에 둔 것이다. 모든 기기가 인터넷에 연결되고 또 빅 데이터를 구사하며 기계끼리 연동하여 작동함으로써 기계와 사람이 연계하여 움직이는 것으로 제조현장이 최적화될 것으로 예상하고 있다.

현재 독일의 전자기기 제조사와 자동차 회사, IT·통신 업체들이 중심이 되어 '스마트공장smart factory', 즉 '스스로 생각하는 공장'을 목표로 기기의 개발과 빅 데이터의 취급·표준화를 진행하고 있다. 공장을 중심으로 인터넷을 통해서 모든 사물과 서비스가 제휴함으로써 새로운 가치와 비즈니스 모델의 창출을 목표로 한 대처이며, 독일뿐 아니라 미국이나 일본에도 파급되어 미국에서는 '산업인터넷Industrial Internet'으로 같은 대처가 이루어지고 있다.

Industry 4.0의 어원을 살펴보면 1차 산업혁명에서는 물·증기를 동력원으로 한 기계를 이용한 생산을 가리키며, 2차 산업혁명에서는 전기를 사용하여 기계를 움직이고 분업 시스템을 도입함으로써 대량생산mass production이 가능하게 되었으며, 3차 산업혁명은 컴퓨터 전자공학을 사용한 오토메이션(컴퓨터 통합생산)이 실현되었다. Industry 4.0은 그것에 이어 '4차 산업혁명'이라는 뜻에서 명명된 것이다. 영어로는 Industry 4.0, 독일어로는 Industrie 4.0이라고 적는데 한국에서는 Industry 4.0으로 인지되고 있지만 인더스트리 4.0이나 인더스트리얼 4.0으로 표기되기도 한다.

Industry 4.0의 이론적 원류는 '탈공업생산ordustry' 이론이다. 2004년 5월에 출판된 일본의 카와야스지河內保二가 쓴 '체크리스트에 의한 소량, 단기납기 생산모델 봉제공장 실천가이드(섬유유통연구회 발행)'의 제13장에 '객업 개별생산모델로의 도전 가이드'에 서술되어 있는 내용이 Industry 4.0의 이론적 원류라고 주장하고 있다. 이 책은 중국어와 일본어로 동시에 출판되었는데 책의 생산이론 자료 편에는 그 이론의 근거가 되는 자료가 첨부되어 있다. 이 책은 중일 양국에 출시되면서 특히 중국에서 많은 관심을 받았다. 객업생산客業生産은 공업의 대량생산을 멈추고, 맞춤으로 하는 것을 말하는 것으로 저자에 의해 공업이 아닌 객업으로 명명되어 'ORDUSTRY'라는 신조어를 만들어 21세기의 생산모델로 제창된 이론이다. 이 방식은 EU의 섬유·의류업계에 알려지면서 그 해 12월에 EU섬유의류산업협회EURATEX의 2020년 비전에 다음과 같이 받아들여져 발표되었다. 'EU는 상품commodity을 탈출하여 커스터마이즈customize 생산으로'라는 제목으로 20세기의 '무엇이든지 양산', '언제든지 양산'이라는 공업생산은 공업제품의 상품화라는 초저가치화를 초래하는 것으로 섬유·의류제품의 상품화를 벗어나기 위하여 제품의 차별화를 도모하면서 대량생산을 폐지하고 맞춤화customization의 전환을 추진하겠다고 하는 것이다. 이것은 바로 '객업생산'의 생각과 이 전형의 2020년 비전이다. 생산을 대량 생산에서 실수요의 맞춤화로 바꾸는 생각은 그 뒤 2011년에 독일 정부의 제4차 산업혁명으로 삼아 개발 프로젝트 'Industry 4.0'으로 거론되기에 이르렀다. 독일이 제창한 Industry 4.0에서 실현하는 것을 요약하면 다음과 같다.

- 사물의 인터넷(IoT)화로 설비가 사람과 협조하여 움직이는 사이버물리 시스템Cyber-physical System을 실현
- 증강현실Augmented reality을 활용하여 운영자operator의 작업을 지원
- 빅 데이터Big data와 클라우드 컴퓨팅Cloud computing을 활용한 철저한 품질추적관리 및 공정개선
- 소비자에 맞춘 단품과 다양한 상품 만들기이며 대량고객화이다.

4차 산업혁명이 가져올 가능성과 과제

지금까지의 산업혁명과 마찬가지로 4차 산업혁명은 사람들의 소득수준과 생활 수준 개선에 기여할 가능성을 지니고 있다. 이미 구현된 최근의 예로는 우버^{UBER1)}, 에어비앤비^{Airbnb2)}를 꼽을 수 있다. 이것 이외에도 인터넷 최대 쇼핑몰인 아마존^{Amazon}은 '디지털 혁명의 산물'로 태어난 인터넷 쇼핑몰의 형태를 취하는 것의 상품을 주문 다음날에 고객의 품에 전달하기 위해서는 실제 세계에서의 배송센터 확충만이 아니라 주문 이력에 기초한 고객 분석 및 지역별·계층별 수요예측, 이것들을 바탕으로 최적의 재고관리 등 후위처리^{back-end}의 가상공간 처리에 힘입은 바가 크며, 4차 산업혁명이 가져온 서비스라고 말할 수 있다. 앞으로도 효율과 생산성 향상으로 수송과 통신에 드는 비용을 점점 줄이는 물류^{logistics}의 개혁이 진행되어 비약적인 경제성장을 가져올 것으로 예측하고 있다. 다만, 4차 산업혁명이 우리에게 가져다주는 것이 좋은 것만 있는 것은 아니다. 미국 매사추세츠 공과대학교^{MIT}의 경제학자인 에릭 브링졸슨^{Erik Brynjolfsson}과 앤드류 맥아피^{Andrew Mcafee}교수가 지적했듯이 이 혁명은 빈부격차의 증가와 노동시장 붕괴를 초래할 위험성을 지니고 있다. 기술의 진보가 가져오는 근로자의 배치전환으로 일반적으로 생각해보면 사람들이 보다 안전하고 수입이 오를 가능성도 있지만, 자동화가 널리 퍼짐으로써 기존 인력이 작업하던 것을 기계화가 진행되어 '저기술/저임금'과 '고기술/고임금'으로 노동시장이 양분되면서 중산층이 없어져 사회적인 긴장이 고조될 가능성도 있다. 이미 세계에서 이른바 중산층의 사람들이 상황에 불안을 느끼고 있으며, 빈부격차가 더욱더 확대되어 불공평한 사회가 가속화될 것으로 생각하고 있다. 일자리 감소와 사생활 침해 등 4차 산업혁명의 부작용을 최소화하려면 정부와 기술자들이 협력하여 정책을 만들고 중장기적으로는 정책·기술 융합 전문가들을 최대한 육성해야 한다.

---

1) 택시 호출에서 요금 지불까지 모두 스마트폰 앱상에 끝낼 수 있다.
2) 세계의 독특한 숙박시설을 인터넷이나 스마트폰 등으로 검색·예약할 수 있다.

4차 산업혁명이 가져올 비즈니스 임팩트

기존의 요구를 충족시키는 참신한 방법을 만들어내는 기술이 도입된 결과, 업계가 해온 그동안의 가치사슬value chain이 혼란에 빠지고 말았다는 것은 자주 있는 일이다. 수요자 쪽에서도 현재의 모바일 네트워크mobile network 보급과 거기에서 얻어진 투명성이 높은 최신의 정보가 새로운 소비자 행태의 패턴을 낳았고, 제품과 서비스를 공급하는 쪽에서는 디자인, 시장, 배송 및 제공 서비스에서의 대응을 강요당하고 있다.

이미 아마존Amazon의 예를 보았지만 아마존 프라임Amazon prime과 같이 고객 시선에서의 서비스 제공, 고객 분석과 수요예측 등으로 사이버 공간을 최대한 활용한 제품과 서비스 제공, 드론을 이용한 배송분야의 이노베이션, 다음날 배송에 그치지 않고 당일 배송이 가능한 비즈니스 모델 지향 등 이들은 모두 4차 산업혁명이 가져온 기술 덕분이라고 생각해도 좋을 것이다.

단순한 디지털혁명(3차 산업혁명)에서 여러 분야의 기술 융합에 기반을 둔 이노베이션(4차 산업혁명)으로의 이행이 불가피한 가운데 비즈니스 리더에게는 현업을 재검토하여 비즈니스 환경의 변화에 대응하기 위한 과제를 파악하여 끊임없이 진지하게 개혁하는 자세가 필요할 것이다.

특히 '사물통신'으로 불리는 M2MMachine to Machine 시대의 4차 산업혁명에서는 지금까지 추구해온 인간과 인간의 관계지향적인 비즈니스로는 살아남기 힘들 것으로 보인다. 기존의 관념을 뛰어넘는 새로운 형태의 비즈니스를 만들어가야 할 것이다. 예를 들어 지금까지 현장작업 위주의 건설을 3D프린터와 로봇을 이용한 자동화된 건설현장이 가까운 미래에 펼쳐질 것으로 기대하고 있다. 이렇게 되면 지금까지 건설업의 큰 과제인 생산성은 물론이고 품질 및 안전 등 모든 면에서 획기적으로 발전하게 될 것이다. 이러한 건설기술은 4차 산업혁명이 가져다주는 기술을 어떻게 융합하여 만들어낼 것인가를 지금부터 고민하면서 연구개발에 임해야 할 것이다.

4차 산업혁명이 초래하는
행정에 대한 임팩트

3차 산업혁명까지만 해도 행정에 의한 규제가 신기술의 적용과 보급에 결정적인 역할을 해왔다. 4차 산업혁명으로 단순한 정보공개가 아닌 쌍방향 대화가 가능하게 되면 업계와 수요자는 행정과 마주하면서 자신의 의견을 밝히고 적극 협력하게 되어 행정에 의한 규제는 불필요하게 될지도 모른다. 한편, 4차 산업혁명이 가져다 줄 신기술에 관한 권한의 조정 및 재분배를 실시할 필요가 줄어들면 행정이 가지고 있는 본연의 자세를 변경해야 하는 압력에 직면하게 될 것이다.

궁극적으로 행정이 생존할 수 있을지는 '규제'라는 상명하복의 자세가 아니라 향후 더욱더 늘어날 창조적 파괴를 수반한 다양한 분야의 신기술 군에 대해서 어떻게 타협할 수 있는지 투명성을 담보로 하여 효율적으로 처리할 능력이 있느냐에 달려있다. 그러기 위해서는 그동안 행정이 해온 '규제'는 무엇 때문에 필요했는지를 되묻고, 급속히 변모하는 환경 속에서 신기술에 관해서 산업계와 수요자가 밀접하게 협력하여 신속하고 적절한 정책을 내놓아야 할 필요가 있다. 현재의 건설 산업은 르네상스시대부터 이어져온 같은 방법의 설계와 시공, 유지관리를 산업혁명을 거치면서 조금씩의 변화를 가져왔지만 프로세스 자체에 대한 변혁은 이루어지지 않았다. 산업화의 과정을 거치면서 수많은 종류의 기준과 법규, 지침 등이 만들어지면서 행정에 의한 '규제'가 건설 산업의 발전을 더디게 하고 있는지도 모른다. 특히 건설 산업의 특성상 민간보다는 정부주도의 산업이기 때문에 행정에 의한 '규제'는 당연하다고 생각하는 의식이 더 큰 문제일지도 모른다. 4차 산업혁명의 시대를 맞이하면서 앞서가는 기술발전에 비하여 상대적으로 더딘 행정에 의한 '규제'는 과감하게 정리할 필요가 있다. 최소한의 법규만을 남겨두고 정리함과 동시에 모든 행정에 의한 '규제'도 기업이 신기술개발과 건설프로세스를 변혁할 수 있도록 바뀌어야 할 것이다. 이제는 '규제'가 아닌 건설 산업을 '지원'하는 행정으로 거듭나야 세계의 경쟁에서 살아남을 것이다.

4차 산업혁명이 가져다 줄 사람에 대한 임팩트

4차 산업혁명은 우리의 생활뿐만이 아니라 우리의 정체성과 이에 수반되는 문제에까지 영향을 미칠 것이다. 문제가 될 사항은 프라이버시, 소유의 개념, 소비 패턴, 일과 여가에 소비하는 시간, 경력 쌓는 방법, 기술의 습득, 타인과의 만남과 관계의 구축 등을 꼽을 수 있다.

예를 들어 인체에 센서를 부착하고 활동수준과 혈중성분을 모니터링 하여 '정량화'된 정보를 바탕으로 정신적^{mental}인 것을 포함한 건강관리에 이용하거나, 가정이나 직장에서의 생산성에 대한 영향을 알아보려는 연구가 이루어지고 있으며 인간의 특성이나 재능을 높이는 '인간능력강화'기술도 곧 실용화될 것이다. 다만 이 영역에서는 사생활문제, 생명공학^{biotechnology}과 인공지능^{Artificial Intelligence}이 가져올 사람의 수명이나 인지, 그밖에 소질의 강화에 관해서 도덕적·윤리적인 관점에서 검토가 필요하다.

건설 산업에 있어서는 현장의 특수성으로 야외나 지하 등 항상 위험에 노출된 환경에서의 작업이 주류를 이루고 있기 때문에 안전관리 측면에서는 4차 산업혁명이 가져다 줄 혜택이 클 것으로 예상된다. 하지만 업무처리에 상당수준의 자동화가 이루어진다고 해도 라인화로 대표되는 제조업의 생산방식과는 다르게 경험에 의한 일처리에 의존하는 경우가 많고, 상황에 따라 신속하게 대처해야 할 부분이 많은 특성으로 인하여 센서나 웨어러블^{wearable}기기를 사용하는 것은 일하는 사람(근로자)에게 걸림돌이 될 수 있으며, 기계화된 일처리를 강요하는 상황에 놓이게 됨으로써 잘못된 판단과 오판으로 전혀 다른 결과물을 생산할 가능성이 존재한다. 따라서 육체노동을 천시하는 후진적인 노동관이 팽배해져 있는 한국인의 의식으로 젊은 층이 건설을 외면하면서 숙련공이 점점 줄어드는 현재 상황을 고려하여 일하는 근로자의 프라이버시를 지키면서 안전하고 쾌적한 건설 환경을 구축할 수 있는 건설생산시스템을 만들어갈 수 있는 연구가 필요하다.

4차 산업혁명에 의한
미래의 구축

4차 산업혁명의 신기술은 그것이 가져올 혼란이 사람의 지혜가 미치지 못하는 곳에 있다는 것을 잊어서는 안 된다. 국가, 소비자, 투자자 각각의 입장에서 결단을 내리고 그 진화를 올바른 방향으로 이끌어내는 역할을 다할 필요가 있다. 그리고 4차 산업혁명은 우리의 공통 목적과 가치를 반영하여 미래로 향하도록 해야 한다.

그러나 이렇게 하려면 신기술이 어떻게 우리의 생활에 영향을 미치며 경제·사회·문화·인간 환경을 어떻게 재구축할지 세계적으로 포괄적인 공통 인식을 가질 필요가 있다.

안타깝게도 지금의 의사결정자는 자칫 전통과 관례에 근거한 직선적인 사고에 얽매어 있거나, 눈앞의 이익에만 급급한 나머지 시선을 빼앗겨 전략적인 대응을 할 수 없기 때문에 밝은 미래를 구축하기 위해서는 '사람'을 첫째로 생각할 필요가 있다. 그렇지 않으면 인간성을 빼앗긴 로봇화된 인류의 미래가 기다리고 있을 수 있을 것이다.

반대로 4차 산업혁명이 가져올 기술은 상상력creativity·감정이입empathy·책무이행stewardship이라는 인간성 중에서도 최고 파트의 능력을 보완하여 인간성을 운명 공동체로서 도덕적인 집합 의식으로까지 높이는 것도 결코 꿈이 아니다. 이것은 개개인의 의무이기도 하다.

지금 4차 산업혁명에 대해서 다양한 해석과 추론이 난무하고 있다. 이들의 개념을 제대로 정리하여 애매한 개념을 함부로 지지하거나 현혹되거나 해서는 안 될 것이다. 산업혁명의 강점과 범위를 제대로 이해하고 스스로 강점을 해치지 않으면서 개념을 이용해야 할 것이다. 특히 건설인의 시각에서 비전을 확실히 정하여 내다보고 행동하는 것이 건설이 처한 현실을 극복하고 미래를 극복할 수 있기 때문에 서두르지 말고 장기적인 액션플랜과 일관된 정책으로 추진해나가야 할 것이다.

독일의 첨단기술전략
Industrie 4.0

앞에서 잠깐 소개하였지만 4차 산업혁명을 이끌고 있는 나라는 독일과 미국이다. 독일은 'Industrie 4.0'이라는 이름을 사용하고 있고, 미국은 'Industrial Internet'이라는 이름을 사용하고 있다. 따라서 산업혁명을 먼저 제창한 독일이 2013년에 발표한 자료인 'Recommendations for implementing the strategic initiative INDUSTRIE 4.0'의 내용을 요약하여 소개하도록 한다.

독일의
Industrie 4.0이란

독일의 과학기술 이노베이션innovation의 기본정책인 '첨단기술전략 2020'의 '미개 프로젝트'라는 이름의 액션플랜action plan의 하나로 2025년에 달성하는 것을 목표로 하고 있다. 이 액션플랜에 의해 독일정부는 Industrie 4.0으로 명명한 고도의 제조기술 연구개발을 내걸고 산업계·학계·정부가 합동으로 대규모 프로젝트를 추진하고 있다. Industrie 4.0은 사물인터넷Internet of Things: IoT과 생산자동화Factory Automation 기술을 구사하여 공장 안팎의 사물과 서비스를 연계함으로써 지금까지 없었던 가치와 새로운 비즈니스 모델 창출을 겨냥한 차세대 제조업의 콘셉트이다. 현대의 제조업이 직면하고 있는 과제는 주로 생산성, 속도, 유연성으로 Industrie 4.0을 실현함으로써 이들을 극복하고 이를 위한 기술개발과 산업구조의 변화를 추진한다. Industrie 4.0의 실현에는 제품설계와 생산설비설계, 생산, 관리에 이르는 가치사슬value chain 전체를 망라한 다양한 ICT기반이 필요하다.

정책수립의 경위를 살펴보면 독일에서 처음 제정된 과학기술혁신 기본정책인 '첨단기술전략'은 개인, 기업, 사회가 지속적으로 이노베이션을 일으킬 수 있는 환경을 정비하는 것을 목적으로 2006년에 발표되었다. 독일의 기술혁신 능력을 유지하고 산업 거점으로서의 지위를 확고히 하기 위하여 2007년부터 2010년까지 17개의 기술 분야와 관련된 횡적인 활동에 146억 유로를 투입하였다. 그 뒤 2010년에 제2차인 '첨단기술전략 2020'이 제정되어 학계, 산업계, 정부의 연계강화를 추진하고 있다. 앞으로의 전략과 다른 부분은 사회적 과제, 글로벌 이슈 해결을 도모하기 위해서 수많은 시책 및 프로젝트를 추진한다고 하는 요구needs형의 정책이 되고 있다는 점이다. '첨단기술전략 2020'에서 추출된 중점 분야는 환경·에너지, 건강·식량, 수송, 안전, 통신의 5개로 이 분야의 다양한 과제 해결을 위하여 10개 항목의 '미래 프로젝트'라는 액션플랜action plan이 2011년까지 순차적으로 발표되었다. 그중 하나가 Industrie 4.0이다.

첨단기술전략 2020의 미래 프로젝트는 발표초기(2010년)에 11개 항목이었다. 그중에 'IT를 활용한 에너지 절약'과 '미래의 근로 형태·조직'이 통합되어 10번째의 액션플랜으로 2011년 11월에 가결 단계에 이르렀다. 이에 앞서 2011년 11월에 연방교육연구장관의 자문기관인 연구연맹Forschungsunion Wirtschaft und Wissenschaft 경제과학 워킹그룹이 출범하여 액션플랜의 책정을 받아 연구연맹과 독일의 공학아카데미ACATECH가 합동검토위원회를 만들어 2012년 1월부터 12월까지 실시권고 제언을 작성하게 되었다. 이 그룹은 2명의 회장 체제로 산

[그림] 산업혁명의 4단계

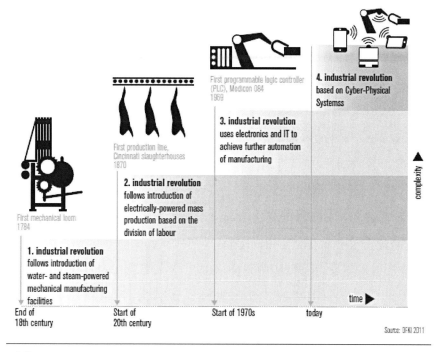

출처: Recommendations for implementing the strategic initiative INDUSTRIE 4.0(2013)

업계 대표로 보쉬[Bosch]의 부사장인 다이스 박사[Dr. Siegfried Dais], 다른 한 명은 독일 공학아카데미 회장인 헤닝 카거만[Dr. Hennig Kargermann]이다.

미래 프로젝트인 Industrie 4.0이 수립되기 훨씬 이전부터 첨단기술전략의 틀 안에서는 정보 통신 및 제조기술 분야기 중접최되어 여러 펀딩프로그램[funding program]이 실시되었다.

교육연구부[BMBF] 산하에는 SPE13, SemProM14가, 경제에너지부[BMWi] 주관으로 NextGenerationMedia15, Autonomik16 등이 있다. 또, 2011년부터 조성이 시작된 양 부서의 공동 펀딩 프로젝트 ICT2020은 조성 금액이 상당한 규모의 펀딩이다. Industrie 4.0은 정책으로서는 새로운 것으로 독일 국내에서는 차세대의 제조기술에 관한 연구 개발이 추진된 것이다.

Industrie 4.0의 정의

Industrie 4.0은 4차 산업혁명의 뜻이다. 1차 산업혁명은 18세기의 증기기관에 의한 기계적인 생산설비의 도입, 2차 산업혁명은 19세기 후반의 전기에 의한 대량생산을 가리키는 것은 논란의 여지가 없다. 3차 이후는 전문가에 의해서 정의가 분분하지만 독일 정부의 견해는 70년대의 컴퓨터에 의한 생산의 제어로 견해를 나타내고 있다. 그리고 현재 인류는 4차 산업혁명의 단서가 된다고 규정하고 독일은 그중에서 이니셔티브initiative를 목표로 하고 있다.

정보통신기술과 생산기술을 통합하는 것이 Industrie 4.0의 콘셉트이며 독일의 강점인 기계와 설비에 관한 기술과 시스템 개발이나 관련 소프트웨어 개발 능력을 활용하여 생산의 디지털화로 스마트공장smart factory을 실현한다는 것. 좁게는 이 강점을 활용하여 새로운 세대의 제조를 선도하기 위한 정책을 Industrie 4.0이라고 부른다. 그러나 현재는 정보계열, 제조계열, 통신계열, 수송, 재료 등 다양한 산업 분야와 대학, 연구기관 및 연방·주정부와 유럽의 일부로 개념이 확산되어 참여자가 늘고 있어 단순한 정책의 틀을 넘어 새로운 제조업의 콘셉트로서 정의하는 경우도 있다.

'차세대 제조업으로의 변환을 위해서는 독일은 이중전략double strategy을 추구해 간다.'라는 연구연맹과 독일 공학아카데미의 실시권고 제언이 기술되어 있다. 이중dual 전략은 하나의 독일에 대하여 기계, 설비산업이 향후 세계시장에서 주도적 지위를 유지하기 위해서 정보통신기술과 전통적인 제조업을 결과적으로 통합하여 지식 집약적인 기술의 공급자supplier가 되는 것. 한편, 가상물리시스템Cyber physical systems 기술을 생산 현장에 하루라도 빨리 실현시켜 효율이 좋은 생산을 하는 생산 거점으로서의 독일을 확고히 하여 자동차를 비롯한 제품을 전 세계에 수출하는 등의 두 가지를 동시에 달성하는 것이다.

주도적인 생산기술 제공자로서의 관점에서는 세계 3위의 기계수출력과 정보공학, 소프트웨어 개발력을 연계시킴으로써 혁신적인 비약이 가능하다고 보고 있다. 이를 실현하기 위해서는 이미 존재하는 기술과 CPS를 조합, 개량하여 자동화기술 및 시스템 최적화의 혁신을 추진하여 새로운 시대의 가치창조 네트워크를 위한 비즈니스모델을 만들어 제품과 서비스를 결부시키는 것을 목표로 하고 있다.

생산 거점으로서 성공의 열쇠는 복수의 제조거점과 공장 내의 각 부문을 네트워크network화하여 기업의 경계를 초월한 협력체계를 구축하는 것이라고 밝혔다. 게다가 생산뿐 아니라 디자인, 부품 및 소재의 조달, 프로그램, 수송, 유지관리까지 가치창조 네트워크와 제품 라이프사이클PLC: Product Life Cycle을 망라한 논리적이고 일관된 디지털화가 필수이다. 새롭게 형성되는 가치창조 네트워크에 오늘날 이미 전 세계에서 활약하고 있는 글로벌 기업과 독일 내에서 틈새시장을 지탱하는 중소기업을 통합하는 것이 산업구조에 균형을 초래하여 제조 국가로서의 본질적인 강인함으로 이어진다고 보고 있다.

Industrie 4.0의 추진 체계

Industrie 4.0의 추진을 위한 Industrie 4.0 플랫폼이라는 산학관의 전략책정위원회가 조직되어 2013년 4월에 출범하였다. 본부를 프랑크푸르트에 두고 사무국을 산업계 3단체(BITOKOM, VDMA, ZVEI)[3]가 맡고 있다. 사무국에서는 우선 개발 분야 8개를 선정하여 워킹그룹을 만들어 연구개발 로드맵을 작성하여 진행하고 있다.

① 정보네트워크의 표준화와 참조모델reference architecture
② 복잡한 시스템 관리
③ 광역 광대역broadband의 인프라infra
④ 네트워크 보안network security

---

3) 독일 IT·통신·뉴 미디어 산업연합회(BITOKOM), 독일 기계공업연맹(VDMA), 독일 전기·전자공업연맹(ZVEI)

⑤ 디지털 산업시대의 노동조직과 일하는 방법

⑥ 인재육성과 지속적인 전문교육

⑦ 법적인 기본조건, 규제

⑧ 자원의 효율적인 이용

이 가운데 ①의 정보네트워크의 표준화와 참조아키텍처 워킹그룹에서 2014년 4월에 로드맵을 발표하였다. 플랫폼의 체계는 그림(Industrie 4.0 Platform 체계도)과 같다. 플랫폼의 중심이 되는 것은 운영위원회로 전략의 수립이나 작업의 진행사항을 확인한다. 대표자 회의 및 과학적인 자문회의는 각각의 전문적인 지식과 전략적인 조언을 실시하고 있다. 운영위원회의 멤버는 다음 표와 같다.

[표] Industire 4.0 Platform 운영위원회 멤버

기업, 단체명	업계	담당	성명
ABB AG	중전기	연구개발부장	Christoph Winterhalter
Hewlett Packard GmbH	컴퓨터	사업개발담당	Johannes Diemer
Bosch Rexroth AG	산업기계	Industrie4.0 담당	Olaf Klemd
IBM Deutschland GmbH	소프트웨어	소프트영업부장	Friedrich Vollmar
Deutsche Telekom AG	통신	홍보부장	Thomas Schiemann
Infineon Technologies AG	반도체	부사장	Dr. Thomas Kaufmann
FESTO AG & Co. KG	산업기계	메커트로닉스부장	Bernd Kärcher
PHOENIX CONTACT Electronics GmbH	전자 모듈	시스템부장	Hans-Jürgen Koch
TRUMPF Werkzeugmaschinen GmbH	산업기계	시스템개발부장	Klaus Bauer
WITTENSTEIN AG	산업기계	부사장	Dr. Bernd Schimpf
Robert Bosch Industrietreuhand KG	자동차부품	부사장	Dr. Siegfried Dais
SAP Deutschland AG & Co. KG	소프트웨어	제조 · 자동차부문	Dr. Daniel Holz
Siemens AG	산업기계	연구개발부장	Dr. Wolfgang Heuring
ThyssenKrupp AG	철강· 공업제품	기술개발부장	Dr.-Ing. Reinhold Achatz
VDMA	산업 단체		Rainer Glatz
BITKOM	산업 단체		Wolfgang Dorst
ZVEI	산업 단체		Dr. Bernhard Diegner
Technische Universität Darmstadt	대학	교수	Prof. Dr.-Ing. Reiner Anderl

[그림] Industrie 4.0 Platform 체계도

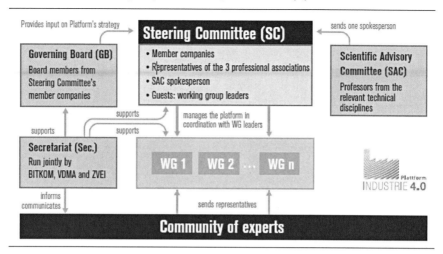

출처: Recommendations for implementing the strategic initiative INDUSTRIE 4.0(2013)

이 멤버 구성에서 짐작할 수 있듯이 자동차 산업이나 소비재 회사뿐만이 아니라 시스템 통합업체system integrator, 중전기, 기계 산업 등에서 추진을 희망하는 기업들이 모여 스마트공장 실현을 위한 전략 입안을 실시하고 있다.

Industrie 4.0
중점과제

Industrie 4.0 추진에 있어서 대상으로 하는 기술 분야는 그림 'Industrie 4.0 인구개발 영역'과 같다. 특히 임베디드 시스템embedded system CPS와 스마트공장 2개 분야의 연구개발이 우선시되고 있어 상기의 각 프로젝트에서는 이 분야의 이노베이션이 기대되고 있다.

CPS는 이미 자동차 내비게이션 시스템 등에서 실용화되고 있다. 네트워크에 접속된 내비게이션 소프트웨어에 의해서 리얼한 도로 상황으로부터 모바일 데이터 트래픽의 정체 정보를 이용하여 주행을 어시스트하는 경로 안내를 하는 기술 등이다. 다른 예로는 항공 전자공학이나 철도기술 분야에서 운행 지

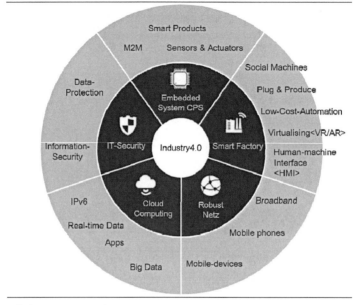

출처: Fraunhofer IAO/BITKOM

원과 교통관제 시스템에 응용되고 있다. 이것을 생산 현장에서 실현하겠다는 것이 Industrie 4.0 주요 테마의 하나이다. 공장에 있어서 CPS의 내장은 비즈니스 모델이나 경쟁의 균형을 파괴적으로 바꿀 가능성을 가지고 있어 CPS에 의한 새로운 서비스의 제공은 혁명적인 애플리케이션, 새로운 가치사슬을 만들어 자동차, 에너지, 기계 등 독일의 강점인 산업의 대변혁을 가져온다고 여겨진다. CPS의 기술적 요건은 모바일 인터넷·접근 및 접근성이다. 자율적인 생산시스템을 결합하기 위한 네트워크와 최적의 센서, 고도의 작동기술 혁신을 위해서 연구 개발이 이루어지고 있다.

CPS와 투톱two top을 이루는 것이 스마트공장 영역의 연구이다. 조작기술과 기기의 인터페이스를 개선하여 사람과 기계의 인터페이스에 관한 기술, 기계와 기계가 자율적으로 강조하여 특별한 프로그램을 필요로 하지 않는 연계를 가능하게 하는 기술(Plug&Produce)의 연구추진이다.

이 2개의 영역 이외는 Industrie 4.0의 인프라스트럭처^{infra structure}라는 사고로 많은 프로그램, 프로젝트는 임베디드 시스템과 스마트공장의 연구에 집중하고 있다. 이들 개별 기술개발 외에 정부와 관련단체가 특히 힘을 쏟고 있는 분야와 연구과제는 다음과 같다.

[그림] Value Chain을 수평적으로 통합

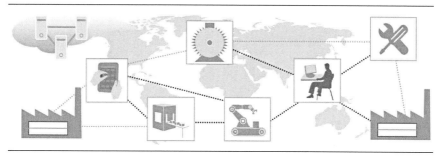

출처: Recommendations for implementing the strategic initiative INDUSTRIE 4.0(2013)

[그림] 수평적 가치의 네트워크

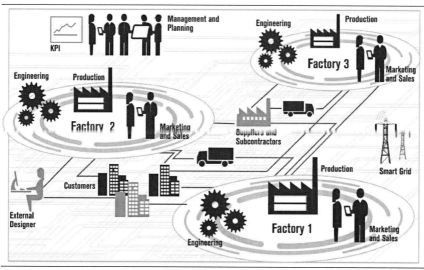

출처: Recommendations for implementing the strategic initiative INDUSTRIE 4.0(2013)

◩ 수평적인 통합을 기반으로 하는 가치창조 네트워크의 구축

스마트공장에서는 인간, 기계, 자원이 사회 네트워크에서처럼 서로 지식을 가지고 있다. 스마트공장에서 생산된 스마트 프로덕트smart product는 언제 제작되어 어떤 파라미터parameter로 자신을 가공하여 어디에 납품할지 등 능동적으로 제조 프로세스manufacturing process를 지원한다. 디자인에서부터 유지보수에 이르는 다양한 생산 리소스에 있어서 자재, 에너지, 정보의 흐름을 IT로 연결하면서 입안 시스템, 제어 시스템을 포함한 것이다.

◩ 생산시스템의 일관된 디지털화

스마트공장은 장래로 보면 하나로 존재하는 것이 아니라 스마트 모빌리티smart mobility 스마트 물류smart logistic, 스마트 그리드smart grid, 스마트 시티smart city와 미래의 통합형 인프라의 중요한 구성요소로 이루어진다.

◩ 공장 내, 기업 내의 수직적인 유연한 시스템 구축

기업 내의 능동자 레벨, 수용자 레벨, 제어 레벨, 생산지도 레벨, 기업관리레벨에 있어서 각 단계의 다양한 IT시스템을 통합하는 것을 가리킨다.

[그림] 생산 단계에서의 수직적인 통합

Services
Production
Production engineering
Production planning
Product design and development

출처: Recommendations for implementing the strategic initiative INDUSTRIE 4.0(2013)

Industrie 4.0
횡단적인 과제

⬐ 표준화

Industrie 4.0 Platform의 워킹그룹은 '정보네트워크의 표준화와 참조아키텍처'에 대한 대응을 담당하고 있다. 공장 내의 통신규격 표준화를 서두르면서 생산 공정에서 서로 다른 기계끼리 연결할 때의 낭비를 배제하는 것이 목적이다. 그 목적 중 하나는 국제경쟁에서 우위를 점하기 위한 Industrie 4.0이라는 팀에 독일 국내의 중소기업이 참가하기 쉬운 조건을 갖추는 것이다. 공장설비나 인력확보에 있어서는 차세대 즉, 현 시점에서 존재하지 않는 제조방법에 선행적으로 투자하기에는 위험 부담이 크다. 국내 총 기업 수의 99% 이상을 차지하는 중소기업을 이끌어 참여를 촉진하기 위해서는 규격의 통일이 급선무이다. 또한 향후 독일의 차세대 제품제조의 콘셉트를 EU 각국에 확대하기 위해서도 표준을 만들어 둔다는 전략은 중요하며, 독일이 주도권을 쥐는 형식으로 자동화 기술의 표준화를 위하여 2014년 7월에 국제전기표준회의IEC에 Industrie 4.0 전략그룹을 설치하기도 하였다. 독일 전기기술위원회DKE는 2013년 말에 로드맵 Ver.1.0을 발표하였다. 국제표준(IEC, ISO), 유럽표준CENELEC과

[표] 표준화 테마의 영역

1	System architecture
2	Use Cases
3	Fundamentals
4	Non functional properties
5	Reference models of the technical systems and process
6	Reference models of the instrumentation and control functions
7	Reference models of the technical and organizational process
8	Reference models of the functions and roles of human beings in Industrie4.0
9	Development
10	Engineering
11	Standard libraries
12	Technologies and solutions

출처: 독일 전기기술위원회(DKE) 로드맵 Ver1.0(2013)

의 연계를 중시하여 국내업계·단체의 전문지식을 살려 적극적으로 국제표준단체를 움직여 시스템 관련 절차와 영역을 넘나드는 콘셉트에 중점을 두고 있다. 그밖에 DKE는 독일표준협회^{DIN}와 협력하여 정보기술로 전기공학 분야에 대해서 조정위원회를 설치하고 협력하여 표준화를 추진하고 있다.

한편 참조 아키텍처는 공장 내의 제조 프로세스의 통합, 장치나 기기의 연계, 디자인에서부터 서비스에 이르는 각 레벨의 엔지니어링(프로덕트 라이프사이클 관리^{PLM})에 의한 호환성 관리와 공장관리 시스템의 통합^{integration}을 가리키는 것으로 기술적인 표현이나 실용단계의 규칙을 총칭하여 '참조 아키텍처^{reference} ^{architecture}'라고 부르며 소프트웨어 및 관련된 서비스에 탑재하여 이용 가능하게 하는 것을 나타낸다.

특히 공장의 관리와 운영관리 소프트웨어의 통합은 현재 인접한 레벨에서 밖에 할 수 없으며, 상호 소통이 불가능한 피라미드형의 생산에서는 할 수 없는 것이 분산형이기 때문에 복잡한 정보의 교환이 가능하게 하는 것을 실현하는 것이 시급하다.

[그림] Industrie 4.0 참조 아키텍처에 포함된 다양한 시각의 예

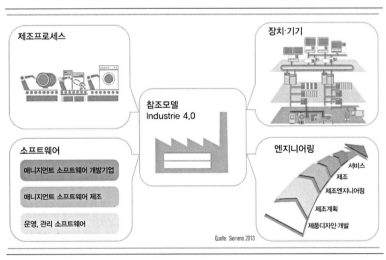

출처: Industrie4.0 Platform 실시권고제언서(2013)

➎ 복잡한 시스템의 모델화

전술한 Industrie 4.0 플랫폼이 나타내는 실시권고 내용에 제품과 그 생산 시스템은 기능의 추가, 제품의 원본성, 공급의 유동성 증가, 조직 통폐합의 증가, 기업 간 연계에 따라 복잡해지고 있다고 한다. 이 복잡성을 관리하는 수단으로서 모델화를 Industrie 4.0의 중요 요소로 자리 매김하고 있다. 모델화에 의한 시뮬레이션으로 생산현장에서 오류의 조기발견, 요건의 조기검증, 대책의 향상으로 리스크 경감이 가능하다. 설계자에 의해서 구축된 계획과 현실세계의 인과관계를 나타내는 리얼한 정보를 조율함으로써 기술의 효율적인 개선을 꾀하는 것이다. 이 제언에 제시된 예에서는 차례로 일어나는 프로세스를 시뮬레이션 함으로써 생산에 필요한 공급자의 대책을 분석, 선정하여 균등한 생산을 가능하게 할 수 있다. 가령 예측할 수 없는 환경요건과 세계정세의 변화로 생산현장에서는 공급자 교체가 일어날 수 있다. Industrie 4.0이 되면 이런 현상을 시뮬레이션으로 극복하여 생산 중단을 막는 것이 기대된다. 실제로 독일 소프트웨어개발 기업에서는 유사한 시스템을 개발하여 판매를 시작하였으며, 고성능의 소프트웨어에 의한 생산현장 개선이 현실 단계에 와있다.

[그림] 사물인터넷을 서비스의 인터넷과 연결하기 위한 참조모델

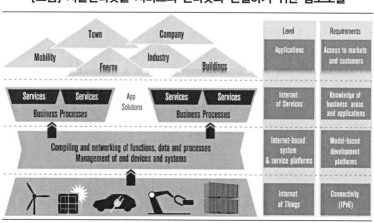

출처: Industrie4.0 Platform 실시권고제언서(2013)

❯ 안전과 보안

제품과 생산기술에 따라서 2개의 안전 관점이 중요하다. 사람이나 환경에 위험이 미치지 않고(안전성 : Safety) 설비나 제품 자체 특히 그것에 포함되는 데이터와 지적소유권을 악용과 무단 액세스로부터 보호해야 한다(보안 : Security). 안전성의 문제는 지금까지도 생산기술 설비의 설치나 그 제품에서는 중요하며, 이런 종류의 시스템의 제조·운용에 관한 많은 규격이나 표준에 의해서 규제되고 있다. 1960년대 말에 기계나 전자기기에 정보기술이 처음 도입되면서 생산에서 안전요건은 한층 높아졌다. 안전성의 요소인 기능 안전성의 검증이 더욱 복잡해지는 한편, 서서히 보안도 문제로서 인지되게 되었다. 그러나 보안의 실현은 진행이 늦어 겨우 일부가 해결되고 있을 뿐이다. Industrie 4.0에서는 CPS에 의거한 생산시스템이 고도의 네트워크 컴포넌트가 되어 실시간으로 정보교환이 실시될 것으로 기대되고 있다. 따라서 다음의 보안 대책이 성공할 경우에 한하여 Industrie 4.0의 달성이 가능하다.

- 설계 단계부터 보안 기능의 구현
- 생산 프로세스 전체 안전의 확보

더욱 중요한 것은 시스템이 정확하게 작동함으로써 보장되는 기능 안전성이 다양한 보안대책(암호법 또는 인증법)의 영향으로 잘못 작동하게 되는 문제의 해결이다. 또한 그 반대의 영향으로서 특정 체계 때문에 구축된 안전상 중요한 기능이 시스템 전체의 안전성을 위협하는 것을 막는 것이다.

❯ 인재 육성과 노동

Industrie 4.0에서는 생산자원과 과정을 상황에 맞게 제어, 조정하는 능력이 근로자에게 요구된다. 근로자는 트러블 처리나 번잡한 정상작업routine work에서

면제됨으로써 창조적이고 가치창출을 위한 노동에 집중할 수 있게 될 것으로 보인다. 게다가 노동 내용과 조건이 유연하게 됨으로써 인재의 유동성과 보다 개인에게 알맞은 일자리 확보가 기대되고 있다. 다만 새로운 가상작업 환경의 요건은 작업 능력의 유지와 확보의 위험도 내포하고 있다. 기술적인 통합이 진행될수록 유연성이 요구되어 가상과 경험세계 사이의 긴장이 고조되면서 확대될 것으로 예상된다. 작업 프로세스의 전자화·가상화가 진행되어 행동능력의 상실, 자기행위로부터의 이탈 경험이 생길지도 모른다. 이러한 관계 속에서는 직장 조직, 지속적인 교육활동, 기술/소프트웨어·아키텍처가 서로 조정되어 '일체'로 집중하여 전개되는 사회 기술적인 설계가 이뤄질 필요가 있다고 덧붙이고 있다.

IT전문 자격도 Industrie 4.0에 의해서 근본적으로 변화할 것이 예측된다. 예상되는 응용 영역의 다양성에서 교육의 표준화에는 한계가 있다. 디지털 경제의 요건을 교육에 도입하기 위해서는 제조 산업과의 대화가 점점 중요하며, 기업과 대학이 밀접한 관계를 쌓아 나가야 한다. 자연과학과 엔지니어링뿐만이 아니라 관리나 프로젝트 관리와 같은 광범위한 전문 지식에 더욱더 대처하는 것도 필요하다는 인식이다.

Industrie 4.0 로드맵

독일의 미래 프로젝트 Industrie 4.0은 2020년부터 2025년까지 실현하는 것을 목표로 실시되고 있다. 교육연구부 BMBF가 내놓은 'Industrie 4.0 미래상'에 따르면 Industrie 4.0이 계획대로 실시되어 생산의 디지털화가 진행되면 2025년에는 중국, 미국을 제치고 세계 제1의 수출국이 될 것으로 예상하고 있다. 2014년 4월에 Industrie 4.0 플랫폼이 내놓은 각각의 연구 영역에 관한 백서에 따르면 앞에서 언급한 3요소 실현을 위한 타임 프레임time frame을 설정하고 있다.

[그림] Industrie 4.0 실현을 위한 로드맵

2015	2018	2025	2035

서플라이 체인 네트워크의 수평통합	새로운 비즈니스모델
	서플라이 체인의 프레임워크
	서플라이 체인의 자동화
PLC에 일관된 엔지니어링	사이버피지컬 시스템
	시스템 엔지니어링
생산시스템의 수직통합	센서 데이터의 분석과 데이터에 기초한 프로세스의 오퍼레이션
	자율성, 유연성, 가변성
노동의 새로운 사회인프라	다양한 어시스턴트 시스템
	기술의 수용도와 디자인
횡단적 기술의 지속적 발전	Industrie 4.0을 향한 모바일 환경
	안전에 관한 기술
	참조모델과 서비스모델의 구축

출처: Industrie 4.0 Platform Whitepater(2014)

기대되는 성과, 제조업에 미치는 영향

앞에서 서술한 여러 과제를 극복하고 기반이 되는 기술의 연구개발이 단계적이지만 순조롭게 진행된다는 전제하에서 2025년 독일 제조업은 아래의 목표를 달성할 수 있다고 여기고 있다.

▧ 개별화 생산

저비용으로 소비자의 개별적인 요구에 응할 수 있는 환경이 정비된다. 이를 위해서는 생산 프로세스의 표준화, 모듈화, 디지털화, 네트워크화 및 자동화가 다섯 개의 키다. 개별화 생산에서는 공장이나 생산 거점의 분산 및 1개의 기계나 설비에서 다양한 생산이 가능하다. 센서에 의해서 실시간으로 데이터를 포착, 물리적인 생산과 물류의 과정에 대응하고, 디지털 네트워크에 의해서 서로 연결된 서비스인 CPS에 의하여 저비용으로 개별화 생산이 실현되어 많은 산업 분야에 응용할 수 있다.

▧ 자원 절약

공업국에서는 생산부문에서 전기 에너지의 대형 소비자이다. 비용에 직접적으로 영향을 주는 점에서 산업계는 소비를 억제하거나 대안을 강구하기 위하여 다양한 노력을 하고 있다. 특히 원자재를 포함한 에너지 자원관리가 최우선 과제가 되었다. CPS에 따른 공장의 관리에 의해서 생산 공정과 기계, 설비의 가동을 효율화할 수 있다. 예를 들어 공장은 주말이나 공휴일 등에 휴지休止 하는 동안에도 신속한 생산 재개를 위해서 전원이 들어간 상태로 되어 있는데, 이것은 전체 에너지 소비량의 12%에 이른다고 한다. 이렇게 비효율적으로 낭비하는 상태를 스마트공장에서는 극복하게 될 것이다. 또한 불량품의 방지나 설비 고장의 회피도 결국은 재료와 에너지절감으로 이어진다.

▧ 노동의 고도화

자율적으로 배우는 기계, 생각하는 공장에 의해 노동자의 작업은 쉽고 효율적으로 된다. 또 노련한 고령의 노동자를 보조하는 기능을 갖춤으로써 그들의 노하우를 장기간에 걸쳐 공장에 대비할 수 있게 된다. 기업 내에서는 기계뿐만이 아니라 사람의 연결도 조밀하게 되어 정보교환이나 지식의 공유가 가능하다. 생산의 거점이 분산화와 함께 고도 기술자를 복수의 공장에서 공유하는 것도 현실이 될 것이다.

기대되는 성과, 경제, 사회에 미치는 영향

기대되는 성과 중 경제와 사회에 미치는 영향은 다음과 같이 2가지를 꼽고 있다.

◪ 중소기업지원 : 기술이전과 인재육성

참조모델reference architecture, 리포지터리repository, 모듈화 된 컴포넌트에 의해서 상호운용 가능성이나 시스템의 호환성이 높아지는 것으로 매력적인 비즈니스 에코시스템business ecosystem 구축이 가능하다. 여러 개의 공장이 기업의 테두리를 넘어 네트워크화 됨으로써 진정한 오픈으로 공평한 이노베이션이 기대된다. 또 신속한 이노베이션의 실현에는 아이디어에서 시장 투입까지 일관성 있게 진행되는 것이 요구되고, 산업계와 학계의 연계 중요성이 늘어난다. 생산 현장에서의 피드백이 실시간으로 진행되며, 또 연구의 장이 생산현장과 가까운 곳에서 열리게 됨으로써 젊은 노동력, 고도의 기술자 육성도 함께 실시할 수 있는 환경이 창출된다.

◪ 국제경쟁력의 강화

국내 산업에서 국제 경쟁력이 있는 분야를 더욱더 늘리는 것은 첨단전략의 주요 목표중의 하나다. 총 수출액의 60%가 제조업이라는 사실로부터 독일이 제조업의 국제 경쟁력을 강화하고 싶다고 생각하는 것은 그리 어려운 일은 아니다. Industrie 4.0에 의해서 자원 절약으로 고부가가치 제품을 만들 수 있게 되면 저절로 제조업의 국제 경쟁력은 높아지게 될 것이다. 또 세계의 생산기술과 프로세스를 독일의 표준으로 만들 수 있다면 장기적으로 독일의 기술에 대한 의존도를 높일 수 있다. 현재는 스마트공장에 한정된 연구 개발이지만, 향후 가치사슬의 설계에서 재활용까지 Industrie 4.0의 콘셉트를 확대하면 더욱더 독일의 경쟁력이 높아질 수 있다.

Industrie 4.0 정리 및 고찰

과연 독일의 Industrie 4.0은 성공할 수 있을까? 2011년 출범한 액션 플랜으로서의 Industrie 4.0은 착실히 진행되고 있는데 성공의 가능성을 정리하면 다음과 같다.

첫째, 산학관이 일체가 되어 추진하는 '독일주식회사'적인 분위기를 갖추고 있다는 것이다. 정부는 표준화 준비와 중소기업의 연구개발 지원 등 이노베이션 환경의 정비를 담당하고 있고, 산업계는 생산의 효율화, 저비용화를 위한 연구개발에 적극적으로 투자하고 있다. 학계에서도 공과대학과 전문대학을 중심으로 다양한 국가 프로젝트에 참여하여 기반적인 기술에 대한 공헌을 하고 있다. 독일의 공적 연구기관으로 응용연구에 특화된 프라운호퍼 응용연구촉진협회fraunhofer gesellschaft가 산업계와 아카데미 중개기관으로서 역할을 하고 있다. 게다가 독일에서는 노동조합이 Industrie 4.0에 찬성 입장을 취하고 있어 문자 그대로 독일이라는 나라가 하나의 기업처럼 움직이고 있다.

둘째, 이 정책은 뚜렷한 비전을 갖고 있음을 알리고 있다. 시장의 리더로서 경쟁력이 있는 산업 거점으로 부가가치가 높은 제품을 독일에서 생산하고 수출하는 것, 주도적인 공급자로 공작기계와 필요한 모듈을 수출하여 세계에서 공장의 제조기술을 주도하는 2단의 전략을 갖고 있다는 점이다. 2025년을 목표로 한 것은 너무 멀지도 않고 너무 가깝지도 않는 전망으로 산업계의 의욕을 끌어내고 있다고 말할 수 있다.

셋째, 역시 제조업에 저력이 있다는 것이다. 히든 챔피언으로 알려진 niche top이 넘쳐나는 독일의 창조적 중소기업이 독일 경제를 견인하고 있다. 연구 개발비의 절대금액이 많은 세계의 상장기업 1,000사의 연구개발 투자는 평균 매출액의 3.6%인 반면 독일의 히든 챔피언은 매출액의 5.9%를 연구개발에 투자하고 있다고 한다. 이러한 혁신적인 중소기업이 독일에는 2,000여개 회사가 있다. 또 자동차 등 소비재에 비해 별로 지명도는 없지만 독일은 소프트웨어의 개발에서도 세계적으로 강하며, 임베디드 시스템에서는 미국, 일본에 이어 세계 3위이다. 특히 산업용 임베디드 시스템의 점유율은 더 높다. 기존의 제조와 소프트웨어 개발의 양쪽 능력을 갖춘 독일은 사물과 서비스의 인터넷 세계에서 한발 앞서고 있다고 해도 과언이 아니다.

넷째, 인간 활동이 Industrie 4.0에 의해서 어떻게 바뀌는가 하는 논의가 기반기술의 연구개발과 동시에 병행하여 진행되고 있는 것이다. 여기에 독일 사회에 큰 영향력을 가진 노동조합이 Industrie 4.0의 추진에 찬성하는 이유가 있다. 노동력도 중요한 자원으로 파악하고, 이 자원을 절약하는 것이 아니라 합리적으로 이용하거나 또는 그 역할을 더욱 발전시킨다는 이념이다.

마지막으로 EU의 존재도 크다. 2014년 시점에서는 독일과 EU의 제조업에 관한 정책이나 펀딩의 연계는 볼 수 없었지만, 독일이 표준화를 서두르는 것도 EU시장이 염두에 있기 때문이다. 제7차 연구개발 프레임 워크(FP7: 72007-2013)에서 지멘스사가 주도한 IoT@Work에서는 Plug&Play개념의 개발을 추진하였고, 총 24억 유로의 기술 플랫폼 ARTEMIS에 포함되는 8개의 서브 프로그램에는 '자동화로 인한 제조·생산' 및 '사이버 피지컬 시스템'이 포함 되어 있다. 또한 12억 유로 규모의 펀딩, 민관 파트너십[PPP]에서도 ICT에 의한 스마트 제조분야에서 매년 프로젝트를 공모하고 있다. 그중에서 SAP사 주도의 Action Plan 프로젝트가 메뉴팩처링[manufacturing] Ver.2.036을 내고, Horizon2020(2014~2020)에 있어서 연구추진의 원안으로 활용되고 있다.

이상과 같이 독일이 강한 이유를 정리하면 다음과 같다.

① 산학관 연계의 '독일주식회사'
② 명확한 듀얼 비전^{dual vision} 전략
③ 제조, 소프트웨어개발의 통합과 중소기업
④ 인간을 중시하는 노동의 질 올리기
⑤ EU로 이어지는 길

한편, 2025년에 독일 제조업이 어떤 모습으로 되어 있는지, 될 수 있느냐는 물음에 답하기는 쉽지 않다. 기술적인 측면에서 말하자면 보안 대책과 정보 보호가 로드맵대로 진행되는지가 관건이 된다고 보고 있다. 하나의 제품이 시장에서 성공하면 항상 제품 침해의 공격에 노출된다. 세계적인 경쟁 속에서 고소득 국가의 지적소유권^{intellectual property right} 보호가 중요하다. 쉽게 복제할 수 있는 소프트웨어나 구성^{configuration}에서는 기업·제품 노하우의 모방도 늘어나고 있다. Industrie 4.0의 경우는 가치창조 네트워크로서의 기업 간 협력이 대폭 늘어나므로 IP보호가 더 중요하다. 기술면에서도 기업법, 경쟁법 레벨에서도 기업에 따라 중요한 지적소유권을 상실하지 않고 얼마나 플랫폼 내에서 기업 비밀과 투명성을 보장하느냐는 문제를 해결해야 한다. 또, 네트워크의 보안대책도 큰 모순을 포함한 사용자 친화적 보안 솔루션이 아니면 안 된다. 프로세스와 애플리케이션은 일반적으로 이제 프렌들리^{User friendly}기 아니면 보안이 확보된다. 그러나 공장 내, 공장 간 네트워크로 연결되면 처음의 설계에서부터 엔지니어링, 운용·보수에 이르기까지 유저의 요청에 맞추어 사용자 친화적인 인터페이스로 애플리케이션의 실행을 보증하는 보안 솔루션을 개발해야 한다. 상기의 로드 맵에 있는 대로 표준화의 다음은 IT 보안기술 개발추진 단계가 예상된다. 이 단계의 발전 정도에 따라서 독일 Industrie 4.0의 성공 여부는 좌우될 것이다.

1.4

미국의 산업인터넷

    앞에서 독일이 추진하고 있는 'Industrie 4.0'에 대하여 소개하였다. 내용을 보면 건설과 상관없는 제조업 위주로 구성되어 있어 관심 밖의 일로 생각할 수 있으나, 뒤에서 설명하겠지만 모든 산업을 통틀어 최하위를 기록하고 있는 건설의 노동생산성, 품질관리 및 안전관리와 인프라 투자의 감소 의한 수익 악화 등 건설업이 안고 있는 제반 문제를 해결하기 위해서는 앞서가는 제조업의 기술을 참조하여 혁신을 할 필요가 있기 때문에 소개하는 것이다. 따라서 세계적인 큰 흐름에 있는 IoT와 CPS라는 개념과 Industry 4.0(4차 산업혁명)으로 대표되는 세계적인 산업구조 변혁의 흐름을 바탕으로 건설업이 안고 있는 과제에 대해서 해결방안을 찾기 위함이다.

    이번에는 산업혁명을 이끌고 있는 또 다른 국가인 미국에서 추진하고 있는 산업혁명에 대하여 살펴보기로 한다. 미국이 추진하고 있는 산업혁명은 '인더스트리얼 인터넷Industrial Internet'으로 한국에서는 '산업인터넷'으로 불리고 있는데, 'Industrial Internet Consortium'이라는 민간조직을 필두로 활발한 활동을 펼치고 있다. 에너지, 헬스 케어, 제조, 공공, 운송의 5가지 카테고리를 인터넷에 접속하여 생산성을 높인다는 콘셉트로 미국이 추진하는 산업인터넷에 대한 개요와 현황, 향후의 니즈 등을 포함하여 소개하도록 한다.

미국의
산업인터넷이란

Industrial Internet은 앞에서 언급한 것과 같이 '산업인터넷'이라고 불리며, 'Industrial Internet Consortium'을 필두로 활동을 펼치고 있다. 이 컨소시엄은 제너럴일렉트릭General Electric, GE(세계 최대의 글로벌기업)을 비롯한 인텔Intel(반도체 기업), IBM(IT 기업), 시스코시스템스Cisco Systems(네트워크 기업), AT&T(통신 기업)에 의해서 창설되었으며, 그 참가기업은 이미 100개를 넘어 미국기업뿐 아니라 유럽기업, 일본기업, 중국기업 등이 폭넓게 참가하고 있다(2015년 1월 기준). 그중에서 핵심을 담당하는 기업이 '제너럴일렉트릭'이다. GE는 인더스트리얼 인터넷에 대해서 "산업기기와 빅 데이터를 인간에 연결하는 네트워크다."라고 말하고 있다.

독일의 'Industrie 4.0'은 독일식 제조업을 세계 표준으로 만들려는 '스마트 공장smart factory'이라는 콘셉트가 배경에 있었지만, 미국의 '산업인터넷'은 제조업만을 대상으로 하는 것이 아니라 에너지, 헬스 케어health care, 제조, 공공, 운송의 5개 영역을 대상으로 하고 있다.

GE가 내세우는 것은 '하드웨어(기계)와 소프트웨어(정보)를 융합하는 새로운 산업혁명의 실현'이다. GE는 산업혁명, 인터넷 혁명에 이은 제3의 혁명이 '산업인터넷'이며, '산업기기(사물)와 빅 데이터(데이터)를 인간(사람)에게 연결하는 글로벌 네트워크이다.'라고 정의하고 있다. 이것은 사물을 인터넷에 연결함으로써 다양한 데이터를 수집하고, 이 데이터를 해석함으로써 고객에게 가치를 제공한다는 생각이다.

지금까지 제조업의 비즈니스모델은 사물(물건)을 만들어 판매하는 것, 제품을 판매한 후에 유지보수나 물류 등의 서비스를 판매하는 것이었다. 하지만 '산업인터넷'은 기계(사물)에서의 데이터 해석과 기계(사물)에 내장된 소프트웨어로 고객가치를 비약적으로 높이기 위한 새로운 비즈니스모델이라고 여기고 있다.

GE는 자사의 회사들이 취급하는 기차, 선박, 항공기 엔진, 발전소 터빈, 의료기기 등 네트워크로 연결되는 기계들의 방대한 데이터를 해석하여 효율화함으로 고객에게 가치를 제공할 수 있으며, '1%의 효율화가 연간 200억 달러의 이익을 발생시킨다.'고 효과를 추산하고 있다.

산업인터넷은 다음과 같이 3가지 요소로 구성되어 있다.

① 인텔리전트 기기 : 산업기기, 시설, 차량을 고도의 센서, 컨트롤, 소프트웨어 애플리케이션으로 접속한다.
② 데이터와 고도의 분석 : 예측 알고리즘과 최첨단의 소프트웨어를 이용하여 빅 데이터를 가시화한다.
③ 사람들 : 한층 지능적인 기기의 설계, 조작, 보수를 가능하게 하여 보다 고도의 서비스 품질이나 안전성을 누릴 수 있다.

상기의 3가지 요소인 '인텔리전트 기기', '데이터와 고도의 분석', '사람들'이 고속의 인터넷에 접속하여 각각의 정보를 공유함으로써 생산성을 높이고 있다.

미국식 산업혁명은 컨소시엄에 의한 협업

'산업인터넷'은 기업들이 컨소시엄을 이루어 추진하는 스타일이다. 미국정부도 'Smart America Challenge'라는 정책을 추진하고 있지만 이것을 주도하는 것은 민간 기업이었다. 미국의 국립과학재단[NSF: National Science Foundation]이 2006년에 CPS에 대한 대책을 표명했음에도 불구하고 구체적인 성과가 오르지 못하는 점 등도 영향을 미쳤다고 한다. 그러나 CPS의 기본 콘셉트인 'Cyber(컴퓨터 공간)와 Physical(현실세계)을 연계하는 구조(시스템)'은 NSF가 제시한 것을 그대로 답습하고 있다.

GE는 '산업인터넷'의 장점을 설명하는 케이스를 Physical(현실세계)의 기계(사물)에 센서를 부착하고 네트워크화하여 데이터를 수집, 이것을 해석하여 원가절감, 효율화, 최적화로 이익을 얻겠다는 것과, Physical에서 사이버(컴퓨터 공간)로의 연계 사이버에 있는 설계 데이터 및 제어 데이터를 이용하여 Physical(현실세계)의 3D프린터로 부품을 조성하여 '스마트공장'에서 기계(물건)를 만들겠다는 것으로, Physical에서 사이버로의 연계 Physical(현실세계)에 있는 기계(물건)의 기능을 사이버(컴퓨터 공간)에서 기계에 내장되어 있는 소프트웨어를 교체하는 것만으로 새롭게 추가할 수 있다고 한다.

3D프린터를 사용한 제조기술은 현재 항공기 엔진개발에서 실증 실험이 진행되고 있는데, 향후 단시에 확대될 계획이다. 이것은 '극소공장micro factory'이다는 구상으로 소개되고 있다. 독일의 'Industrie 4.0'에서는 '스마트 팩토리'라는 콘셉트가 소개되었으나, GE는 유저기업이 보유한 3D프린터와 제조설비에 데이터를 다운로드하여 고장 난 기계 부품을 제조한다는 방법을 생각하고 있다. 그리고 이러한 대처를 추진하는 실행조직이 GE와 연계한 인텔, 시스코 시스템스, IBM, AT&T가 제공하는 각종 소프트웨어 개발 플랫폼이다.

산업인터넷용 플랫폼 Predix

GE의 CEO인 제프 이멜트[Jeff Immelt]는 "하드웨어만으로 경쟁에서 이기는 시대는 끝났다. 같은 하드웨어라도 소프트웨어를 사용하여 하드웨어의 능력을 끌어내어 고객에게 가치를 극대화할 수 있다."고 말하고 있다. 즉, 하드웨어의 능력을 끌어내는 소프트웨어가 경쟁의 승패를 좌우하는 열쇠라는 것이다.

GE가 목표로 하고 있는 '산업인터넷'의 핵심이 되는 기본 소프트웨어는 '프리딕스[Predix]'이다. 10억 달러를 투자하여 2011년에 설립한 GE소프트웨어가 개발한 것으로 기계(사물)를 네트워크화하는 OS에 해당하는 기본시스템이다. '사물'을 네트워크화하기 위한 클라우드 서비스로 터빈, 엔진 등 산업용 중대형 장비나 부품에 부착된 센서를 통해 축적되는 데이터를 분석해 현장에서 발생하는 각종 문제들을 해결할 수 있는 소프트웨어 플랫폼으로 예측진단 소프트웨어 일종이다.

'Predix'에서 엄청난 데이터를 수집하고 보관하는 데이터베이스인 '데이터 레이크[Data Lake]'는 EMC사와 VMware사가 출자한 피보탈[Pivotal]사가 개발하고 있다. GE소프트웨어는 이미 업종별로 전용 애플리케이션을 24종류 이상 개발하고 있으며, 각 기업에 제공을 시작하였다.

GE와 산업인터넷 컨소시엄에서 협업하고 있는 시스코 시스템스는 막대한 데이터를 해석에 도움이 되는 정보로 변환하기 위해서는 많은 노력과 비용이 드는 것을 감안하여 그 해결책이 될 아이디어로 '데이터 센터에 있는 클라우드가 아니라 더 가까운 곳의 노드[node](통신망의 분기점)가 처리를 하는 구조가 효율적'이라며 이를 '포그 컴퓨팅[Fog Computing]'('클라우드 : 구름'과의 대비로 '포그 : 안개')이라고 명명. 자사의 네트워크 OS인 'Cisco IOS'와 'Linux OS'를 통합한 'Cisco IOx'를 플랫폼으로서 전개하고 있다.

이것에 의하여 네트워크를 경유하여 한 곳에 데이터를 수집하는 것이 아니라 데이터 센터의 앞에 처리 노드를 설치하여 효율적으로 적절한 데이터로 변환이 가능하도록 하였다.

또한 모든 기계(사물)를 IoT에 대응하기 위한 수단으로 인텔은 IoT 단말기용 플랫폼 'Edison Module'을 제공하고 있다. 이것은 우표 크기 정도의 소형 컴퓨터로 Atom 프로세서에 무선LAN·Bluetooth 등의 통신기능을 통합한 SoC^{System on Chip}이 탑재되어 저렴한 가격에 누구나 쉽게 구입할 수 있다.

2015년 1월에 개최된 세계 최대의 가전 박람회인 2015 International CES에서는 더 작은 단추크기 정도의 초소형 컴퓨터 'Curie^{퀴리}'가 발표되었다.

인텔은 차세대 FA^{Factory Automation} 시스템의 개발에서 미쓰비시사와 협업을 발표하였으며, 제조장치의 센서로부터 수집한 정보를 바탕으로 '예방 보전 솔루션'의 개발을 목표로 하고 있다.

이처럼 미국은 GE의 '산업인터넷'을 목표로 '하드웨어와 소프트웨어의 융합'과 'Cyber(컴퓨터 공간)와 Physical(현실세계)을 연계하는 구조'가 실현될 수 있도록 노력하고 있다.

미국 산업인터넷의 장점

미국의 민간 기업이 추진하고 있는 산업인터넷에는 여러 가지 장점이 있지만 요약하면 '비용 절감', '기계의 상태유지', '소프트웨어 갱신' 3가지로 압축할 수 있다.

첫 번째 장점이 비용절감 및 고효율화이다. 사용하고 있는 기계를 센서로 관리하고, 그 정보를 고속의 인터넷에서 공유하면 각각의 상태를 실시간으로 감시할 수 있다. 기계의 가동상태를 분석하여 쓸데없는 가동을 줄이면 적은 가동으로도 최대한의 성능을 얻을 수 있어 비용절감·고효율화로 이어진다.

두 번째의 장점은 사용하고 있는 기계를 최적인 상태로 유지한다는 것이다. 기계를 센서로 관리할 때에 모든 데이터를 해석함으로써 소모품 등의 교환기준을 예측하고, 고장 등의 트러블을 미연에 막을 수 있다.

세 번째는 기계에 내장된 소프트웨어를 바로 갱신할 수 있다는 것이다. 기계를 인터넷에 접속하는 것만으로 기계에 내장된 소프트웨어를 교체하거나 갱신할 수 있게 되어 필요에 따라서 신속하게 소프트웨어를 강화할 수 있다.

산업인터넷의 또 다른 특징은 산업기기를 취급하는 기업은 물론이고 다양한 업종에서 활용할 수 있다는 것이다. 예를 들면 공항에서 항공기 이착륙이 늦어지면 나중의 일정에 영향을 주게 되는데, 그 지연이 커지게 되면 최악의 경우에는 일정자체를 취소해야 할지도 모른다. 그렇기 때문에 항공기에 센서를 부착하여 항공기와 공항이 실시간으로 정보를 공유함으로써 항공 운행량과 기상정보 등의 데이터를 해석하여 연비 효율이 좋고 안전한 항로와 지연에 영향을 미치는 요소를 사전에 제거하는 등의 역할을 한다.

또 철도 업계에서도 마찬가지로 활용되고 있으며, 그 밖에 화력발전소에서도 사용되고 있다. 발전용 가스터빈에 센서를 부착하여 하루에 500GB의 데이터를 수집하고, 그 빅 데이터를 해석함으로써 가동 효율 등을 도출하여 운용에 이용하고 있다. 이처럼 많은 기계를 운용하고 있는 기업은 인더스트리얼 인터넷을 사용함으로써 비용절감과 효율을 높일 수 있다.

산업인터넷에서는 앞에서 소개한 'Pridix'를 이용하기 때문에 소프트웨어를 사물에 내장하는 것이 무엇보다도 중요하다. 앞으로 산업인터넷과 IoT의 보급에 따라 Predix를 비롯한 기반 프로그램이 각 업계에 보급되게 될 것이다. 아직 한국에서는 보급이 미미하지만 가까운 장래에 유행할 가능성은 충분히 있다. 그렇기 때문에 필연적으로 소프트웨어를 사물에 내장할 수 있는 소프트웨어 엔지니어에 대한 수요가 증가할 것으로 예상되므로 이에 대한 대책도 필요하다.

미국 산업인터넷의
과제와 니즈

산업인터넷은 무엇보다 보안문제를 중시해야 한다. 인터넷을 사용하는 기술 전반의 보안문제는 피할 수 없는 과제이다. 특히 산업인터넷에서는 중장비 등의 대형기계, 항공기·철도 등 많은 인명을 담보로 하는 산업기기를 취급하므로, 만약에 사이버 테러 등의 악질적인 해킹을 당하면 많은 사람의 목숨이 위태롭게 될 수 있다.

산업인터넷에서는 기계 자체의 성능을 올리기보다는 소프트웨어를 이용하여 기계의 성능을 지금까지 이상으로 이끌어낸다는 'SDx^{Softwere-Defined anything}'을 기본으로 하고 있다. SDx를 가상화하는 것으로 운용이 간편하게 되면 동시에 운용의 자동화도 이루어지기 때문에 비용도 크게 줄일 수 있다.

산업인터넷의 과제는 보안뿐만 아니라 수집된 데이터의 해석에도 있다. 예를 들면 항공기는 한 번의 비행으로 몇 테라바이트^{terabyte}의 빅 데이터가 발생하므로, 이것을 실시간으로 해석하여 활용하기에는 아직 이른 감이 있다. 산업인터넷에서 얻을 수 있는 빅 데이터를 최대한 활용하려면 빅 데이터의 실시간 분석기술의 향상이 요구된다.

현재의 과제를 해결할 수 있다면 인더스트리얼 인터넷의 발상은 더욱 세계적인 것으로 예상할 수 있다. 세계의 모든 산업기기를 네트워크로 연결하면 작업을 공장별로 분담하는 제품을 만들 때에 연계가 원활하게 되므로 작업 효율을 대폭적으로 올릴 수 있어 연계에 따른 문제를 줄일 수 있다.

산업인터넷은 미국의 '산업'에 대한 대처 방식으로 '인텔리전트 기기', '데이터와 고도의 분석', '사람'의 3가지 요소로 구성되어 있는데 독일과는 다르며 명확히 이해할 필요가 있다. 그리고 산업기기를 인터넷 화하는 것으로 연계·보수 관리를 편리하게 할 수는 있지만, 보안면에서의 우려는 아무래도 피할 수 없는 걱정거리다. 이와 같은 우려를 줄이기 위해서는 평상시 보안에 대한 배려가 무엇보다 중요하다.

4차 산업혁명을 둘러싼
독일과 미국

4차 산업혁명을 리드하고 있는 독일과 미국 두 나라의 Industrie 4.0과 Industrial Internet은 주체도 접근도 다르다. 독일의 경우는 정부, 미국의 경우는 민간 기업이 주체이다. 또 Industrie 4.0은 실시간으로 인터넷에 접근, Industrial Internet는 인터넷에서 실시간으로 접근 등 비교되는 경우도 많다.

독일이 주도하는 산업혁명은 주로 '사물인터넷'으로 불리는 것에 대해서 미국이 주도하는 산업혁명에서는 '산업인터넷'이라고 한다. IoT의 가장 큰 목적은 '모든 사물을 인터넷과 연결해서 편리성을 높인다.'라는 것이지만 산업인터넷은 '산업기기를 센서 등으로 관리하여 상태를 데이터화, 인터넷을 이용하여 컴퓨터 등에 전송하고 그 데이터를 분석함으로써 생산성을 높인다.'고 하는 것에 무게를 두고 있다. 따라서 독일과 미국의 산업에 대한 대응에 대해서 비교하면 다음 표('독일과 미국의 비교' 참조)와 같다.

미국의 산업인터넷은 '사람과 산업기기를 인터넷으로 연결하여 생산성을 높인다.'라는 의도를 염두에 두는 반면 Industrie 4.0의 가장 큰 목적은 '공장 내의 산업기기를 인터넷으로 연결함으로써 생산성을 높인다.'라는 것이다. 또한 일본의 Industrial Value Chain Initiative는 '산업을 위하여 기업이나 그에 준하는 기술을 연결'하겠다는 의도를 가지고 있다. 독일과 미국 모두 '산업'과 관련되어 있으며 거의 비슷하여 비교되는 것이 없는 것처럼 보이지만 실제로는 각각 명확한 차이가 있으므로 혼동하지 않도록 주의해야 한다.

이상으로 독일과 미국의 4차 산업혁명에 대하여 소개하였는데, 이 두 나라가 4차 산업혁명을 주도하고 있다고 본다면 다른 나라들은 어떻게 대처하고 있는지 가까운 곳에 위치한 중국과 일본의 사례를 소개하도록 한다.

[표] 독일과 미국의 비교

구분		독일 Industrie4.0 (IoT에 기초한 4차 산업혁명)	미국 Industrial Internet (자동기계로 물리현상의 분석 및 예측)
배경 (장점/특징)		제조업은 GDP의 25%, 수출액의 60%를 차지하는 기간산업 • 노동 인구 감소, 자원 부족 • Asia/남미의 제조기술 추종 • 시장 투입속도 향상의 필요성이 증대	대형 IT기업(platformer)이 집적 주도 • 인텔리전트 기기 보급, 선진적 분석 기술 발전으로 Industrial Internet의 파도 도래 • HW라이프 사이클 단축에 대응하고 모델/시뮬레이션에 의한 개발 공정 단축이 가속
전략 방향 (혁신/지원 대상)		밸류 체인 연계에 의한 제조업 생산성 향상 • 기계, 설비공학의 강점을 자동화, 정보 공학과 통합 유저, 공급자의 양륜 강화에 의한 중소, 틈새기업의 지원 • 제품 및 제조기술(공작기계) 양쪽의 경쟁력 강화, 생산수출 가속 • 중소 및 히든챔피언 기업 지원	제조업을 발판으로 새로운 시장·새로운 비즈니스의 창조 • 생산과 정보 분석의 융합 • 사용자의 운영 효율 향상 미국 기업을 중심으로 한 경쟁 촉진 • 제조의 두뇌 경쟁 지원 • 조직, 기술 표준의 방향성을 통합
대처	내용 (기술 개발 과제)	디지털 팩토리 구축 • 정보를 생산에 활용 : 생각공장 • 사람은 고부가가치인 의사결정을 담당 • 프로세스 모듈 개발, 제품 부속 서비스 토털 패키지 제공, 중소용 설계/생산 데이터 유통, 도구용도 확충 편성 생산/물류 최적화 시스템 구축 • 생산 지속을 위한 고효율 재활용 • 비용을 줄인 개별화 생산 • 공장을 잇는 표준화(참조 아키텍처), 보안, 안전	새로운 시장 창출의 환경을 정비 • 베스트 프랙티스의 공유 같은 정렬·리더십 활동 • 디바이스, 머신, 사람, 프로세스, 데이터 접속을 가능하게 하는 아키텍처, 표준 플랫폼 개발 미국 발 표준을 다면으로 전개 • 표준을 평가 체계화하는 글로벌 표준의 개발 프로세스에 영향력을 행사 • 프라이버시/보안 검토 검증
	체제 (추진 조직, 참가국)	소수의 대기업이 선도적으로 주소기업 등 산학관이 수직연계·수평연계 • SAP, Siemens, Bosh가 중심 • 독일 기계공업연맹 등을 사무국으로 산학 연계 플랫폼(경제 에너지부/교육 연구부/내무부가 관여) • 주요 신흥국을 발판으로 글로벌화를 가속 • 신흥국(중국, 인도)과 연계 강화	미가기업 주두로 다수 기업이 참가하여 수직 연계 GE/IBM/Intel/Cisco/AT&T가 창설 • 회원 조직은 약 150개로 확대 • 신제품/프로세스/서비스 테스트베드 제공 • 국가별로는 미국 기업이 70% 정도를 차지하고 나머지는 유럽, 아시아계 기업

출처: 각종 공개 자료(화이트 페이퍼, 강연회 자료 등)로 작성

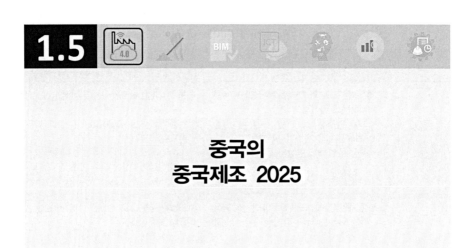

중국의
중국제조 2025

1990년대 중반 이후 강력한 가격 경쟁력을 바탕으로 중국의 제조업은 비약적으로 발전하면서 2006년에는 일본을, 2010년에는 미국을 넘어서 세계 최대의 제조업 국가가 되었다.

[그림] 국가별 제조업 총생산량

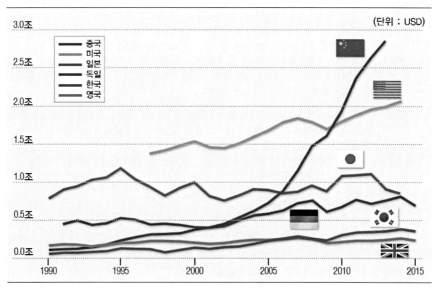

출처: World Bank

[표] 현재와 미래의 제조업 생산액 국가 순위

2016년 기준			2020년 전망		
순위	국가	경쟁력 지수	순위	국가	경쟁력 지수
1	중국	100.0	1	미국	100.0
2	미국	99.5	2	중국	93.5
3	독일	93.9	3	독일	90.8
4	일본	80.4	4	일본	78.0
5	**한국**	**76.7**	5	인도	77.5
6	영국	75.8	**6**	**한국**	**77.0**
7	대만	72.9	7	멕시코	75.9
8	멕시코	69.5	8	영국	73.8
9	캐나다	68.7	9	대만	72.1
10	싱가포르	68.4	10	캐나다	68.1

출처: Deloitte(2016), Global Manufacturing Competitiveness Index

글로벌 회계 컨설턴트인 딜로이트Deloitte는 세계 각국의 제조업 현황과 앞으로의 전망을 분석한 보고서를 발간하고 있는데, 2016년 기준 중국이 국제 제조업 경쟁력 1위를 차지하고 있으나, 2020년에는 미국이 1위를 탈환하고 중국은 2위에 머물 것으로 전망하고 있다(표 참조).

그 원인은 각 국가들이 가지고 있는 제조업 경쟁 요소들의 특징과 관련하여 생각할 수 있다. 보고서에 따르면 미국, 독일, 일본은 인적자원, 물리적 기반

[표] 주요 국가의 제조업 경쟁 요소 평가

경쟁 요소	미국	독일	일본	한국	중국	인도
인적 자원	89.5	97.4	88.7	64.9	55.5	51.5
이노베이션 정책 및 기반시설	98.7	93.9	87.8	65.4	47.1	32.8
가격 경쟁력	39.3	37.2	38.1	59.5	96.3	83.5
자원 정책	68.9	66.0	62.3	50.1	40.3	25.7
물리적 기반시설	90.8	100.0	89.9	69.2	55.7	10.0
법적 규제 환경	88.3	89.3	78.9	57.2	24.7	18.8

출처: Deloitte(2016), Global Manufacturing Competitiveness Index

시설, 이노베이션 정책 등의 측면에서 우위를 가지고 있으며, 중국과 인도는 가격 경쟁력에서 우위를 갖는 것으로 나타나고 있다(표 참조). 현재는 중국의 강력한 가격 경쟁력에 의해 1위를 하고 있지만 미래에는 미국의 이노베이션 정책과 법적 규제 환경의 장점이 부각될 것으로 보여 미국이 1위가 될 것으로 예상하고 있다.

중국 내부에서도 이러한 상황을 인지하고 있다. '중국제조 2025'의 서문에는 "세계 대국의 위치에 오른 중국의 제조업은 크지만 강하지 못하다."라고 기술하고 있다. 중국은 양적으로 세계 최고 수준의 제조대국이 되었으나, 질적인 측면에서는 선진국에 비해 뒤쳐져있기 때문에 미래 경쟁력 확보를 위한 대응이 필요하다고 역설하고 있다.

중국의 4차 산업혁명 대응

4차 산업혁명과 관련한 중국정부의 대응의 흐름은 그림 '중국 정책 대응 동향'과 같이 정리할 수 있다.

중국은 독일에서 발표된 Industrie 4.0을 비롯하여 과학 기술 발전을 둘러싼 국제 경쟁이 심화되어 감에 따라 위기감을 느끼게 되었다. 2014년 12월 중앙경제공작회의에서는 성장속도, 발전방식, 경제구조, 발전 동력 등이 과거 중국이 고도성장하던 시기와 다른 상황임을 인지하고 이를 신창타이(新常態, new-normal)로 발표하고 이에 대한 대응 전략이 필요하다는 것을 역설하고 있다. 2015년 3월에는 인터넷이 타 산업과 융합하는 산업을 성장시키기 위한 구상을 발표하고, '인터넷+제조업'의 융합을 통해 산업 발전을 이끌어나가고자 하였다. '인터넷+'의 개념은 하드웨어뿐만 아니라 소프트웨어나 서비스가 상호, 연계하여 산업으로서 발전해나가는 것으로 각 민간 기업이 중심이 되고 있다. 2015년 5월 중국 국무원(中國國務院)에서 제조업 혁신을 이끌기 위한 연구 사업이던 '중국제조 2025' 프로젝트를 국가 전략(비전)으로 격상하여 발표하였다. 이

[그림] 중국 정책 대응 동향

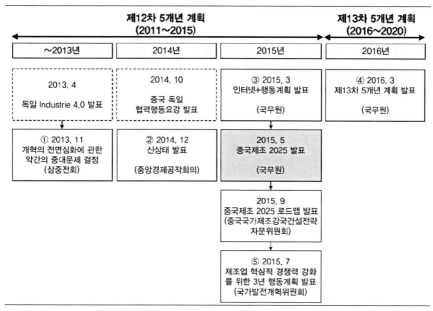

제12차 5개년 계획 (2011~2015)			제13차 5개년 계획 (2016~2020)
~2013년	2014년	2015년	2016년
2013. 4 독일 Industrie 4.0 발표	2014. 10 중국 독일 협력행동요강 발표	③ 2015. 3 인터넷+행동계획 발표 (국무원)	④ 2016. 3 제13차 5개년 계획 발표 (국무원)
① 2013. 11 개혁의 전면심화에 관한 약간의 중대문제 결정 (삼중전회)	② 2014. 12 신상태 발표 (중앙경제공작회의)	2015. 5 중국제조 2025 발표 (국무원)	
		2015. 9 중국제조 2025 로드맵 발표 (중국국가제조강국건설전략 자문위원회)	
		⑤ 2015. 7 제조업 핵심적 경쟁력 강화 를 위한 3년 행동계획 발표 (국가발전개혁위원회)	

출처: 대한건설정책연구원 자료

어서 2015년 9월에는 '중국국가제조강국건설전략자문위원회'에서 '중국제조 2025 로드맵'을 발표하였고, 국가발전개혁위원회에서는 '중국제조 2025'의 중점 분야 가운데에서도 단기간에 우선적으로 추진할 6개 분야를 지정하고, 2015년~2017년 행동 계획을 발표하였다. 2016년 3월, 국무원에는 뉴노멀 new-normal 등의 새로운 개념이 나온 이후 처음으로 국가에서 중장기계획(제13차 5개년 계획)이 발표되었다.

중국의
중국제조 2025

중국의 제조업 규모는 세계 1위임에도 불구하고 중국 공업정보화부가 작성한 제조업종합지수에서는 4위에 그치고 있

다. 중국의 전문가들은 중국 제조업이 세계 최대 규모로 확장되었음에도 불구

하고 높은 부가가치를 얻지 못하고 국제적으로 낮은 위치에 머물러 있다는 사실에 강한 문제의식을 가지고 있다. 또한 중국의 제조업은 글로벌 가치사슬 value chain에서 다른 국가들에 비해 위상이 낮고 혁신 능력이 떨어진다고 판단하고 있다.

2015년 5월 8일, 중국 국무원中國國務院은 생산대국에서 제조대국으로 이동하기 위하여 '중국제조 2025Made in China 2025'를 발표하였다. 중국제조 2025의 목

[표] 중국제조 2025의 구성

一	목표	① 제조업 강화를 목표로 함
二	방향성	① 정보화, 산업화의 2가지 방향성을 심도 있게 융합 발전
三	성장단계	① 2025년에 제조 강국 반열에 합류 ② 2035년에 중국제조업 전체가 세계 제조 강국의 중간 정도 ③ 2049년(신 중국 100주년)에 세계 제조 강국의 TOP
四	원칙	① 시장에 의한 주도, 정부에 의한 유도 ② 현재에 축을 먼 미래를 응시 ③ 전면적인 추진, 중점분야의 비약 ④ 자주발전, 협력, Win-Win
五	방침	① 이노베이션에 의한 구동 ② 품질 우선 ③ Green 발전 ④ 구조 최적화 ⑤ 인재 중심
五	중점 프로젝트	① 제조업 이노베이션 센터 건설 프로젝트 ② 제조업 기반강화를 위한 공업 기반강화 프로젝트 ③ 스마트제조 프로젝트 ④ Green제조 프로젝트 ⑤ 하이엔드 설비 이노베이션 프로젝트
十	중점분야	① 차세대 정보기술(IT) ② 고정밀 수치제어 및 로봇 ③ 항공우주장비 ④ 해양장비 및 첨단기술 선박 ⑤ 선진 궤도교통설비 ⑥ 에너지 절약 및 신에너지 자동차 ⑦ 전력설비 ⑧ 농업기계장비 ⑨ 신소재 ⑩ 바이오의약 및 고성능 의료기기

출처: 대한건설정책연구원 자료

표와 원칙, 방침을 쉽게 보급하기 위하여 일이삼사오오십一二三四五五十이라는 키워드로서 홍보하고 있다. 이 내용을 살펴보면 제조업 강화라는 한(一)가지 목표를 위하여 정보화와 공업화라는 두(二) 가지 방향성을 함께 발전시키고자 하고 있다. 단계적 성장 목표는 세(三) 가지로 설정하고 있다. 노동생산성을 크게 향상시키고, IT와 제조업을 융합, 주요 업종 에너지 소모율 및 오염 배출량을 선진국 수준으로 감축시키는 것을 통하여 ① 2025년까지 생산 강국으로 매진, ② 2035년까지 중국 제조업을 세계 제조 강국 진영의 중견수준으로 향상시키며, ③ 중국 설립 100주년이 되는 2049년에는 양과 질의 모든 면에서 제조업 강국의 톱이 된다는 단계적 목표를 설정하고 있다.

중국은 '중국제조 2025'를 통하여 10대 중점분야(산업)를 집중 육성할 계획이다. 10대 중점분야에는 차세대 정보기술, 고정밀 수치제어 및 로봇, 항공우주장비, 해양장비 및 첨단기술 선박, 선진 궤도교통설비, 에너지 절약 및 신新에너지 자동차, 전력설비, 농업기계장비, 신소재, 바이오의약 및 고성능 의료기기가 포함된다.

2014년 10월에는 중국·독일 협력합의문을 발표하였다. 이 합의문의 주요한 내용으로는 ① 중국과 독일이 4차 산업혁명과 관련하여 정부부문에서 정책 대화를 시작할 것, ② 정보통신규격의 표준통일을 위한 노력 개시, ③ 민간 기업에 의한 물류·제조·판매에서 클라우드, 빅 데이터 활용을 촉진하는 것이 포함되었다.

이후 중국과 독일은 '중국제조 2025'외 관련이어 중국 지방정부의 독일의 기업, 중국의 연구기관과 독일 기업, 중국 지방정부와 독일 지방정부 등의 패턴으로 협력관계를 강화하고 있다. 선양瀋陽시의 산업 파크에는 독일 BMW, ZF, KUKA 등의 선진기업이 입주하여 제조라인과 연구개발센터가 설치되었다. 이외에도 칭다오青島시, 충칭重慶시에도 Industrie 4.0과 관련한 산업 파크가 개발되고 있으며, 독일의 선진기술을 도입하고 싶은 지방정부 간의 경쟁이 진행되고 있다.

1.6

일본의
4차 산업혁명 대응

일본 정부는 2013년 6월부터 산업경쟁력 강화 및 성장전략으로서 '재흥전략'을 수립 및 운영해왔으나, 정책수립 차원에서 4차 산업혁명을 인식하기 시작한 것은 2015년 일본재흥전략JAPAN is BACK, 日本再興戰略 개정판부터였다. 2011년부터 미국 정부가 첨단제조파트너십Advanced Manufacturing Partnership 정책을, 독일 정부가 인더스트리 4.0Industrie 4.0을 추진하는 데 비하여 정책대응이 다소 늦은 편인데, 이는 초기 일본 정부가 4차 산업혁명의 핵심기술인 산업용 IoT 등을 기업 단위의 대응 문제로 인식한데 따른 것으로 보인다("제4차 산업혁명을 선점하기 위한 일본의 전략 및 시사점", 한국무역협회(2016. 6) 자료).

그러나 최근에는 국가적 차원의 대응전략을 수립하고 추진동력을 강화하고 있다. 2015년 6월 각료회의 이후 국가적인 대응이 필요한 문제임을 인식한 일본 정부는 범부처 및 학계 공동 연구를 통해 2016년 4월에 4차 산업혁명에 대응하기 위한 7대 전략이 포함된 '신산업구조비전新産業構造vision'을 발표하였다. 이는 IoT, AI와 같은 신기술뿐만이 아니라 규제개혁 등 사회 시스템, 인재육성 고용, 산업 등을 포괄하는 전 국가적 차원의 대규모 장기 프로젝트로 구상되었다.

일본의 4차 산업혁명과 관련된 전략 수립 및 추진체계의 주요 특징은 다음과 같다. 첫째, 일본의 강·약점 분석 및 발전가능성이 큰 분야를 발굴하고, 국가적인 장기비전을 수립하여 민·관이 공유한 후, 분야별 목표 기한을 정한 후에 역산하여 구체적인 로드맵을 설계해나가는 순으로 메커니즘을 구축하였다. 둘째, 경제적 효과에 대한 시나리오분석을 병행하여 국가적 공감대를 형성하고 추진동력을 확보하고자 하였다. 현상유지의 경우와 추진전략에 성공하는 경우, 일본의 경제성장률, 임금상승률, 고용 등의 영향을 분석하여 제시함으로써 4차 산업혁명 대응전략 추진에 대한 국민적 공감대 형성을 도모하였다.

[표] 신산업구조비전 7대 전략

구분	추진 전략
1	데이터 이용 및 활용 촉진을 위한 환경 정비
2	인재육성 및 고용시스템의 유연성 향상
3	이노베이션 및 기술개발 가속화(Society 5.0)
4	파이낸스 기능의 강화
5	산업구조 및 취업구조 전환의 원활화
6	4차 산업혁명 기술의 중소기업, 지역경제로의 파급
7	4차 산업혁명에 대비한 경제사회시스템의 고도화

출처: 일본 경제산업성 신산업구조부회(2016.4), "新産業構造ビジョン"

일본의
미래투자회의

일본은 4차 산업혁명과 관련하여 종합 전략 수립 및 정책 결정의 컨트롤타워로 2015년에 총리 산하 '미래투자회의'를 설치하고, 기존 미래성장전략 관련 민관회의를 일괄적으로 통합하여 일원화하였다. 실무적인 정책 논의는 '신산업구조부회'에서 진행하며, 신산업구조비전도 이 부회를 통해 발표되었다. 이를 통하여 총리실과 경제산업성이 종합적으로 관할 및 주도하면서 로봇, AI, 빅 데이터 등 주제별로 각 정부부처의 역할을 연계한 이니셔티브를 마련하고 추진하는 등 개별 부처의 유기적인 연계를 기반으로 일원화된 방향성을 지닌 정책 추진이 가능하다.

　일원화된 체계를 기반으로 발휘되는 강한 리더십은 특히 규제개혁 등 실효성이 높은 정책을 도입하는 데 있어 효과적으로 활용되고 있다. 4차 산업혁명 관련 신기술이 상용화에 이르기 위해서는 관련 규제 등의 정비가 필요한데, 이와 관련된 일본의 '그레이존 해소제도'(기업이 새로운 사업에 진출할 때 어떤 규제를 적용받을지 주무부처가 미리 확인해주는 제도)는 활발히 활용되고 있으며, 기술 실증 테스트를 위한 '샌드박스형 특구' 창설 또한 빠르게 도입되고 있다.

일본의 전략, 선택과 집중

일본은 4차 산업혁명에 대응한 전략 수립에 있어, 제조 강국으로서 강점을 최대한 활용하고 있다. 특히 부품 소재 등의 기반산업, 센서, M2M$^{Machine\ to\ Machine}$ 등 공장 자동화 분야에서 세계 최고 수준의 경쟁력을 보유하고 있어, 미국이 압도적으로 앞서고 있는 가상 데이터$^{virtual\ data}$ 분야는 과감히 포기하고 제조 현장 데이터$^{real\ data}$ 활용에 집중하고 있다. 특히, 통신환경이 취약한 독일에 비하여 데이터 통신망이 우수하여 인프라 측면의 강점도 있다.

　스마트제조와 관련해서는 전략분야로 로봇, IoT, AI를 선정하여 집중 육성하는 정책을 수립하여 추진하고 있으며, 특히 강점이 있는 산업용 로봇 분야를 중점적으로 지원하고 있다. 경제산업성은 2015년에 '로봇신전략$^{Japan's\ Robot\ Strategy}$'으로 2020년까지 로봇시장을 제조분야에서 2배, 비 제조분야에서 20배로 확대하겠다는 계획을 발표하였고, 같은 해 5월 민·관 협력 추진체제인 '로봇혁명이니셔티브협의회$^{Robot\ Revolution\ Initiative}$'를 구축하는 등, 로봇산업의 재도약을 통한 4차 산업혁명의 주도권 확보를 구상하고 있다.

4차 산업혁명에 대한 일본 건설의 대처

일본은 2010년 1억 2806만 명을 피크로 인구감소가 시작되었으며, 최근에는 고령화가 더욱 가속화되고 있다. 앞으로는 지금까지 경제를 지탱해온 풍부한 노동력의 감소에 대하여 이를 대처할 수 있는 생산성향상이 있다면 경제성장이 계속될 것으로 보고 이에 대한 대처를 실시하고 있다.

생산성향상이라고 하면 우선 무엇보다 빠르게 발전하고 있는 ICT, IoT, 로봇기술 활용 등 미래형의 투자나 신기술을 활용하는 것이 빠질 수 없다. 일본의 국토교통성은 생산성향상을 진행하여 미래를 개척하고 지속적인 성장에 기여함으로써 국민의 삶을 더욱 풍요롭고 편리하게 하는 것을 목표로 하여 2016년을 '생산성혁명 원년生産性革命元年'으로 설정하고 국토교통성 장관을 본부장으로 하는 '국토교통성 생산성혁명본부国土交通省生産性革命本部'를 설치하여 총력을 기울여 생산성향상을 이룩하기 위해 노력하고 있으며, 숙련도가 높은 20개의 프로젝트를 선정하였다.

특히 국토교통성은 2016년부터 'i-Construction'을 발표하여 추진하고 있는데 i-Construction은 조사, 측량에서부터 설계, 시공, 검사, 유지관리, 갱신까지의 모든 건설생산 프로세스에서 ICT를 활용하여 큰 폭으로 생산성을 향상시키는 체계이다. 여기에 필요한 15개의 기준을 재정비하였으며, 2016년도부터 국가가 시행하는 대규모 토공사에서 원칙적으로 ICT를 전면적으로 활용하고 있다. 이를 통해 1인당 생산성이 약 50% 향상될 것을 목표로 하고 있다.

i-Construction의 추진에 의한 생산성향상을 살펴보면 첫 번째는 측량, 설계에서부터 시공·검사, 유지관리·갱신까지 모든 프로세스에서 ICT기술을 도입하여 전면적으로 활용하는 것이다. 두 번째는 규격의 표준화이다. 최근 실용화가 진행되고 있는 3D 콘크리트 프린터도 곧 매입거푸집 등의 작성에 도입될 전망이다. 기존 2차원 도면기반의 설계와 시공에서는 현황 지형과 기존 건물이나 구조물 등을 완전히 표현하기가 어려웠으며, 시공 중에 부재 간섭이

[표] 일본의 생산성혁명 프로젝트 2.0

구분	세부 프로젝트
1	핀 포인트 정체 대책
2	고속도로 요금
3	크루즈 새로운 시대의 실현 - 일본을 방문하는 크루즈 여행객 500만 명을 위하여
4	컴팩트 플러스 네트워크 - 밀도의 경제에서 생산성을 향상
5	부동산최적상황의 촉진 - 토지, 부동산에의 재생투자와 시장의 확대
6	인프라 유지보수 혁명 - 확실하고 효율적인 인프라 정비 추진
7	댐 재생 - 지역경제를 지지하는 치수 능력의 조기 향상
8	항공 인프라 혁명 - 공항과 관제의 베스트 조합
9	i-construction의 추진
10	주생활산업의 새로운 전개 - 기존 주택 유통, 리모델링의 활성화
11	i-shipping과 j-Ocean - 해상 생산성 혁명, 강한 산업, 고성장, 윤택한 지방
12	물류생산성혁명 - 효율적이고 고부가가치 스마트 물류의 실현
13	도로의 물류 이노베이션 - 화물 운송 생산성 향상
14	관광산업의 혁신 - 관광 산업을 일본의 기간산업으로(숙박업 개혁)
15	하수도 이노베이션 - 일본산 자원창출 전략
16	철도 생산성 혁명 - 차세대 기술 전개에 의한 생산성 향상
17	빅 데이터를 활용한 교통안전대책
18	고품질 인프라의 해외 전개 - 거대시장을 일본의 기폭제로
19	자동차의 ICT혁명 - 자동운전 사회 실현
20	기상 비즈니스 시장의 창출

출처: 일본 국토교통성 생산성혁명 프로젝트(2017. 1)

발생했을 때 현장에서 도면을 수정할 필요가 있었다. 그래서 '현장 맞추기'에 유연하게 대응하기 쉬운 기존 공법이 아직도 사용되고 있다.

그러나 3D 레이저 스캐너나 드론에 의한 현황조사 및 BIM 소프트웨어 등 3차원 기반의 설계 툴을 사용하면 현장의 데이터를 거의 정밀하게 컴퓨터상에 도입하여 구조물 등을 설계할 수 있다. 시공시의 간섭 문제도 3D모델 상에서 사전에 해결할 수 있어 프리캐스트 부재를 도입하기 쉬워진다.

'i-Construction'은 3차원에 의한 설계·시공 특유의 강점을 건설 현장에 도입, 생산 프로세스를 근본적으로 바꾸는 것을 목표로 하고 있다.

일본의 4차 산업혁명에 대한 건설의 대처 중에서 주목할 것은 바로 BIM의 도입이다. 건축분야에서 BIM이 본격적으로 도입되기 시작한 것은 'BIM원년'이라고 불리는 2009년으로 이후 건설업의 생산성은 점차 회복되고 있다. 또 토목분야에서 BIM 시행프로젝트가 시작된 2012년부터 13년까지, 생산성은 더욱더 향상되고 있는 것으로 나타났다. BIM이 어느 정도 생산성향상에 기여하고 있는지 정확한 수치는 없지만 생산성향상에 대한 관심과 실천이 조금씩 건설업계에 퍼지면서 그 결과로 나타나는 것으로 추측할 수 있다.

토목분야에서는 생산성이 향상된 분야와 보합세인 분야가 있다. 생산성이 향상된 분야의 대표 격은 산악터널공사이다. 일본국토교통성이 배포한 자료에 의하면, 1955년대에 시공된 토카이도 신칸센東海道新幹線 터널공사에서는 1m 굴착하는 데 58인이 투입되었다. 이것이 2010년에 시공된 신칸센 터널공사에서는 6인으로 줄어들었다. 즉, 생산성이 약 10배로 늘어난 셈이다.

한편, 토공과 콘크리트공은 과거 30년간 생산성이 거의 늘어나지 않았다. 1984년과 2012년의 데이터를 비교하면 1,000m³의 성토사면을 시공하는 데 근로자 수는 16명에서 13명으로 줄었을 뿐이다. 또 콘크리트 펌프카로 콘크리트를 100m³ 타설하는 데 필요한 작업자 수는 12명에서 11명으로 불과 한 명밖에

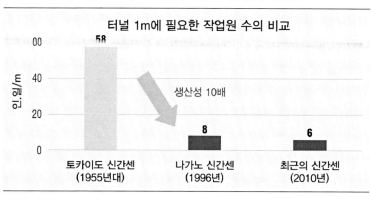

[그림] 50년간 생산성이 10배가 된 산악터널공사

출처: 일본 국토교통성

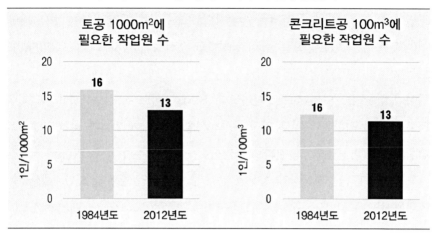

[그림] 50년간 생산성이 10배가 된 산악터널공사

토공 1000m²에
필요한 작업원 수

콘크리트공 100m³에
필요한 작업원 수

1984년도   2012년도

1984년도   2012년도

출처: 일본 국토교통성

줄어들지 않았다.

국토교통성이 발주하는 공사는 1990년대부터 도입된 'CALS/EC'에 의한 전자입찰 및 전자납품으로 현장에 인터넷과 컴퓨터, CAD 소프트웨어, 디지털 카메라 등이 보급되었다. 이어 2008년에 만들어진 '정보화시공 추진전략'에서 3D 머신 컨트롤이나 3D머신 가이던스, TS 준공검사 등 3차원 데이터를 사용한 시행 및 유지관리가 도입되었다. 그리고 2009년 'BIM 원년', 2012년부터 BIM시행 프로젝트의 실시로 3차원 CAD에 의한 설계와 드론에 의한 측량 등 설계단계까지 3D기술과 ICT의 활용 범위가 확산되었다.

이번에 'i-Construction'은 지금까지의 ICT활용을 집대성하는 것이다. 조사·설계에서부터 시공, 유지관리까지 연속된 워크플로로 구조물의 데이터를 원활하게 흐르게 함으로써 건설업의 생산성을 대폭 업그레이드시키겠다고 한다. 그 기본적인 목적은 CALS/EC에서 거의 바뀌지 않지만, 설계·시공에 3D기술이 도입되면서 실현 가능성이 부쩍 늘어났다고 할 수 있다.

일본의 건설업은 지금, 동일본 대지진의 복구사업과 2020년 도쿄올림픽에 따른 인프라 정비 등으로 일시적으로 활황을 보이고 있다. 그러나 이들 프로젝트가 일단락된 후에는 건설시장은 다시 점점 하락할 것으로 예상하고 있다. 앞으로 5년간 'i-Construction'의 추진은 일본 내의 건설사와 건설 컨설턴트, 발주자에게 BIM, 정보화시공 등의 활용 기술을 끌어올리기 위한 절호의 기회다. 그 뒤에 일본 건설업이 3D와 ICT를 무기로 본격적으로 해외 프로젝트에 참가함으로써 새로운 성장의 시대를 맞이하기를 바라고 있다.

[그림] 2016년부터 새로 도입된 기준의 예(i-Construction)

출처: 일본 국토교통성

4차 산업혁명의
시사점

　독일이 인더스트리 4.0 추진에 있어 '정부 역할'을 강화한 것은 글로벌 트렌드global trend에 대한 대응이 기업이나 협회 수준에서는 원활하지 못하고 국가 차원에서 대응이 필요할 수 있다는 것을 보여주는 사례이다. 일본도 4차 산업혁명을 기업만이 아니라 인재육성, 사회 시스템 정비 등 전 국가적 대응 문제로 인식하고 일원화된 정부체계를 구성하여 대응전략을 수립·추진하고 있다. 특히, 일본이 총리 산하에 '미래투자회의'를 설치하여 범부처 및 민·관·학 협의체의 컨트롤타워 기능을 하며 강력한 리더십을 발휘하고 있는 면을 주목할 필요가 있다. 4차 산업혁명에 따른 환경의 변화는 기존 산업·기업 단위의 경계를 초월한 융합적인 전략 제시가 필요한 문제로, 정부가 명확한 중장기 비전을 제시하고, 관련 부처 및 협의체의 단기 시행정책 추진을 관할 및 조율하면서 정책의 진행경과를 점검해나가는 등 정책추진의 '일관성'이 무엇보다 중요하다. 우리 정부도 민·관 합동의 '4차 산업혁명 전략위원회'를 출범시켰는데, 독일과 미국, 일본의 사례를 참고하여 장기적인 시각에서 전략과 실행방안을 수립하고 일관성 있게 추진해야 할 것으로 보인다.

　대기업에 비해 중소기업은 인력, 기술력, 자금조달 등 여러 면에서 취약하여 4차 산업혁명 대응이 대기업에 비해 느릴 수 있다. 하지만 중소기업이 우리나라 경제에서 차지하는 비중이 크고(건설업의 경우는 99%), 특히 4차 산업혁명으로 인한 변화의 양상은 과거보다 속도가 빨라지고 있음을 감안할 때, 중소기업의 4차 산업혁명 대응을 지금부터 적극 추진하는 것이 필요할 것으로 보인다. 이를 위해 우선 중소기업의 4차 산업혁명에 대한 인식을 제고시켜야 하겠지만, 중소기업의 대응을 촉진하기 위한 다음과 같은 몇 가지 정책을 추진할 수 있다.

첫째, 중소기업이 적은 비용부담으로 도입할 수 있는 모듈화된 단순사양 저가설비의 개발·보급이 필요하다. 단순한 시스템이라도 일단 도입하여 흐름을 파악하고 있어야 향후 진행방향에 대해 대응할 수 있기 때문이다. 둘째, 중소기업이 특히 민감하게 받아들이고 있는 정보유출 문제를 해결하기 위한 법적·제도적인 장치를 마련해야 한다. 스마트공장 도입을 위해서는 전후방 기업끼리, 동종 산업 내의 기업끼리 시스템 연결이 필수적인데 대기업보다 상대적으로 보안시스템이 취약한 중소기업에서 정보유출로 인한 영업력 약화 등의 문제가 발생할 가능성이 높기 때문이다. 셋째, 산업별 협회 차원에서 중소기업을 대상으로 4차 산업혁명 관련 홍보 및 교육을 강화하여 인력양성을 지원할 필요가 있다. 마지막으로 자금조달 애로 완화를 추진해야 할 것이다. 정책금융을 포함하여 다양한 금융상품이 활용될 수 있도록 하고, 4차 산업혁명 관련 지원 대상사업에 대한 심사분석 역량을 제고하여야 할 것으로 보인다.

4차 산업혁명은 광범위한 분야에 관련되어 있어 후발국이라고 할 수 있는 우리나라는 선택과 집중을 통해 효과적으로 경쟁력을 확보하는 전략을 추구할 수 있다. 예를 들어 4차 산업혁명 시대에서는 데이터의 수집과 분석이 중요한 요소인데, 미국이 데이터 수집을 위한 플랫폼 구축을 통해 가상데이터^{virtual data}에서는 압도적이며, 구글^{Google}, 아마존^{Amazon} 등 세계 최고의 IT기업을 우리나라가 따라잡는 것은 현실적으로 어려운 상황이다. 이를 고려하여 일본이 로봇 등 몇몇 분야를 특정하여 중점 추진하는 것처럼 우리나라도 현장데이터^{real data} 분야 중 몇몇을 선정하여 역량을 집중할 필요가 있다. 특히 의료분야의 경우

미국과 달리 전 국민이 의료보험에 가입하고 있어 데이터 수집이 용이한데, 이를 개발도상국에 대한 의료산업 통합 패키지 수출 등에 활용할 수 있다.

한편, 4차 산업혁명과 관련된 주요국과 분야별로 필요에 따라 경쟁과 협력 관계를 교차하여 설정할 필요가 있다. virtual data 분야의 미국 주도 컨소시엄인 IIC^{Industrial Internet Consortium}에 현재 독일 등이 참여하여 미국과 플랫폼 개발에 협조하는 상황에 대응하여 우리도 향후 플랫폼 호환에 문제가 없도록 진행 경과를 모니터할 필요가 있다. 독일과 일본이 주도권 경쟁을 벌이고 있는 real data 분야에서는 우리나라도 비슷한 산업 환경에 처해 있으므로, 경쟁적인 협력관계를 조성할 필요가 있다. 일본의 갈라파고스 신드롬에서와 같이 우수한 기술력을 보유하고 있더라도 파트너십 부재로 경쟁에서 도태되는 경우가 많기 때문이다.

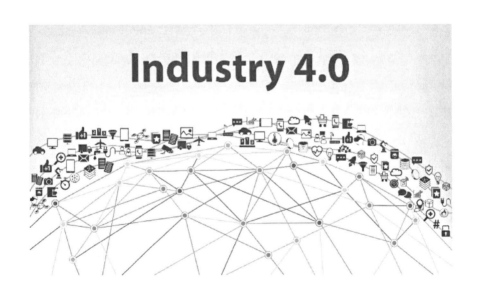

CPS와 IoT

산업혁명 내용 중에 CPS^{Cyber-Physical Systems}와 IoT^{Internet of Things}라는 말이 사용되고 있는데 CPS와 IoT에 대하여 차이가 무엇인지 소개한다.

CPS란
무엇인가

CPS는 Cyber-Physical Systems의 머리글자를 딴 것으로 '가상물리시스템'이라고 할 수 있다. 로봇, 의료기기, 산업기계 등 물리적인 실제의 시스템과 사이버공간의 소프트웨어 및 주변 환경을 실시간으로 통합하는 시스템을 일컫는 용어이다. 기존에 단순하게 기계나 장치에 내장되어 간단한 프로그램을 수행하던 환경에서 진화하여 다른 기계들과의 연결은 물론이고 기계적으로 운영되던 많은 부분을 소프트웨어가 담당하게 되는 시스템을 의미한다.

한국에서는 IoT에 대해서는 많이 언급되고 있지만 CPS에 대해서는 그리 알려지지 않고 있다. 그런데 여기까지의 설명을 보고 CPS와 IoT는 뭐가 다른가? 라고 생각할 수 있다. 실제로 CPS와 IoT의 개념은 상당히 비슷하다. 이에 관한 구분은 정해진 경계선이 따로 존재하지 않는다.

나름대로의 이해를 돕기 위해서 설명하자면 CPS는 'Physical', 즉 물리적인 요소와 IT^Information Technology가 융합하는 것에 중점을 두고 있는 반면, IoT는 '인터넷을 통해서'라는데 무게를 두고 있다. 예를 들면 자동차의 자율주행은 센서로부터 얻은 정보를 자동차가 자동으로 처리하여 구동계통에 피드백 함으로써 실현된다. 이 물리적인 요소 즉, 센서(Physical)라는 입력기능을 인공지능(Cyber)과 같은 처리(Process)기능을 거쳐서 엔진과 핸들 등의 구동계열로 Output을 한다는 '기계와 IT의 기능연계'에 중점을 둔 표현이 CPS이다.

[그림] CPS의 개념

출처: www.jeita.or.jp/cps/about/ 재구성

지금까지의 IT 맥락에서는 IPO(I=Input, P=Process, O=Output)에서 입력하여 결과Output를 받는 것은 주로 인간의 역할이었다. 그러나 이제는 IO을 담당하는 존재가 기계로 전환되어 인간이 관여하지 않는 시스템이 증가할 것이다. 이것이 CPS 방식의 근간이라고 볼 수 있다.

'Cyber'가 나타내는 범위는 애매하지만 반드시 인터넷이라는 요소가 필수는 아니라는 것이다. 인터넷에 접속하지 않고도 고도의 처리기능을 가진 IT에 의한 자율주행차량은 CPS라고 말할 수 있다.

한편, 이 자율주행의 예에서 각각의 자동차 센서와 구동 데이터에서 얻어진 정보를 인터넷상에서 결합하여 처리하면 연비 향상, 정체구간 회피, 신차의 개발에 대한 Input 등 여러 분야에서 활용할 수 있다. 이 인터넷을 통한 정보 활용에 중점을 둔 표현이 IoT이다.

따라서 CPS는 현실세계(물리 공간)에 있는 다양한 데이터를 센서 네트워크 등으로부터 수집하여 사이버 공간에서 대규모 데이터 처리기술 등을 구사하여 분석, 지식화하고 여기에서 만든 정보와 가치에 힘입어 산업의 활성화와 사회 문제의 해결을 도모하는 것이다.

현실세계와 정보를 연결하는 CP3와 IoT

CPS와 IoT에 대하여 조금 더 살펴보기로 한다. CPS는 작은 임베디드 시스템embedded system에서 자동차와 항공기 등과 같은 큰 시스템, 또한 국가차원의 인프라인 전력 네트워크 등 광범위하게 적용된다. 근래에는 컴퓨터에 의한 제어에만 그치지 않고 계통 속에 인간을 포함시키는 복잡한 시스템도 CPS로 불린다.

여기에서 CPS는 현실세계와 인간에게서 얻은 데이터를 수집·처리·활용하는 것이며, 모든 사회시스템의 효율화, 신산업의 창출, 지적 생산성향상에

[그림] CPS

출처: www.jstage.jst.go.jp/

기여하는 것이라고 가정한다. 예를 들어 교통시스템에서의 ITS[Intelligent Transport Systems]는 도로 신호에 내장된 센서와 차에서 보내온 물리세계의 정보에 근거로 컴퓨터에 의해서 고도의 제어를 실시하여 수송효율·쾌적성 향상을 이루려고 하고 있다. 또, 제조업은 이전부터 생산현장의 효율화에 컴퓨터가 이용되고 있다. 최근에는 농업에서도 센서로부터 얻을 수 있는 정보에 기초하여 적절한 살수를 실시하여 생산의 효율화를 하려고 있다. 이제는 모든 시스템이 컴퓨터로 제어되도록 하여 효율화와 함께 새로운 가치창조가 이루어져 인간에게 보다 나은 사회가 실현될 것이다.

CPS와 IoT는 앞에서도 언급하였지만 거의 같은 개념이다. IoT는 물리세계에 있는 것을 중심으로 한 시각에서 그것이 인터넷에 연결되는 것을 중시하고 있다. 반면, CPS는 물리세계의 정보와 사이버세계의 정보가 융합하는 데 중점을 두고 있다. 전술한 CPS에서는 물리세계와 사이버세계의 융합된 시스템 전체의 설명을 했지만, IoT에서는 인터넷에 연결되어 있는 것의 관점에서 설명을 더한다.

자료에 의하면 2020년에는 지구상에서 500억 개의 사물이 인터넷에 연결될 것으로 예측하고 있다(http://share.cisco.com/internet-of-things.html). 이것은 엄청난 숫자로 생각될지도 모른다. 그러나 유엔의 추정에 따르면 그 당시의 세계 인구가 77억 명(http://esa.un.org/unpd/wpp/index.htm)에 이를 것으로 전망하고 있는데, 한 명당 7개 정도의 사물이 인터넷으로 연결되게 되는 현재의 상황을 생각하면 그리 놀라운 숫자는 아니다. 지금도 개인이 휴대전화, 태블릿 PC, 컴퓨터, 심지어 텔레비전이나 하드디스크 레코더 등 인터넷에 접속되는 여러 개의 기기를 가지고 있으며, 가까운 장래에는 자동차나 냉장고, 전자레인지 등도 인터넷에 접속될 가능성이 있으며, 일부는 제품이 출시되어 있다(그림 'IoT 전체구성도' 참조).

이러한 시대가 도래하면 현실세계의 모든 정보를 인터넷에서 이용할 수 있게 된다. 500억 개의 사물에서 현실세계의 정보를 얻을 수 있게 되면 다양한 것이 가능하게 된다. 예를 들어 가전제품이나 전력계로부터의 정보가 얻어지

[그림] IoT의 전체구성도

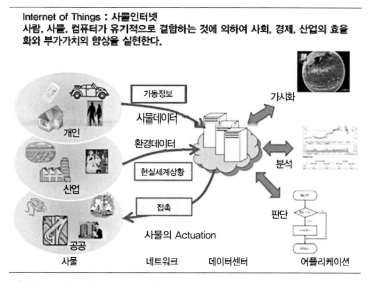

출처: https://www.jstage.jst.go.jp/

면 가정 내의 에너지 사용상황이 일목요연해져 쓸데없이 낭비하는 에너지 소비를 줄일 수 있다. 또한 철도나 도로, 터널, 교량 등의 사회 인프라에 센서를 설치하면 일손을 덜어 정기적으로 점검하지 않고 항상 그 상태를 모니터링 할 수 있어서 필요할 때 필요한 보수를 할 수 있게 된다. 밭과 가축에 센서를 붙이면 지금까지 IT의 혜택을 별로 받지 못한 농업에서도 효율화나 성력화를 기대할 수 있다.

사물이 보내는 정보는 사물의 정보 즉, 그 사물이 어떤 상태일까라는 정보로 가령 자동차 엔진의 회전수와 연료 소비량의 정보를 통하여 사물이 처한 환경에 관한 정보, 예를 들어 밭의 온도나 습도, 교량이나 도로의 진동 등의 정보도 얻을 수 있다.

이들의 현실세계에 대한 정보가 네트워크를 통하여 데이터 센터(클라우드라 해도 좋다)에 전달된다. 대부분의 경우에 사물의 정보는 무선통신을 통해서 수집된다. 이렇게 수집된 정보는 데이터 센터에서 가시화되어 인간이 이것을 보고 판단을 내리는 데 사용되거나 혹은 분석하거나, 또 데이터 센터에서 자동으로 판단까지 할지도 모른다. 이것들의 판단 결과는 네트워크를 통해서 현실세계로 전해져 자동차의 제어나, 밭의 물주기, 교량의 보수 등 현실세계에의 실세계를 실제로 컨트롤하는 것으로 예를 들어 메시지로 인간에게 행동을 촉구하는 것도 있을 수 있고, 도로 교통 신호를 제어하거나, 댐의 수량을 변화시키거나 하는 것 등이 이뤄진다.

특히 건설은 시제품이 없는 장치산업이기 때문에 설계정보와 현실세계의 정보를 바탕으로 장차 건설될 구축물을 가시화Visualization함으로써 사전에 설계나 시공의 문제점을 파악할 수 있어 안전하고 품질이 뛰어난 건설 생산물을 시공할 수 있게 될 것이며, 유지관리를 통하여 수집된 다양한 정보를 이용하여 그 동안 할 수 없었던 자산관리를 염두에 둔 기획 및 설계단계에서의 검토가 가능할 것으로 보인다.

정보사회에서
CPS/IoT사회로

정보사회에서는 분야별 합리화 및 최적화가 주된 목적이라고 할 수 있었지만, 테크놀로지technology의 새로운 진화는 그동안 실현될 수 없었던 데이터의 수집, 축적, 해석, 해석 결과의 현실세계에 대한 피드백과 같은 일련의 사이클을 사회차원에서 가능하게 할 수 있다.

현실세계와 사이버공간이 상호 연계하는 CPS/IoT사회에서는 우리와 인터넷 공간의 접점接點은 컴퓨터나 스마트폰 같은 단말기에 머물지 않고 자동차, 집과 같은 생활공간으로 확산되면서 수집된 데이터는 모든 분야와 연계하여

[그림] 정보사회에서 CPS와 IoT의 사회로

정보사회
분야마다 단독으로 정보네트워크가 구축된 사회
(합리화&최적화)

Home Network
교통 System
의료 Network
제조·물류
Office Network
Infra·Energy
Personal Communication

CPS/IoT사회
분야마다 데이터를 수집, 축적, 해석, 융합하여 진화되는 사회
(새로운 가치와 경험지식의 창조)

현실세계
(Physical 공간)
Home Network
교통 System
제조·물류
가상세계
(Cyber 공간)
Cloud Computing
• Sensing, Actuation 기술
• Big data 처리기술
• 대용량 고속 서버

현실세계와 가상세계의 융합
실시간 현실세계(Physical공간)의 다양한 데이터를 가상세계(Cyber공간)에 수집하여 해석함으로써 새로운 가치를 창출

인터넷공간과 사람의 접점이 다양화
정보네트워크가 컴퓨터 스마트폰 이외에두 가전이나 차, 거리 등과 이어져 새로운 서비스를 창출하거나

IT가 모든 영역에 침투
기기나 센서 모두력의 막대한 현실세계 데이터를 High performance 컴퓨팅에 의해 고도화해 나간다.

의료 Network
Personal Communication
Infra·Energy
Office Network

출처: www.jeita.or.jp/cps/about 재구성

생활을 보다 풍요롭게 하는 동시에 저출산 고령화와 에너지 문제라는 우리가 안고 있는 '사회적 과제의 해결'에도 연결되어 갈 것이다.

네트워크에 의한 사물의 변모

일찍이 사물이라고 하면 하드웨어이며 물질이 갖는 특성을 이용하여 어떤 기능을 실현하여 왔다. 예를 들어 초기의 자전거는 타이어, 페달, 체인 등의 물리적 부품으로 구성되어 원활하게 이동하는 기능을 제공하였다(그림 'IoT에 의한 사물의 변모'의 a).

마이크로프로세서가 등장하게 된 것처럼 많은 사물에 탑재되어 그 소프트웨어에 의해서 다채로운 기능이 제공되게 되었다. 예를 들면 전기밥솥은 마이크로프로세서 제어에 의해서 여러 쌀의 밥 짓는 방법과 취향에 따라 밥을 지을 수 있게 되었다. 자동차도 많은 마이크로프로세서 제어로 연비를 향상시키고 안전한 브레이크 동작이 이루어지고 있다. 단순한 하드웨어의 조합만으로는

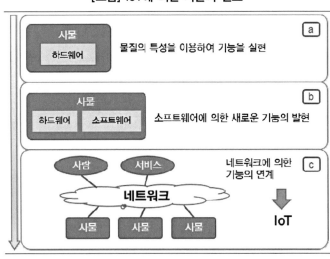

[그림] IoT에 의한 사물의 변모

출처: www.jstage.jst.go.jp/

실현할 수 없는 복잡하고 고도의 기능이 실현되게 되었다(그림 'IoT에 의한 사물의 변모'의 b).

게다가 최근에는 휴대전화로 대표되듯이 네트워크와 이어지는 사물이 늘어나고 있다. 사물과 사물이 이어짐으로써 단일 사물이 제공할 수 없는 기능이 실현되고 있다. 예를 들어 하이패스와 같이 자동차가 게이트와 통신하고, 요금센터와 이어짐으로써 정지하지 않고 요금 징수가 치러질 뿐만 아니라, 시간과 장소에 의해서 다채로운 할인이 실현되고 있다. 또한 휴대전화와 가전제품이 이어짐으로써 외출에서도 비디오 녹화 예약을 할 수 있게 되었다. 단순히 사물끼리 뿐만 아니라 사물과 사람, 혹은 사물과 클라우드상의 서비스와의 연계 등 다양한 발전성을 지니고 있다(그림 'IoT에 의한 사물의 변모'의 c).

사물과 사물, 사물과 서비스 혹은 사물과 사람을 연결시킴으로써 여러 가지 가능성이 커지고 있다. 기능이나 성능이 고도화하거나 사물의 효율적인 운용 관리를 실시할 수 있기도 한다. 또, 사물을 통해서 다양한 데이터를 수집할 수 있으므로 새로운 발견이나 재해방지 등이 가능하게 될지도 모른다.

CPS, IoT의 과제: 기술적인 파악

CPS, IoT를 기술적으로 파악해보면, 그림 'CPS, IoT 전체 부감도'와 같이 아래층에 현실세계가 있으며, 그 정보가 중간의 사이버세계에 진파피이 치리를 힌다. 치리 결괴는 위층의 서비스에서 사용된다. 기술적으로 보면 시스템과 정보의 아키텍처, 보안이 매우 중요한 의미를 지닌다.

CPS, IoT의 과제: 아키텍처

그동안 각종 CPS, IoT가 개별적으로 개발되고 있어, 정리되어 통일된 인식에 기초한 CPS, IoT 공통기반기술이라는

[그림] CPS, IoT 전체 부감도

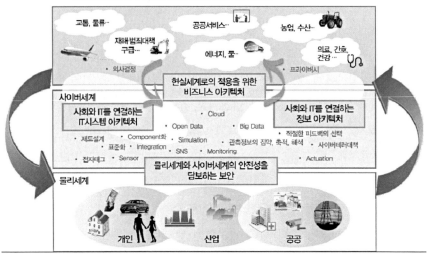

출처: www.jstage.jst.go.jp/

것이 별로 고려되지 않고 있다. 용도에 따라서 개별적으로 전용 기술이 적용되어 왔다고도 할 수 있다. 다른 업종 시스템의 연계, 새로운 시스템의 개발 등을 생각하면 통일된 생각에 따른 CPS, IoT의 기반기술이 필요하며 향후의 CPS, IoT의 중요도가 높아지는 것을 고려하면서 다음과 같은 연구 개발이 중요하다.

◪ 정보 아키텍처

정보의 연계에 의해 가치가 높은 서비스를 제공한다. IT끼리의 서비스 연계, IT와 물리적인 세계의 서비스 연계, IT와 인간의 연계 등, 다양한 조합이 있다. 이들의 연계를 실현하기 위해서 개념체계의 개발이나, 표현방식의 개발이 필요하다. 물리적인 서비스의 연계에 대해서는 실시간성도 필요하다. SOA^{Service Oriented Architecture, 서비스 지향 아키텍처}4)에 의해 서비스 연계를 기술할 수 있게 되었지만, 실시간으로 대응이 불충분하다. 서비스 연계에 대해서는 Web 서비스와 SOA Service-Oriented Architecture, XML eXtensible Markup Language 등 많은 연구자 커뮤니티가 있으며, 그것들을 발전시킴으로써 상기에 대응할 가능성이 있다.

CPS, IoT에서는 사이버인 것과 물리적인 세계를 다루는 것이며, 양자의 중개가 중요한 역할을 한다. 우선, 물리적인 세계를 모델화하여 사이버 세계를 껴안아야 한다. 이때 모든 물리적인 요소를 도입하기는 불가능하기 때문에 어느 관점에서 투영한 것을 모델화해야 한다. 그래서 방법론의 개발이 필요하다. 즉, 물리적인 요소를 프로그래밍에 넣을 수 있도록 해야 한다. 또, 사이버 세계에서 정의된 요소를 물리적인 시스템에 넣는 것도 필요하다. 즉, 물리적인 요소가 일방적으로 제어될 뿐 아니라, 물리적 요소에서 프로그래밍에 대해서 움직일 수 있도록 해야 한다. 이들 중간적인 기술이 쌍방향에 성립되는 것이 바람직하다.

또, 이 모델은 변화에 대응할 필요가 있다. 즉, 애플리케이션의 요구에 따라서 그 입도 粒度 를 변경하거나 혹은 현실세계에 맞추어 모델 자체의 수정이 가능하도록 하는 것이 필요하다.

▣ IT시스템 아키텍처

CPS, IoT에 의하여 방대한 현실세계의 데이터를 수집한다. 이들 데이터 수집에는 단순히 전송하는 것뿐만이 아니라 스트리밍 데이터 streaming data 를 처리하면서 수집한다는 노력이 필요하다. 또, 프로세스 비니니 이상 형태를 고려시 이들 데이터를 모두 데이터 센터에 축적하는 것이 반드시 상책은 아니다. 이 경우, 많은 데이터가 센서 노드 sensor node 에서 관리될 것으로 예상된다. 이처럼 분산되어 축적되는 데이터의 취급은 하드웨어와 미들웨어, 프로그래밍 모델 등에 영향을 미치기 때문에 이것들이 통합된 아키텍처가 필요하다. 시스템에

---

4) 복수의 컴퓨터 시스템으로 구성되는 복잡한 서비스를 구축하기 위한 틀. 소프트웨어가 제공하는 기능을 서비스로 파악하고 그들을 조합함으로써 목적으로 하는 고도의 기능을 실현한다.

서의 요구나 제약에 근거하여 최적의 구성 혹은 처리 방식을 결정하기 위한 기반 기술이 필요하다. 디바이스, 하드웨어, 통신, 컴퓨터 등 광범위한 기술 요소를 조합할 필요가 있고 충분한 실적이 있다고 말할 수는 없는 영역이다. 사회 시스템 아키텍처도 관련되어 있으므로, 새로운 연구 커뮤니티를 집결하고 연구 개발을 할 필요가 있다.

물리적 세계에서 측정되는 데이터에는 반드시 오차가 있고 시간적인 요동을 가지고 있거나, 계측 자체를 못하기도 하였다. 그동안 사이버 쪽에서 취급해 온 수치 데이터는 정확하다는 것을 전제로 했지만, CPS와 IoT에서는 데이터의 정밀도나 결손, 신뢰도에 대한 대응이 필요하다. 정밀도와 질이 불충분한 데이터를 사용해도, 나름의 대응이 된다는 강인성robustness을 가질 것으로 기대된다.

↘ 비즈니스 아키텍처

많은 기술은 사회로의 적용을 도모하는 데 다양한 노력이 필요하다. 단독 기술이나 기술끼리의 조합만으로는 사회에 정착되지 않는다. 특히, 사회 인프라나 비즈니스에서는 많은 이해관계자가 관여하기 때문에 이들이 서로 연계하여 가치사슬value chain이 잘 구성될 수 있도록 해야 한다. 기술적인 과제로 볼수는 없으므로 여기서는 상세히 취급하지 않겠지만, 실천에 있어서는 충분한 배려가 필요하다.

CPS, IoT의 과제: 보안

CPS와 IoT에 의해서 여러 혜택이 주어질 것이다. 그러나 사물에는 빛나는 면이 있으면, 반드시 어두운 부분도 있다. 사물이 이어진다는 CPS와 IoT에도 좋지 않은 면을 예상할 수 있다. 자신의 소지품이 항상 네트워크에 연결되어 있으면 자신이 보고 있는 정보나 장소 등의 정보가 클라우드에 축적되어 사생활이 침해될지도 모른다. 사이버 공격의 문제는 자주 발생하고 있지만, 이것이 CPS/IoT의 세계까지 확산되면 지금보다 더 영향이 커질 우려도 있다.

사이버 공격의 예를 들면 2009년에는 미국의 텍사스주에서 도로 옆의 전광판을 해킹하여 '전방에 공사 중'이라는 표시가 나오는 길을 '주의! 전방에 좀비!(ZOMBIES AHEAD)'로 고쳐버렸다. 또 2008년에는 14세의 소년이 텔레비전 리모컨을 개조하여 노면 전차의 포인트를 조작함으로써 전철이 탈선하여 12명이 다쳤다.

2010년에는 스턱스넷^{Stuxnet}으로 불리는 기간시설을 파괴할 목적으로 제작된 컴퓨터바이러스가 이란의 원자력시설에 침입하여 오동작을 일으킨 것으로 유명하다.

또, 자동차의 진단용 포트로 제어 패킷^{packet}을 해킹함으로써 계기판^{dashboard}에 임의의 메시지를 표시할 수 있거나, 최근에는 자동주행 기능을 이용해서 운전 그 자체를 납치할 수 있는 것으로 나타났다.

사물이 인터넷과 연결됨으로써 헤아릴 수 없는 효용가치가 기대된다. 사회 시스템으로서도 사회 인프라의 감시와 공공 서비스의 효율화, 고도화가 가능하게 된다. 또, 산업적으로도 농어업의 효율화, 제조업의 서비스화에 의한 부가가치 향상, 제품 고도화를 도모한다. 서비스업도 제공하는 기능이 고도화하거나 적절한 타이밍에서 서비스가 제공되거나 하게 될 것이다. 이러한 CPS, IoT의 빛을 더 빛내기 위해서는 인진일 필요가 있다.

지금까지 안전한 시스템을 구축하기 위해서 많은 노력을 해왔다. 그러나 CPS, IoT에서는 보다 안전성에 주의를 기울이지 않으면 안 된다. 즉, 물리적인 실체와 직접적으로 연결되어 있는 만큼, 납치나 부정 침입으로 인한 서비스 정지 등이 일어나면, 큰 사고로 이어질 가능성이 있다. 심한 경우에는 인명의 위험을 수반하는 경우도 있다. 또, 사회 시스템에서 널리 이용될 것을 가정하면 일반적인 IT시스템과 비교하여 오랫동안 사용될 것이므로 새로운 위협의 출현에 대해서도 항상 대처해야 한다. 사회 인프라의 경우 오류가 있으면 간단하게 서비스를 정지할 수 없으며, 시스템을 복구하는 데 막대한 비용과 노력이 필요하다. 이것들을 고려하여 CPS와 IoT에서는 종래보다 안전한 시스템 구축·운용이 요구된다.

그렇기 때문에 처음부터 시스템을 안전하게 디자인하고 개발하는 것과 그 안전성을 유지하기 위한 운용관리 기술이 중요하다. 아직 근본적인 해결책은 없지만, 조금이라도 이것들의 불안을 없애고 사회가 CPS, IoT의 혜택을 충분히 공유하기 위한 기술의 연구개발이 기다려진다.

CPS, IoT에 관해서 그 내용과 사회에의 영향, 기술적 과제 등에 대해서 알아보았다. CPS, IoT는 향후 정보사회에 매우 중요한 위치에 있으며 효율적으로 풍부한 사회를 실현하는 핵이 되는 기술이다. CPS, IoT가 가진 잠재력을 최대한 활용하기 위해서는 여기서 말한 기술적 과제에 그치지 않고 법률이나 제도 등 사회적 구조도 생각해야 한다. 자연과학뿐만이 아니라 인문과학, 사회과학도 협력하여 새로운 사회의 모습을 그려야 한다.

일본의
CPS에 대한 대처

일본 경제산업성의 '산업구조심의회 상무유통정보분과회 정보경제소위産業構造審議会 商務流通情報分科会 情報経済小委員会'가 'CPS에 의한 데이터구동형사회의 도래를 겨냥한 변혁(안)'이라는 보고서를 작성하였다. 제목에 쓰인 '데이터구동형사회'라는 말은 다소 생소한 단어인데, 일본에서의 CPS는 '현재 진행하고 있는 사물인터넷IoT의 기술혁신으로 인간뿐 아니라 사물의 디지털화·네트워크화가 급속히 확대되어 데이터를 통해서 인간을 거치지 않고 직접 사이버 공간에 현실세계의 상황을 모사模寫하여, 사이버 공간에서의 정보처리 결과가 실세계의 움직임을 제어하는 시스템'이라고 정의하고 있으며, 디지털 데이터의 수집, 축적, 해석, 해석 결과의 현실세계에 대한 피드백이라는 현실세계와 사이버 공간과의 상호번반의 시스템이라고 한다. 따라서 일본에서는 4차 산업혁명을 이렇게 대처하고 있는지 이 보고서에 대하여 소개하도록 한다.

일본의 CPS, 데이터구동형사회란

데이터구동이라는 용어는 데이터주도data driven 또는 데이터 중시 쪽이 통할지도 모른다. 원래 계산과학의 용어로 '하

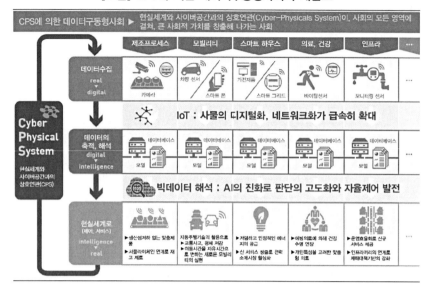

[그림] CPS에 의한 데이터구동형사회의 개념도

출처: 일본 경제산업성

나의 계산에 의해서 생성되는 데이터가 다음 계산을 실행하고, 차례로 일련의 계산이 실행된다.'는 것을 의미한다. 데이터구동형사회란 'CPS가 IoT에 의한 사물의 디지털화·네트워크화로 다양한 산업사회에 적용되어 디지털화된 데이터가 인텔리전스intelligence로 변환되어 현실세계에 적용됨으로써 데이터가 부가가치를 획득하여 현실세계를 움직이는 사회'라고 정의를 부여하고 있다. 현실세계와 사이버공간과의 상호 연관된 Cyber-Physical Systems가 사회의 모든 영역에 설정됨으로써 사회적으로 큰 가치를 만들어 가는 그런 사회가 '데이터구동형사회'이다. IT 사회에 대한 기술은 다음과 같은 단계를 밟아 발전하여 현재는 레벨 Ⅳ의 CPS 실현이라는 단계에 위치하고 있다고 한다.

• 레벨 Ⅰ : 개별 기기를 독립적으로 사용(Stand alone : ~1990년대 후반)
• 레벨 Ⅱ : 일부 기기가 네트워크에 접속되어 디지털 데이터가 유통되기 시작(Network화 : ~2000년대 전반)

- 레벨 III : 데이터 수집·집계·처리라는 기능이 개별 단말기에서 네트워크상의 데이터 센터 등으로 이행(Cloud화 : ~2000년대 후반)
- 레벨 IV : 현실세계를 디지털 데이터로 변환하여 그 데이터를 처리한 뒤에 현실에 피드백 한다는 루프의 발생(CPS : 2010년경~)
- 레벨 V : AI에 의한 가치창조와 완전자율·자동화

　레벨 V의 'AI에 의한 가치창조와 완전자율·자동화'라는 것은 장래에 인공지능의 진화 등에 의하여 디지털 데이터의 해석에 따른 판단과 해석 결과가 현실세계로의 피드백 등이 완전히 자율·자동화되어 가일층(加一層)의 사회변혁을 만들어가는 단계이다.

사회 및 산업에 CPS가 미치는 영향

이 보고서에서는 CPS가 가져오는 영향을 다음과 같이 4가지로 유추하였다.

(1) 현실세계와 사이버세계의 상호작용에 의한 고부가가치화

　CPS는 여러 분야에서 새로운 부가가치를 창조하겠지만 그 주도권은 사용자 측으로 넘어가면서 부가가치는 이용자주도(User driven)로 창출하게 된다고 한다. 게다가 가상화(假像化) 기술의 발전에 따른 이용 가능한 정보처리 자원의 증가에 따라 정보를 활용한 새로운 서비스의 가능성이 넓게 일반에까지 확대될 것이라고 한다. 그리고 미래적으로는 인간 역할의 대체를 예상하고 있다.

(2) 데이터 2차이용과 특정분야의 기술기반을 타 분야에서의 응용으로 새로운 가치창조

　구글(Google)이 로봇 분야와 인텔리전트 가전 등의 기업 인수를 예로 2차 데이터를 이용하여 기존 산업의 울타리를 넘어선 전혀 새로운 부가가치가 창조되

어 광범위한 산업에 파괴적 이노베이션을 초래할 가능성을 지적하는 한편, 정보가 다른 사람에게 노출되어 스스로 정보의 통제권 상실이나 데이터가 유포될 가능성도 언급하고 있다.

(3) 디지털화의 발전에 의한 수평 분업화, 개발·생산 방법의 변용과 규모의 경제성5)·네트워크 외부성의 발현

공급사슬supply chain의 모듈화, 수평 분업화를 촉진, 모듈 생산과 가상 시뮬레이션을 이용하여 개발 및 평가하는 모델기반 시스템공학MBSE: Model-Based Systems Engineering과 같은 새로운 방법의 활용촉진 가능성을 지적하고 있다.

또한 일렉트로닉스electronics 산업에서 디지털화·모듈화의 발전과 투자규모 확대에 따른 국제적인 수평분업의 생태계ecosystem가 갖춰지는 것으로, 각 계층Layer의 글로벌 경쟁이 활발해져 기업이 이러한 구조 변화에 적응하지 못하는 사례에서 데이터가 특정 기업에 집약되는 분야에서는 데이터가 부가가치의 큰 원천이 됨으로써 네트워크로의 참여 주체의 증가에 따른 우위성이 높아진다는 네트워크 외부성이 크게 작용한다고 지적하고 있다.

(4) 보안 리스크, 준법감시compliance 리스크의 증대

사이버 공격에 대해서 각 회사별로 개별적인 대응만으로 완전한 대처는 어렵고 또 비용도 엄청나게 투입된다. 또 적절한 보안대책이 담보되지 않으면 CPS의 발전에 장애가 된다. CPS가 발전하고 있는 국면에 있어서는 외국의 움직임도 감안하여 대책을 강구하지 않으면, 일본 산업의 사이버 공격에 대한 대처 능력이 낮아 신뢰성 저하로 이어질 우려가 있다고 보고 있다.

---

5) 규모의 경제성이란 것은 생산규모의 확대에 따른 생산물의 단위당 비용이 떨어져 효율이 상승하는 것을 의미한다.

[그림] 이노베이션으로 데이터를 활용하는 기업의 비율

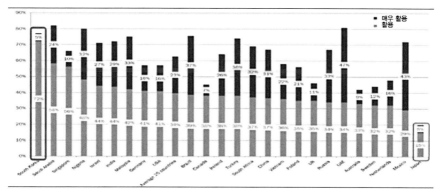

출처: GE GLOBAL INNOVATION BAROMETER 2013

[그림] 세계 TOP 2000회사 중에 1989년 이후 설립기업 비교(금융제외)

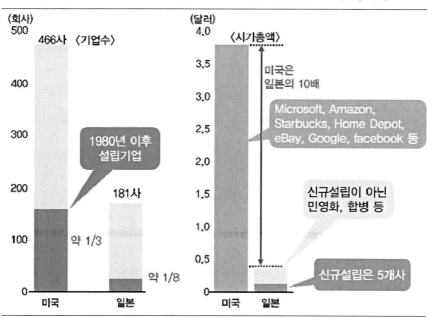

출처: 일본 벤처전문가회의 정리 자료

데이터구동형사회, 실현을 위한 과제

CPS가 발전하는 분야에서는 규모의 경제성이나 네트워크 외부성이 크게 작용, 먼저 전체구상grand design을 계획하여 생태계ecosystem를 구축한 사람이 부가가치를 독점할 가능성이 높아진다. 이러한 상황에 대응하기 위해서는 CPS관련 신사업이 속속 창출되는 비즈니스 이노베이션의 장場이 되도록 세계의 사람·사물·돈을 불러들이기 등을 통해서 신사업을 글로벌하게 전개하는 순환을 창출할 필요가 있다고 한다. 그러기 위해서는 다음과 같은 과제를 해결해야 한다고 지적하고 있다.

(1) CPS에 대응할 수 없는 현행 제도의 재검토 필요성

기존의 사업규제 등의 제도는 CPS의 발전을 예상하지 않고 만들어져 새로운 비즈니스 모델을 창출할 때 회색지대gray zone가 발생하거나 기업을 넘어선 데이터 유통을 위한 법적인 틀이 없는 것이 기업 활동을 위축시키고 있어 CPS 비즈니스로의 구현에 필요한 소프트웨어 인프라로서 룰 수립을 조속히 추진하는 것이 중요할 것이다.

(2) CPS에 대응한 산업 실천의 이용자주도 접근의 중요성

기업은 아직도 IT나 데이터를 업무 효율화의 수단으로 삼아 경쟁력을 극대화하는 공격적인 비즈니스 모델로의 전환이 늦어지는 등 '제조에서 이기고 장사에서 졌다'라는 상황에 처해 있으며, 더욱이 미국보다 게임 체인지를 가져오는 벤처가 자라지 않은 점도 지적하고, 앞으로의 비즈니스에서는 부가가치 창출에 있어서 사용자의 역할이 커지는 가운데 '팔기형태의 비즈니스'에서 '유저관리 플랫폼형태의 비즈니스'로 탈바꿈하는 것이 필요하다고 지적하고 있다. 그리고 공급 측이 이용자 요구에 따른 신속하고 유연한 가치 창조를 실현하는 이용자주도user driven 방식이 중요하다고 말한다.

또 경영층의 강한 리더십 아래에서 경영전략으로 IT·데이터 활용을 위한

'공격적인 IT 경영'으로 전환이 필요하며, 새로운 비즈니스 모델을 개척하는 벤처기업의 창출에 대해서도 언급하고 있다.

(ⓒ) CPS에 대응한 사회기반 강화의 필요성

▶ 정보보안 강화

고도화하는 사이버 공격에 대처하기 위해서는 각사마다의 분산적 대응만으로는 불충분하며, 정부가 이니셔티브^{initiative}를 취하여 민관과 업종의 울타리를 넘어선 정보공유 시스템 및 대책 지침을 정하여 추진하여야 하며, 대책 실시에 대한 인센티브를 부여하는 등 정보보안을 위해서 자구 노력을 펼칠 수 있도록 할 필요가 있다고 한다.

▶ 핵심기술의 연구개발 강화

CPS를 지지하는 핵심기술^{core technology}의 연구개발을 국가가 강력히 추진할 필요가 있으며, Google이 딥 러닝 개발관련 회사를 인수하거나 인공지능 연구의 세계적 권위자를 초빙하는 것, IBM이 인공지능 'Watson'을 활용한 솔루션 사업을 강화하기 위해 약 10억 달러를 투자한 점 등을 들어 일본의 중장기적인 연구개발의 비율이 불과 10% 정도여서 중장기적인 투자의 미비를 지적하고 있다. 그래서 데이터 수집에서부터 현실사회의 피드백까지 각 요소기술에 대해서 균형 있게 기술혁신이 실현될 필요가 있으며, 코어 네크놀로지의 연구개발 강화와 사회 구현 촉진을 위한 대처가 필수적이라고 한다.

▶ 인재 강화

'IT와 경영의 양면에 능통하고 리더십을 발휘하여 공격적인 데이터 경영을 추진할 수 있는 인재', 'IT벤처를 창업하는 인재'를 키울 필요가 있다고 한다. 또 중장기적으로는 많은 직종에서 업무가 디지털 데이터의 활용이나 인공지능으로 치환될 가능성이 전망되는 가운데 프로그래머·이과 전문 인력 같은 기존 IT인재의 개념에 포함되지 않는 인재(IT벤처기업가, 화이트 해커, 데이터 과학자 등)를 중장기적으로 육성하는 것도 필요하다고 한다.

◥ 산업 시스템 디자인의 필요성
미국과 독일의 대처를 소개하면서 CPS의 실현에는 엔지니어링의 견해를 바탕으로 한 산업 시스템 디자인이 중요하다고 한다.

데이터구동형사회, 실현을 위한 방향성

이 보고서에 의하면 일본에는 아래와 같은 강점이 있으며 그 강점을 전략적으로 활용하는 것이 중요하다고 한다.

- 수집·집계·처리한 데이터를 현실세계에 피드백 하는 제어계통의 기술에서 경쟁력을 가진 플레이어가 많다.
- 일본의 품질관리는 시스템을 섬세하게 '만드는' 것에 강점을 가지고 있다.
- 기술의 설계에 종사하는 엔지니어의 층이 두텁다.
- 일본의 광섬유 회선 등의 네트워크 환경은 FTTH^fiber to the home 비율이나 인터넷 접속속도 등에서 세계적으로 우위에 있다.
- 2024년도까지 가정 스마트 미터^smart meter가 국내 전체 5,000만 가구에 설치되는 것이 예정되어 있는 등 네트워크 측면에서 인프라는 상대적으로 잘 정비되어 있다.

이러한 강점을 나타내면서 구체적으로는 다음과 같은 시책의 방향성을 제시하고 있다.

◙ CPS에 대응하지 못하는 제도를 바꾸자
- CPS에 대응하지 못하는 제도·규제를 재검토한다.
- 디지털 이코노미에 대응한 국제적 틀을 정비한다.

◙ 신속한 도전을 촉구하고 CPS에 대응한 산업 활동을 구동한다.
- 구체적인 산업모델을 창출하여 각 분야에서 공통으로 사용이 가능한 원활한 규칙을 미리 제정한다.
- 기업 간 연계에 의한 CPS비즈니스 창출을 촉진한다.
- 대기업, 스타트업 기업이 CPS에 도전하는 환경을 근본적으로 강화한다.

◙ CPS를 향한 민관 공통기반을 국가가 전략적으로 정비한다.
- 국가가 주도권을 잡고 기업 등의 사이버 보안 대책 강화한다.
- 기술개발을 강화한다.

이 보고서에서는 구체적인 기술개발 과제를 다음과 같이 제시하였다.

◙ 인공지능^{AI}
- 두뇌형 인공지능
- 데이터 구동·지식 추론 융합형 인공지능
- 비 노이만형 컴퓨팅 등

◙ 정보 처리
- 에지 컴퓨팅(분산처리, 데이터 중심 컴퓨팅)
- 리얼타임 제어기술
- 화상인식 처리기술
- 고도 보안기술(정보보안, 차세대 암호기술, 제어보안) 등

▣ 장치(디바이스)

- 무급전/저 소비전력/고성능 센서 시스템
- 차세대 파워 반도체(신 재료)
- 신재료/신구조에 의한 저 소비전력/고성능 반도체(대용량 고속 메모리 디바이스 스토리지 시스템, 광전자공학장치optoelectronics device)
- 저비용/다품종 소량/제품 수율 향상을 위한 생산·설계기술 등

일본의 CPS 추진전략, 산업구조의 전환기 대처

일본의 경제산업성에서는 CPS의 추진전략에 대하여 다음과 같은 목적으로 산업구조의 전환기에 대하여 대처하고 있다.

일본은 오랜 역사 속에서 산업에서의 몇 가지 패러다임 전환을 겪어왔다. 증기기관에 의한 기계화, 전력의 활용에 의한 생산성향상, 컴퓨터의 보급에 의한 자동화 그리고 지금 세상의 모든 것이 인터넷으로 이어지는 기술혁신에 의해서 새로운 산업혁명이 발생하려 하고 있다.

현재 네트워크에 연결되어 있는 디바이스는 약 180억 개. 센서의 소형화 등으로 생활공간에 존재하는 모든 사물이 네트워크에 연결되어 그 수는 5년 이내에 500억 개 이상에 이른다고 한다. 또, 동시에 정보처리 속도나 기억용량도 지금까지 이상으로 진화한다. 이런 이유로 현실세계의 데이터를 대량으로 축적할 수 있고 사이버 공간에서 다양한 시뮬레이션을 할 수 있다고 기대하고 있다.

빅 데이터를 분석·검증하여 최적 값을 찾아 현실세계에 피드백을 한다. 그리고 피드백한 후의 데이터도 다시 분석·검증하여 다시 현실세계로 되돌린다. 이 순환하는 시스템인 CPS가 산업구조의 큰 변화를 가져올 것으로 예견되고 있다.

지구상에서는 CPS의 흐름에 대응하기 위하여 다양한 움직임이 이미 시작되고 있다. 독일은 2011년에 개발, 제조, 유통의 프로세스를 IoT에 의하여 전체 최적화하는 'Industry 4.0'이라 불리는 국가정책을 내놓았다. Industry 4.0

에서는 공장을 전자동으로 하는 스마트공장의 실현을 목표로 지멘스^{Siemens}, 보쉬^{Bosch}, 폴크스바겐^{Volkswagen}, 독일텔레콤$^{Deutsche\ Telekom}$ 등 독일의 주요기업이 참여하고 있다.

미국에서는 미국 GE가 산업기기를 인터넷에 연결, 데이터 분석에 의한 고도의 의사결정을 가능하게 하는 'Industrial Internet'을 제창, 100개 이상의 회사가 '산업 인터넷 컨소시엄$^{Industrial\ Internet\ Consortium:\ IIC}$'을 구성하였다. GE는 센서로부터 취득한 데이터를 해석하여 기기·설비를 정밀 제어하는 애플리케이션 'Predix'를 개발하여 석유가스, 전력, 항공, 의료 등 24개 분야용으로 제공하고 있다. 또 미국 Google은 자율주행, 로봇 등 사이버에서 현실세계로 진출하기 시작하였다.

그런 가운데 일본도 뒤지지 않고 CPS시대에 필요한 비즈니스 전략을 내놓아야 한다. 실제로 일본기업은 코머스^{commerce}와 SNS 등 IT를 활용한 새로운 플랫폼형 비즈니스에 있어서 세계적으로 점유율을 확보하지 못하고 있으며, 미국기업이 세계적으로 플랫폼을 확립하고 있는 상황이다. 이런 실패를 되풀이하지 않기 위하여 일본에서는 경제산업성이 선도적으로 CPS를 추진하기 위한 전략을 내놓았다.

일본의 CPS 추진전략, IoT 추진연구소 설립

IoT, 빅 데이터, 인공지능의 진화에 의해서 신 ㅂ무소의 진환기를 맞고 있는 현재, CPS 비즈니스에서 뒤지는 것은 국제경쟁에서의 패배를 의미한다. 이렇게 경종을 울리고 있는 경제산업성은 CPS 시대에 대응하기 위해서 산학관 합동의 'IoT추진연구소'를 2015년 10월 23일에 설립하였다.

IoT추진연구소는 단기적인 프로젝트에서 장기적인 프로젝트까지 기업 간 연계에 의한 IoT비즈니스 창출을 목적으로 한다. 구체적으로는 벤처, 대기업,

외국계 등 규모나 업계를 초월한 기업 간 네트워크 구축을 지원하고 IoT프로젝트 조성을 실시한다.

경제산업성 정보경제과는 '지금까지는 회사마다, 업계별로 IoT비즈니스에 대처하거나 빅 데이터를 활용하곤 했는데 이제는 다른 업계의 기업과 제휴하여 데이터를 횡단적으로 활용하지 않으면 이길 수 없다'라고 한다.

IoT추진연구소에서는 전문가 등에 의한 'IoT지원위원회'를 만들어 각 IoT프로젝트에 대한 충고와 정부에 제언한다. 다양한 IoT프로젝트가 이 지원위원회에서 평가받아 프로젝트에 자금지원이나 규제개혁 등의 지원을 한다고 한다. 실제로는 IoT지원위원회가 정부에 대한 제언을 하면 자금지원, 규제개혁, 분야별 전략수립을 정부가 실시한다. 경제산업성에 따르면 IoT지원위원회에 프로젝트를 지원한 기업은 이미 500개에 이른다고 한다.

일본의 CPS 추진전략, 주역이 될 수 있을까

프로젝트의 대상 분야는 CPS의 발전이 현저하게 진행될 것으로 예상되는 제조, 모빌리티, 공공인프라, 의료, 스마트 하우스, 행정, 유통, 농업, 금융, 관광 등이다. 경제산업성에서는 각각의 분야에서 '실현해야 할 미래상'을 마련하고 있다.

예를 들면 모빌리티에서는 자율센서와 디지털지도를 활용하여 운전자가 운전에 전혀 관여하지 않는 완전 자율주행을 목표로 한다. 다른 자동차나 IT인프라의 정보도 활용함으로써 교통사고 감소, 정체나 환경 부담의 저감, 고령자의 이동지원에 연결된다.

유통에서는 고도의 수요예측에 근거한 공급체인 전체에서의 실시간 재고관리에 의한 전체 최적화를 실현하여 '규격품의 대량생산·대량판매'에서 '개인의 기호에 맞춘 것을 리드 타임 제로$^{lead\ time\ zero}$로 판매'로의 변혁을 목표로 한다.

의료에서는 의료 데이터를 활용한 예방의료, 맞춤의료를 실현하는 것으로 국민의 건강증진과 의료비 절감을 목표로 한다. 경제산업성은 'CPS의 발전에 의해서 산업구조, 취업구조는 크게 달라질 것이다'라고 강조한다.

'IoT, 빅 데이터, 인공지능 등이 산업구조, 취업구조, 경제구조, 경제 사회 시스템에 어떤 변혁을 가져올지 그것에 어떻게 대응해야 하느냐는 "구체적인 변혁의 모습"과 "구체적인 처방전"에 대하여 전문가와 논의하여 앞으로 구체적으로 논의해 간다고 한다.

CPS의 발전에 빠뜨릴 수 없는 인공지능 연구에 대해서도 힘을 쏟게 될 것이다. 2015년 일본의 산업기술종합연구소에 인공지능연구센터를 설립하였다. 문부과학성은 이화학연구소를 거점으로 한 인공지능 연구에 10년에 걸쳐 1,000억 엔을 투입한다는 방침을 발표하고, 총무성도 인공지능 연구를 강화하겠다고 여겼던 터라 현재 3개의 부처가 연계하여 인공지능연구 컨소시엄을 만들자는 움직임이 있다고 한다.

경제산업성은 IoT추진 연구실을 통해서 세계 최초로 CPS에 의한 '데이터 구동형사회'의 실현을 지향한다고 한다. 새로운 산업구조의 전환기에 일본은 주역이 될 것인가? 그 싸움이 드디어 본격화되었다.

제2장

건설 산업의 변화와 혁신

한국 건설 산업의 배경

정부는 SOC스톡이 선진국 수준에 도달한 것으로 보고 향후 5년간(2016년~2020년) SOC 투자를 2016년 23조 7,000억 원에서 2020년 18조 5,000억 원까지 연평균 6%p씩 감축할 계획이라고 밝혔다.

2017년 2월에 한국건설산업연구원이 주최한 '확장적 재정정책과 SOC투자 확대 세미나'에서는 정부가 사회기반시설SOC: Social Overhead Capital 스톡stock이 충분하다며 투자 규모를 줄이고 있지만 시설 노후화로 인한 재투자비용을 감안하면 향후 5년간 22조~47조 원을 더 투자해야 한다는 분석이 나왔다. 이 세미나에서는 "아파트단지는 장기수선충당금을, 기업도 감가상각충당금을 매년 쌓아 미래 재투자에 대비하는 것처럼 나라살림을 이끄는 정부도 한꺼번에 닥칠 재투자 부담을 분산하기 위해 준비해야 한다."고 강조하였다.

1960년대부터 본격적으로 건설된 SOC 평균 수명주기(40~50년)가 도래하면서 안전과 재투자 수요가 급증하기 시작했다고 분석하였으며, 한국은행 자료를 토대로 산출한 국내 SOC 스톡stock은 2015년 기준으로 643조 3,770억 원 규모다. 그동안 정부가 외면해왔던 감가상각충당금(상각누계 금액)도 스톡의 53.7%인 345조 4,720억 원에 달하는 것으로 "SOC 스톡stock의 절반이 넘는 돈을 재투자에 쏟아 부어야 한다는 의미"라고 설명하였다.

이 세미나에서는 재투자를 위한 준비를 미룬 대가에 대하여 미국을 예로 들어 설명하였는데, 1990년대 초반까지 SOC에 적극적으로 투자했다가 이후부터는 GDP 대비 투자 비중을 급격히 줄였는데, 그 결과 2003년부터 유지관리비가 신규투자 및 개량비용을 초월하였다. 미국의 2015년 전체 SOC 예산 중 신규투자는 1,810억 달러(43.5%), 유지관리비는 2,350억 달러(56.5%)였다.

미국의 토목학회는 2016~2025년까지 인프라 투자예산이 1조 9,000억 달러인 반면, 필요한 투자금액은 3조 3,000억 달러라고 추정하였는데 무려 1조 4,000억 달러가 부족한 셈이다. 미국토목학회는 최근 자료에서 인프라 성능수준을 낙제등급인 'D+'로 평가하면서 2020년까지 3조 6,000억 달러가 필요하다고 밝혔다. 미국이 향후 10년간 약 1조 달러의 대규모 인프라 투자계획을 내놓은 것도 이 때문이다. 일본과 EU 등도 확장적인 재정정책 기조 하에 SOC 투자를 늘리고 있다. 다만 우리 정부만 2016~2020년까지 SOC 투자를 매년 6%씩 줄이는 '역주행' 시나리오로 대응 중이다.

이와 같이 한국의 건설업은 주택공급 과잉 우려, SOC 예산 감소 등으로 상승세가 둔화되면서 건설시장 축소와 더불어 기능 근로자의 처우 저하, 젊은

[그림] 건설 재정운영계획

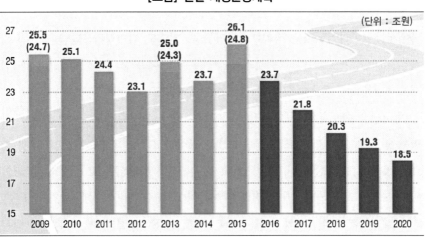

출처: 기획재정부(2016). 괄호 안은 추경 제외 SOC 예산

노동자의 감소, 기능 근로자의 현저한 고령화 등 건설업계 전체가 어려움에 직면하고 있다. 이들 건설업이 안고 있는 문제를 생산성향상, 품질·안전성향상, 새로운 가치창조라는 3가지 관점에서 다음과 같이 정리하였다.

생산성향상의 필요성: 인재확보와 성력화 문제

1990년대만 하더라도 건설업의 노동생산성은 제조업보다 높았으나 모든 산업은 꾸준하게 자구 노력을 통하여 노동생산성은 가파르게 상승하였다. 여기에 그치지 않고 4차 산업혁명과 같이 생산성을 높이기 위한 시도를 꾸준히 하고 있는 데 비하여 건설업에서의 노동생산성은 점점 떨어지고 있다. 그 이유는 주로 IMF 이후에 건설 투자가 노동자의 감소를 넘어서면서 노동력 과잉으로 인하여 성력화로 이어질 수 있는 건설현장의 생산성향상을 미루어 온데다, 건설생산의 특수성(단품수주 생산 등) 및 공사단가의 하락 등에 의한 것으로 보인다. 이것은 생산성저하에 따른 채산성

[그림] 노동생산성의 추이

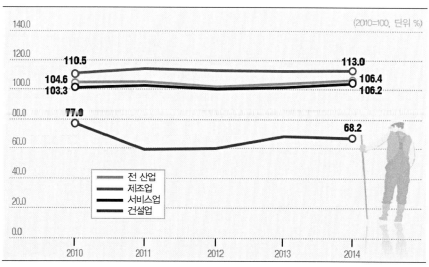

출처: 한국생산성본부(전 산업은 농림어업, 공공행정서비스, 가사서비스 제외)

악화로 이어지고, 다시 근로자의 처우개선 문제로 이어지면서 인재확보가 어려워져 고질적인 문제로 대두되었다. 그림에서 보듯이 2014년도 건설업의 노동생산성은 제조업의 60% 수준으로 전 산업에 걸쳐 최하위를 기록하고 있는 실정이다. 참고로 한국의 노동생산성은 OECD국가와 비교하면 28위로 1위를 기록한 노르웨이에 비하여 33% 수준에 그치고 있다.

[그림] OECD국가의 시간당 노동생산성(단위: 달러)

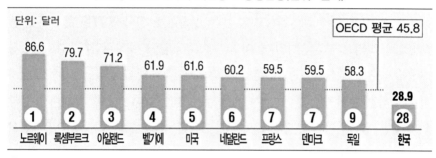

출처: OECD자료

[그림] 건설취업자의 추이

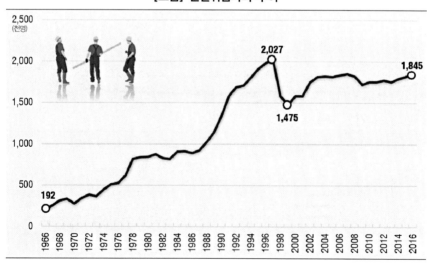

출처: 통계청

생산성향상의 필요성: 데이터 활용과 주도적인 역할의 문제

건설 사업에 있어서 설계와 시공에 사용하는 도면데이터 파일의 교환이나 조달 시의 전자입찰 등에서 부분적으로 ICT^{Information & Communication Technology} 활용이 진행되고 있지만, 한편으로는 건설 라이프사이클 전체를 대상으로 한 건설정보 인프라정비는 아직 이르지 못하고 있다. 또한 건설프로세스에는 이해관계가 다른 많은 관계자가 관여하는 분업제인 사업에 의해서 데이터의 비연속성과 귀속권의 애매함, 데이터 교환에 있어서 타이밍이나 대상 등의 복잡성을 낳고 있기 때문에 상당한 낭비를 초래하고 있다. 이것을 없애는 것으로 프로세스 전체의 생산성을 향상시킬 수 있다고 보고 있지만 그동안의 관행으로 보아 프로세스를 없애는 것은 어쩜 불가능할지도 모른다. 또한 현재의 건설시스템에서는 설계와 시공, 유지관리 각 단계가 단절되어 있어 이것을 통합시키거나, 통합할 수 없다면 시스템을 연속적으로 이끌어 나갈 수 있도록 발주자의 역할과 이에 따른 기술력을 강화시킬 필요가 있지만, 이 또한 감리제도의 도입으로 발주자의 역할이 기술행정에 국한되어 현실적으로 개선하는 데 많은 시간이 소요될 것으로 보인다.

생산성향상의 필요성: 공정관리의 문제

전자메일이나 전자조달, 응용 소프트웨어 등의 보급에 의하여 편직 및 발구에 필요한 업무 시간의 절감, 설계자동화 소프트웨어를 통한 설계시간의 단축 등이 진행되고 있지만, 필요한 건설자재의 파악에 있어서는 도면 데이터나 공정관리시스템에 의한 자동생성의 실용수준에는 아직 이르지 못하였으며, 많은 현장에서 공정의 진행에 맞춘 인위적인 작업이 이루어지고 있다. 또 도시의 건설현장에서는 자재 등의 보관 장소가 부족하기 때문에 필요할 때에 필요한 만큼 자재를 조달·반입하는 것이 필수이며, 이들을 해결하기 위한 효율적인 공정·자재발주관리에 의하여 생산성 향상으로 연결할 필요가 있으며 현장위주의 공정프로세스에 문제가 없는지 살펴볼 필요가 있다.

품질, 안전성향상의 필요성: 품질관리의 문제

일부 건설공사에서는 모니터링 기술을 이용하여 실시간 품질확인 및 기성 파악을 시도하려는 연구가 진행되고 있지만, 대부분의 건설 사업에 있어서는 현장에서의 육안검사, 사진촬영, 측량 등에 의하여 품질을 파악하고 있으며, 이들 데이터를 컴퓨터에 일일이 입력하여 관리하는 것이 현실이다. 또 시공에 따른 오차나 자연조건 등으로 현장에서 맞춤 대응이 필요한 경우도 많아 설계정보와 시공결과에 차이가 발생하는 것이 일반적이다. 이 차이는 시공시의 후속 공정이나 유지관리 시의 현황 확인 등에서 중요한 정보이기 때문에 실시간으로 정확한 파악이 요구된다.

또한 품질을 좌우하는 건자재에 대한 이력관리가 되지 않고 있어, 불량자재의 파악이 어려운 실정이다. 특히 외국산 불량자재에 대한 현황파악도 시급한 실정이다. 이것은 공사 중의 품질관리에만 역점을 두고 있는 현 건설시스템의 문제이기도 하기 때문에 불량 자재를 사용한 시설의 완성 후의 안전성 문제는 심각하게 고민해야 할 부분이기도 하다.

품질, 안전성향상의 필요성: 노동안전의 문제

건설업에서의 사망재해자 수에 대해서는 점차 감소하는 추세이지만 2014년의 예를 들어 보면 여전히 전체 산업 중에서 26.3%를 차지하고 있으며 이것은 전 산업을 통틀어 최고 비율이다. 또 노동력 인구에 대한 사망재해 발생률도 전체 산업에 비해서 높아, 노동에

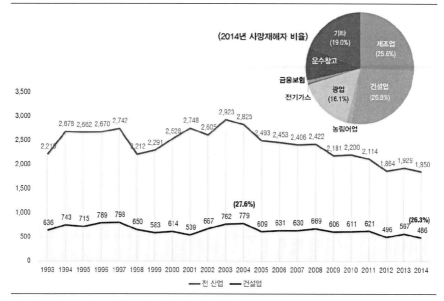

[그림] 사망재해발생 추이

(2014년 사망재해자 비율)
- 기타 (19.0%)
- 제조업 (25.6%)
- 운수창고
- 금융보험
- 전기가스
- 광업
- 건설업 (26.8%)
- (16.1%)
- 농림어업

출처: 고용노동부(2015년 고용노동통계연감)

대한 안전을 묵과할 수 없는 문제가 되고 있어 조기에 개선이 요구되고 있다. 특히 건설업의 특수성을 감안하여 이에 대한 제도나 법규는 꾸준히 강화되고 있지만 근본적인 문제해결에는 도움이 되지 않고 있어, 프로세스 전체에 대한 획기적인 변화가 필요하다. 즉, 지금까지 해온 일하는 방법과 관리방법에 대한 변혁을 고민해야 할 시점이다.

품질, 안전성향상의 필요성: 규제일변도의 시공관리 문제

한국은 독립기념관 화재사건(1986년)을 계기로 1990년부터 감리를 도입하여 시행해왔다. 20여 년이 흐르면서 대형 사고가 발생될 때마다 관련법규를 처벌위주로 강화하면서 점점 더 엄격한 방식으로 시공관리를 하고 있지만, 여전히 사고는 다발하고 있는 실정이다. 또한

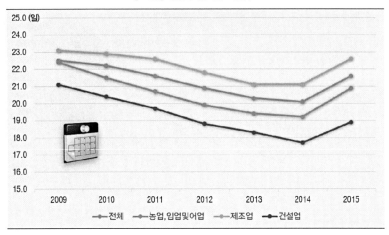

[그림] 월별 총 근로일수

출처: 고용노동부(2016)

시공현장에서는 안전과 품질에 관한 수많은 점검이 이루어지고 있다 보니 현장을 관리하는 감리나 시공관계자들은 점검을 회피하기 위한 조치에 급급하여 현장의 안전이나 품질은 늘 뒷전으로 밀리고 있는 실정이다. 그리고 법규가 워낙 막강하고 종류도 많아서 이를 지키기 위해서 더 많은 시간과 노력을 투자하다 보면 품질이나 안전을 위한 연구개발은 뒷전으로 밀리고 있는 실정이다. 그러다보니 아직도 후진국형의 대형사고가 빈번하게 발생하고 있는지도 모른다.

건설에 필요한 새로운 가치창조

건설업은 연간 노동시간이 타 산업에 비하여 길고, 생산 노동자의 연간 노동임금 수준도 낮아 일하는 사람에게 매력을 잃고 있는 산업이다. 물론 각 기업의 노력에 의하여 안전과 건강관리 등 현장작업의 환경은 점차 개선되고 있지만, 다른 산업에 비해서 아직 어려운 상황인 것은 부정할 수 없다. 또한 월별 근로일수는 상당히 불규칙적이며, 다

따라서 새로운 취업자 확보를 위하여 제조업과 같은 안정된 직업으로 거듭나기 위한 다양한 정책이나 제도가 마련되어야 할 것으로 보이며, 건설캐리어시

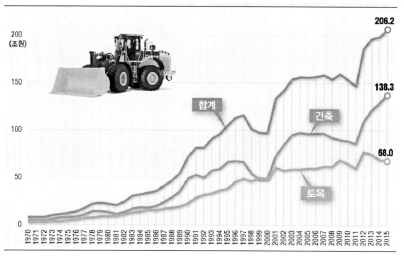

[그림] 연도별 건설수주액

출처: 통계청(2017)

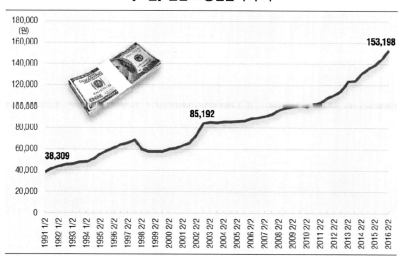

[그림] 연간 노동임금의 추이

출처: 대한건설협회(각 직종별 임금을 평균한 것임)

스템(취업 이력관리시스템)의 도입에 따른 기능과 기술을 통일한 기준을 기초로 한 임금수준의 확보와 근로일수를 확보할 수 있는 정책이 필요하며, 이와 함께 새로운 가치창조를 통하여 노동환경의 근본적인 개선이 요구된다. 건설업은 타 산업에 비하여 아직도 후진적인 노동집약형 산업이므로 ICT를 활용하면 새로운 가치를 창출할 수 있는 분야이기 때문에 첨단기술을 활용한 새로운 구조개혁이 필요한 시점이다.

2016년은 건설수주액이 역대 최고를 기록한 145조에 이른다. 하지만 그림에서 보듯이 건축분야의 활황은 민간이 주도한 것이며, 공공투자가 대부분인 토목은 상대적으로 감소하고 있어 ICT를 활용한 건설 산업의 구조개혁을 통하여 시공뿐 아니라 유지, 운영단계를 포함한 라이프사이클^{life cycle} 전반을 통하여 환경보전이나 에너지매니지먼트시스템^{EMS: Energy Management System} 등의 새로운 부가가치를 가져오는 서비스를 시설 소유자나 이용자에게 제공함으로써 신규 사업 창출을 도모하는 것이 바람직하다. 이렇게 매력 있는 사업을 창출함으로써 ICT분야를 포함하여 폭넓은 인재의 취업으로 연결시킬 필요가 있다.

[그림] 미래의 건설생산시스템

출처: 일본 COCN연구회(비약적인 생산성향상을 실현하는 구성공법의 구축, 2014)

건설을 둘러싼 사회적인 상황

**건설,
현재의 상황**

건설은 점점 줄어드는 공공투자와 더불어 고도 경제성장기에 건설된 방대한 사회자본이 서서히 갱신 시기를 맞이하고 있다. 또한 급속히 진행되고 있는 고령화 사회에서 안전의 확보와 환경, 경관, 주민 참여에 의한 합의점 도출 등의 대처에 대한 새로운 요구도 꾸준히 늘어나고 있다. 한국의 사회기반분야는 점점 줄어드는 한정된 예산과 신규 유입이 적은 전문기술인력의 인원으로 사회자본 스톡stork의 효율적인 유지관리를 하는 것과 동시에 고도화하고 다양화된 새로운 요구에 따르지 않으면 안 된다. 이러한 과제를 해결하기 위해서는 제조업 등과 비교하여 낮은 건설 산업의 생산성을 높이는 것이 중요하지만 현재의 프로세스로는 이를 극복할 수 없는 한계에 이르고 있다.

한국은 급속한 고령화와 낮은 출산에 의하여 총인구도 2018년을 피크로 감소할 것으로 통계청은 예측하고 있다. 한국의 인구구성을 보면 연소인구, 생산활동인구, 노년인구는 2010년에는 각각 13%, 64%, 23%이지만, 2060년에는 9%, 51%, 40%가 되어 인구의 30% 이상이 고령자로 예측되고 있다. 인구만 감소하는 것만이 아니고 고도 성장기를 떠받쳐온 베이비 붐 세대(1955년부터 1963년 사이에 태어난 세대)가 2009년부터 55세의 정년을 맞이하기 시작하면서 기술 계승과 기술 수준의 유지가 위험에 처하고 있다. 특히 생산 가능인구는 2016년을 정점으로 줄어들 것으로 예측하고 있다. 따라서 가까운 장래에 한국의 전체인구가 감소할 것이 예상되고 있어, 미래에 활력을 유지하고 지속 가능하게 사회를 재구축해가는 것이 요구된다.

한반도에서도 빠른 속도로 온난화가 진행되면서 기상, 지형, 지질 등이 극히 엄격한 상황하에 있고, 수해·토사재해 등의 자연재해가 빈번히 발생하고 있다. 2002년 8월에 강원도 강릉에서는 하루 중 내린 강수량이 870.5mm를 기록하는 호우로 인하여 막대한 피해가 발생하였으며, 지구 온난화에 의한 피해가 날로 늘어나고 있는 실정이다. 앞으로 80년 이내에 전국이 지금보다 더 심한 가뭄이나 홍수, 또는 둘 모두의 피해로부터 안전지대가 거의 없어진다는 전망이 나왔다. 한국환경정책·평가연구원[KEI]이 공개한 '기후변화 영향평가 및 적응 시스템 구축' 제3차년도 보고서(2008년)에 따르면 2025년 전후와 2065년 전후의 한반도는 현재 추세처럼 강수일은 줄지만, 강수량은 늘어나면서 강수강도가 높아짐에 따라 집중호우와 가뭄이 빈발할 것으로 예측하였다. 보고서는 과거 30년의 한반도 강수 실태기록과 미래의 기후변화 및 강수량 예측치를 바탕으로 2080년 한반도 기온이 약 5도 상승하고 강수량은 약 17% 증가할 것이라는 전망치를 전제로 이 같은 예측을 제시하였다. 기후변동의 영향이나, 도시화와 고령화의 진행 등에 수반하여 자연재해에 대한 대책의 중요성은 점점 높아지고 있으며, 자연재해로부터 국민의 생명과 재산을 지키는 것이 중요한 과제로 부상하고 있다.

건설, 부메랑

국내 건설현장에서 한국인 근로자가 11만 명 부족한 것으로 나타났다. 반면 외국인 근로자는 17만 명이나 과잉 공급

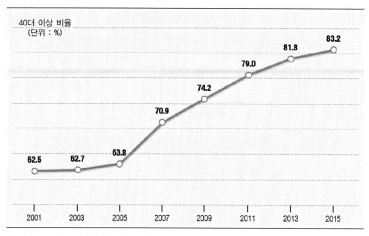

[그림] 건설기능인력 고령화 추이

40더 이상 비율
(단위 : %)

83.2
81.8
79.0
74.2
70.9
63.8
62.5 62.7

2001   2003   2005   2007   2009   2011   2013   2015

출처: 2017년도 건설업 취업동포 적정규모 산정, 명지대학교 산학협력단

된 것으로 분석되었는데, 저가 낙찰로 인한 노무비 부족현상이 심화돼 한국인 근로자가 건설현장을 기피하면서 외국인 근로자 의존도가 심화하고 있는 것이다. 과도한 외국인력 사용은 국부 유출은 물론 숙련기반 붕괴로 이어질 수 있어 대책 마련이 시급하다는 지적이 제기되고 있다.

'명지대 산학협력단'이 '한국산업인력공단'에 제출한 '2017년도 건설업 취업동포 적정규모 산정' 보고서에 따르면 지난해 건설근로자 수요는 152만 1301명, 인력공급은 141만 1968명으로 10만 9333명이 부족한 것으로 추산되었다. 그러나 외국인 건설근로자는 불법체류자를 포함하여 27만 5644명으로 17만 3096명이 과잉 공급된 것으로 분석되었다.

이 보고서에 따르면 숙련인력이 많이 부족하다는 응답이 39.8%, 약간 부족하다는 응답이 23.5%였으며, 적정하다는 응답은 28.3%에 그쳤다. 비숙련인력이 부족하다는 응답도 61.3%에 이르렀다.

이 보고서에서는 건설현장에서 인력 수급에 어려움을 겪는 것은 '저가 낙찰' 관행을 가장 큰 원인으로 꼽았다. 저가 낙찰로 노무비가 부족해지고 청년층이 취업을 기피하면서 외국인력 대체 현상이 심화되고 있는 것이다. 연구팀

[그림] 한국인 숙련·비숙련인력 수급상황

숙련인력

많이 부족	약간 부족	적정하다	약간 과잉	많이 과잉
39.8	23.5	28.3	6.2	2.2

비 숙련인력

많이 부족	약간 부족	적정하다	약간 과잉	많이 과잉
40.3	21.0	27.2	7.6	3.9

출처: 2017년도 건설업 취업동포 적정규모 산정, 명지대학교 산학협력단

이 통계청 자료를 분석한 결과, 건설현장의 40대 이상 근로자 비율은 2001년 62.5%에서 2015년 83.2%로 급증하였는데, 전체 취업자 중 40세 이상 구성 비율은 2015년 62.7%에 비하면 높은 수준이다. 연구팀은 "심각한 임금 체불, 열악한 근로조건, 직업전망 부재로 젊은 층의 기피가 이어지면서 고령화가 심각해져 숙련인력의 대가 끊기고 있다"고 설명하였다.

한 공공아파트 신축현장 관계자는 "하루 투입 인원이 240~250명인데 외국인이 80%"라며 근로자 구성이 이제 '국제시장'이 되어 의사소통도 힘들 지경이라고 표현하였다. 이 관계자는 공사의 품질 저하는 물론이고 임금이 거의 본국으로 송금돼 국부 유출로 이어진다고 덧붙였다.

외국인력 대체가 장기간 이어지면서 팀·반장과 기능공 등 전원이 외국인으로만 구성된 현장이 11.2%를 차지하는 것으로 분석하였다. 팀·반장만 한국인인 비율도 15.5%나 된다.

이에 따라 한국인 근로자를 고용할 경우에 인센티브를 주는 등 내국인 기능인력의 숙련도를 유지할 수 있는 대책이 필요하다는 지적이 나오고 있다. 또 불법 체류자 대신 합법 근로자를 고용할 수 있도록 정부와 공공부문이 앞장서 적정공사비를 지급할 수 있는 여건을 마련해야 한다는 목소리가 나오고 있다.

결국은 '저가 수주'라는 정책이 건설업을 어렵게 만드는 부메랑이 되어 지금 우리 앞에 놓여 있는 것이 현실인 것이다.

이와 같이 건설업을 둘러싼 사회적인 상황이 어려움에 처해 있는 것과 동시에 건설업이 가지고 있는 특수성으로 인하여 점점 한계에 이르고 있는 것도 현실이다. 따라서 건설생산시스템의 특수성을 정리하면 다음과 같은 것을 들 수 있다.

건설업의 특수성 1, 생산물의 라이프사이클이 길다

토목구조물의 감가상각 기간은 댐 80년, 도로·교량 60년 등 대부분이 50년이 넘는 기간으로 매우 길며 실제로 이용하는 기간은 더욱 길다. 또한 최근에는 사회 인프라에 대하여 장수명화 연구가 진행되고 있어 감가상각 기간은 더욱더 늘어날 전망이다. 최근에는 많이 단축되어 왔다고는 하지만 계획에서부터 준공까지의 기간도 긴 시간에 이르는 것이 많다. 이 긴 시간 동안의 이용기

[그림] 건설의 라이프 사이클 예

출처: http://construction.trimble.com/

간을 통해 생산물(시설물)의 유지보수를 적절히 시행해 가기 위해 필요한 기술 정보의 축척이 요구된다. 일반 공업제품의 교환 부품에 대한 보유기간 등과 비교하면 라이프 사이클의 기간에 따른 부담은 매우 크다고 할 수 있다. 또한 프로젝트 공사기간이 길기 때문에 사회 환경이나 고객의 경제상황 변화 등에 의하여 프로젝트의 계획 변경, 중단이 많은 사회 환경의존형이다.

건설업의 특수성 2, 생산프로세스의 분할로 일관성이 없다

일반 제조업은 원재료나 범용 부품의 조달 이외는 설계에서부터 제작까지 한 회사에서 일률적으로 관리할 수 있기 때문에 생산 프로세스 전체의 최적화를 구축할 수 있다. 이에 대해 건설공사에서는 설계, 시공, 유지관리 등의 각 프로세스가 독립적으로 발주되어 프로세스 간의 연계가 어렵다. 이 때문에 생산 성향상에 관해서도 개별 프로세스에 대한 최적화 노력은 지금도 계속되고 있으나, 전체의 최적화로 이어지기는 어려운 구조이다.

건설업의 특수성 3, 프로세스 중간에 조건이 변경되는 경우가 많다

건설공사는 자연을 대상으로 하기 때문에 모든 설계조건을 미리 명확히 정하는 것은 매우 어렵다. 설계과정에서부터 불확실한 자연조건을 대상으로 계획을 하면서 관계기관과의 협의가 원활하게 이루어지지 않고 있는 것은 당연한 것이다. 설계과정을 통틀어 이러한 협의시간이 전체 설계공정의 60% 이상을 차지할 정도이다. 또한 시공에서는 설계조건과 현장의 조건 변화에 따라서 설계 변경이 이루어지는 것이 다반사로 일어나고 있어, 계획된 공정으로 공사를 진행하기 어려운 것도 현실이다. 이 때문에 설계단계에서는 일반 제조업과 같은 엄밀성이 필요하지 않는데도 실시설계단계에서 도면 상세수준을 높게 요구하는 것도 생산성향상을 저해하는 결과를 가져올 뿐만이 아니라 중복투자의 원인이 되기도 한다. 이와 같은 리스크를 조금이라도 줄이기 위해서는 상대적으로 외국에 비하여 투입비용이 적은 조사부분에 많은 비용이 투자되어야 할 것이다. 또한 정책적인 방향에 의하여 프로세스 전체 또는 부분적으로 변경되는 경우도 있다.

건설업의 특수성 4, 생산에 관여하는 관계자가 많다

건설공사에서는 발주처, 수주자인 종합건설, 전문건설, 협력회사, 수익자 형태로 영향을 받는 주민, 현지 관계기관 등, 다수의 관계자가 존재하여 그 사이의 조정, 합의, 정보 공개 등을 필요로 한다. 인접한 공구의 관계자와 조정, 설계 등 선행업무에 대한 확인, 후속사업의 배려 등도 필요하다. 이렇게 생산에 관여하는 관계자가 많기 때문에 의사를 결정하는 단계별 프로세스가 복잡하고 시간이 많이 걸리며, 때에 따라서는 프로세스가 중단되는 경우도 발생하고 있다.

건설업의 특수성 5, 생산체제는 프로젝트마다 새로 조직

건설공사에서 시공업체는 단일제가 아니라 공동체를 구성하여 수주하는 경우가 많기 때문에 그 조합도 프로젝트마다 바뀌어 구성 조직 간의 연계가 취약하다. 공사실적의 경험은 각 업체의 범위에서는 축적되지만, 공동체로서의 경험은 축적되기 어려워 생산 프로세스의 연구개발이나 프로젝트의 최적화로 이어지기 어렵다.

건설업의 특수성 6, 정보가 다양하고 복잡

건설생산 프로세스에서 주고받는 정보에는 다양한 것이 있으며, 비슷한 내용을 발주자에 따라서 양식을 바꿔 제출하는 경우가 많다. 특히 가장 문제가 되는 것은 CAD도면과 관련 수량산출이나 내역이다. 같은 모양과 같은 용도의 구조물이라도 정보를 주고받는 상대에 따라서 표현방법과 표기방법을 달리하고 있어 작성에 시간이 걸리고 있으며, 각기 다른 요구사항에 의하여 복잡한 정보가 수시로 교환된다.

건설업의 특수성 7, 자연 의존성, 비양산성

비나 눈, 바람, 기온과 같은 기상조건과 지중, 수중 등 자연조건을 상대로 하는 옥외작업이 대부분이기 때문에 상황에 따라 표준매뉴얼에 의한 작업을 할 수 없는 경우가 많다. 또한 이와 같은 대응에는 사람의 경험에 의한 노하우를 많이 필요로 한다. 또한 각각 다른 토지(위치)에서 고객(발주자)의 주문에 의하여 하나의 제품마다 다른 형상의 시설물을 구축하는 단품수주생산이며 시제품이 없고 같은 것이 거의 없는 비양산성을 가지고 있다. 따라서 생산성향상과 안전성향상에 걸림돌이 되기도 한다.

건설업의 특수성 8, 작업의 일과성

작업환경 자체가 수시로 변하여 높은 곳이나 개구부, 중장비, 수송기계와의 근접이 발생하기 때문에 일하는 사람에게 위험을 미치는 환경이 많으며, 이론적인 검토(설계)를 바탕으로 현장에서 만들면서(시공) 검증하고, 경우에 따라서는 다시 만드는(재시공) 경우도 발생하는 등 이른바 새로운 시제품을 프로젝트마다 생산하고 있다.

건설업의 특수성 9, 노동집약성

거대한 시설물을 구축하기 때문에 현지에서 조금씩 성형(시공)하면서 구축하는 작업이 많아 대부분이 수작업으로 이루어진다. 또한 그 때마다 기성을 확인하며 진행함으로써 인적인 조정과 성형(시공) 후의 치수, 품질의 격차에 대한 대응을 요한다.

이상과 같이 건설업에서는 9가지의 특성 때문에 공장에서의 실내생산과 대량생산을 전제로 한 일반적인 제조업에서 하고 있는 설계제조의 수직 통합, 자재공급의 효율화, 기계화, 라인화, 기계생산에 의한 24시간 가동 등의 생산성향상을 적용하기 어려운 업종이다.

이 책에서는 Industry 4.0(4차 산업혁명)으로 대표되는 세계적인 산업구조 혁신의 흐름을 바탕으로 건설업이 안고 있는 문제를 해결할 수 있는 건설생산시스템의 비전으로 '미래의 건설생산시스템'에 대하여 제언하고자 한다. 그러기 위해서는 현재의 건설생산시스템에 대한 특징과 처해있는 현실을 이해하고 건

[그림] 건설의 특수성

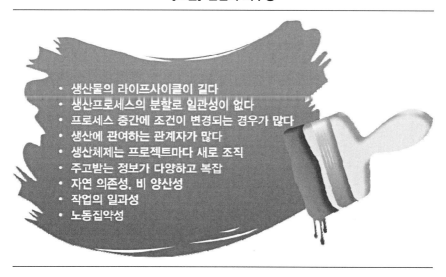

- 생산물의 라이프사이클이 길다
- 생산프로세스의 분할로 일관성이 없다
- 프로세스 중간에 조건이 변경되는 경우가 많다
- 생산에 관여하는 관계자가 많다
- 생산체제는 프로젝트마다 새로 조직
- 주고받는 정보가 다양하고 복잡
- 자연 의존성, 비 양산성
- 작업의 일과성
- 노동집약성

설업과 제조업의 차이를 정리한 뒤에 현장위주의 작업을 줄이면서 고품질로 부가가치가 높은 건설의 구축을 실현하는 데 필요한 제조업에서 사용하는 생산기술과 고도의 ICT 활용을 소개하고자 한다. 또한 ICT 활용의 축이 되는 정보기반과 현재의 ICT 요소기술에는 어떤 것이 있고 그 수준은 어디까지 왔는지를 제조업에서 찾아보고, 현재와 미래의 ICT 요소기술과 건설업에서 적용 가능성 등을 검토하여 장래 비전의 실현을 위한 과제와 대처방침에 대하여 정리하였다.

이 책에서 말하는 미래의 건설생산시스템에 대한 정의는 일본의 COCN 연구회가 제시한 내용을 근거로 다음과 같이 정의하였다.

※ 미래의 건설생산시스템 정의
    ① Construction 1.0 : 현장 수작업을 중심으로 한 시공
    ② Construction 2.0 : 공장생산의 활용과 기계화 시공
    ③ Construction 3.0 : 정보화 시공에 의한 부분 최적화
    ④ Construction 4.0 : ICT에 의한 건설프로세스 전체의 최적화

위에서 Construction 1.0~2.0은 건설업이 지금까지 추진해온 단계로 보고, 현 시점에서는 Construction 3.0의 초기 위치에 와 있다고 볼 수 있다. 하지만 앞에서 살펴본 건설업의 현실을 감안하면 Construction 4.0을 하루 빨리 추진해야 할 것이다.

2.3

미래의 건설생산시스템

앞에서 살펴본 건설생산시스템의 현재 상황에 의하여 기존의 ICT차원으로는 다른 산업에서 진행되어 효과를 보고 있는 생산성향상을 적용하기 곤란하다고 여겨졌다. 특히 건설업은 현장위주 작업이라는 인식으로 그동안 등한시해왔던 것도 사실이다. 그러나 센서기술, 무선통신기술, 클라우드기술의 발달 등, 최근에 ICT 요소기술의 급속한 발전으로 드디어 건설시스템에서의 적용 가능성이 높아진 것으로 보고, 그림과 같이 현 시점에서 예상할 수 있는 '건설생산시스템'이 가능할 것으로 예상된다. 구체적으로는 최근에 진행되고 있는 BIM을 건설에서 생산되는 모든 데이터의 기반으로 구축하여 3차원 계측 및 위치측정, 로봇 자동화, 네트워크, 디바이스, 빅 데이터 분석, 인공지능 등의 ICT를 연계시킨 혁신적인 시스템의 구성이 가능할 것이다.

제1장에서 '4차 산업혁명'을 먼저 언급한 것은 그림을 보면 알 수 있듯이 IoT, CPS와 함께 ICT 구현을 위한 각종 요소기술 등이 총망라되어 있는데, 그동안 건설에서 해왔던 모든 프로세스 전체를 대상으로 데이터를 수집하고 분석·가공한 후에 피드백을 통하여 건설업의 문제점을 해결해나감으로써 미래의 건설생산시스템 구축이 가능할 것이다.

[그림] 미래의 건설생산시스템

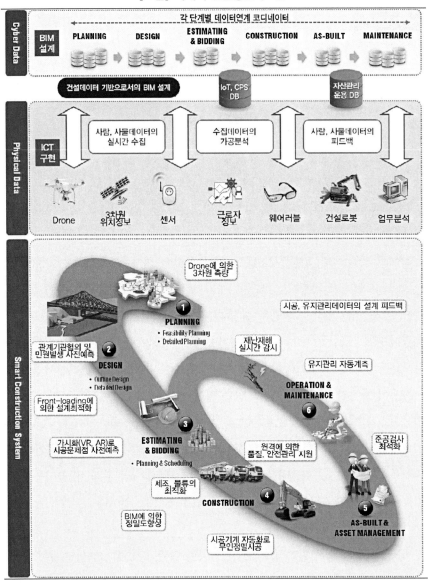

출처: 日本産業競争力懇談会, IoT·CPS를 활용한 스마트 건설생산시스템(2016) 재구성

따라서 이 책에서는 미래의 건설생산시스템에서 가장 중요한 요소로 다음과 같이 2가지를 제시한다.

- 건설데이터 기반의 BIM
- 건설 ICT의 구현

2가지를 대상으로 하여 현재 한국의 건설이 안고 있는 문제점과 향후 방향성을 살펴보고, 앞에서 언급한 건설업의 과제에 대한 해결과 관련성을 표와 같이 정리하였다.

[표] 건설업의 문제와 해결의 관련성

필요성/개개		해결방안			
		DIM 도입	ICT구현		
			사람/사물의 데이터수집	수집데이터의 분석	사람/사물의 피드백
생산성향상	인재확보, 성력화	○	○	○	○
	데이터 활용	◎		○	
	공정관리	○	◎	○	◎
품질 및 안전성향상	품질관리	○	◎	○	◎
	노동안전	○	◎	◎	◎
새로운 가치창조	신사업 창출	◎	○	○	○

미래의 건설생산시스템 실현으로 건설업이 안고 있는 문제에 대한 극복과 공사기간, 품질, 안전을 포함하여 고객(발주기관 또는 개인)과 이용자 요구에 대한 적극적인 대응, 새로운 취업기회 창출, 글로벌시장의 진출, 유지관리업체·발주자·이용자를 포함한 모든 관계자에 의한 정보 활용 등을 추진할 수 있을 것이다.

이 미래의 건설생산시스템은 한국의 건설업만이 가지고 있는 고질적인 관행을 타파할 수 있는 절호의 기회가 될지도 모른다. 정경유착과 비리의 온상처럼 비춰져 발주기관이 가지고 있던 공사관리 기능을 민간에 맡긴 결과, 발주기관의 역량이 저하되면서 건설 전체의 기술수준 저하로 이어지게 되어 국제경쟁력은 물론이고 건설자체를 기피업종으로 만들어 버렸다.

미래의 건설생산시스템을 일반사회에 구현함으로써 4차 산업혁명으로 야기될 '스마트사회'에서 없어서는 안 될 기반구축의 핵심이 되어 사회에 기여할수 있을 것이다.

제3장

BIM의 도입

BIM의 개념

    앞장에서 언급한 미래의 건설생산시스템에서 하나의 열쇠가 되는 것은 정보의 연계와 유통이라고 생각된다. 현재의 건설생산시스템에서는 각 프로세스에서 생산되는 많은 정보가 부분적인 연계로 이루어져 있다. 예를 들어 발주처와 설계회사와의 정보공유 및 의사결정, 마찬가지로 설계회사와 종합건설업체, 종합건설업체와 전문건설업체, 전문건설업체와 현장근로자 등 각각이 개별적으로 쌍방향으로 정보를 연계하고 있었다. 그러나 건축물이나 인프라를 만들어 운영하고 해체한다고 하는 일련의 라이프사이클Life Cycle을 살펴보면 이들 부분적인 정보연계나 유통이 반드시 전체의 최적으로 연결되는 것이 아니라 전체로 보면 오히려 낭비와 비효율성을 양산하고 있을 가능성이 많다는 것이다. 이와 같은 불필요한 요소를 제거하고 전체적으로 생산성과 안전, 품질을 높이는 것이 미래의 건설생산시스템의 큰 줄기이며 4차 산업혁명에 대비하는 것이 될 것이다.

    또한 앞 장에서 기술한 것과 같이 건설 산업은 일반 산업과 다른 특성을 많이 가지고 있다. 정보 연계의 관점에서 보더라도 세분화된 분업제, 다중 하청구조, 생산 프로세스에서 실시간으로 상황이 변하는 성질, 자연에 대한 대응 등 심플하고 원활한 정보연계를 저해하는 요인이 매우 많이 존재한다. 따라서 이와 같이 복잡하고 변화가 많은 정보연계에 대한 질을 높이고 복잡한 연계를 가능하게 하는 것으로서 다차원 CAD를 기반으로 한 BIM이라는 개념이 생기고 발전하였다. 여기에서는 이와 같은 BIM의 개념에다 현재 국내외의 상황과 정보연계를 위한 표준화 및 향후의 방향성과 과제에 대해서 정리하였다.

BIM이란 Building Information Modeling의 첫 머리글자를 따서 빔 또는 비아이엠이라고 한다. 이 BIM을 문헌이나 자료를 종합해서 정리하면 다음과 같다.

"BIM이란 다차원 공간과 설계정보를 기반으로 계획단계에서부터 설계, 시공, 유지관리단계 등 전 생애주기 ^{LCC, Life Cycle Cost} 동안 다양한 분야에서 적용되는 모든 정보를 생산하고 관리하는 기술을 말한다."

한편 2009년도에 국토해양부에서 발간된 '건축분야 BIM 적용 가이드(안)'에서도 BIM에 대하여 정의하였는데 "BIM이라 함은 일반적으로 Building

[그림] BIM의 흐름

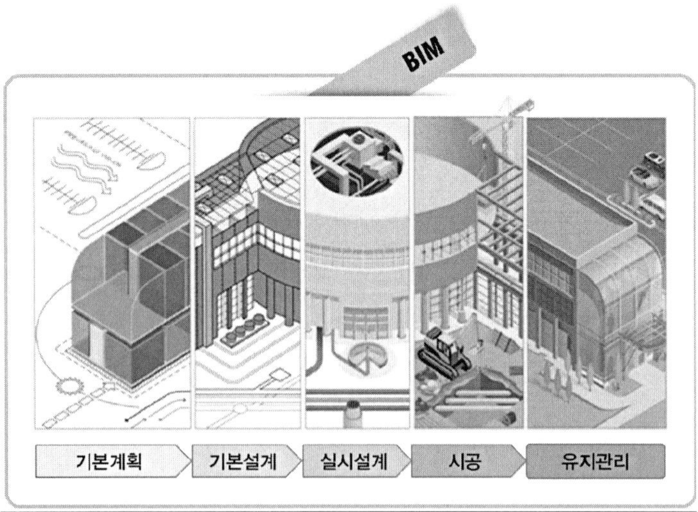

출처: Autodesk 홈페이지

Information Modeling을 지칭하며 건축, 토목, 플랜트를 포함한 건설 전 분야에서 시설물 객체의 물리적 또는 기능적 특성으로서 의사결정을 하는 데 신뢰할 만한 근거를 제공하도록 공유된 디지털 표현을 말한다."고 규정하고 있다.

BIM은 원래 3차원의 건물 디지털 모델로 각 부위나 마감, 관리정보 등의 속성 데이터를 부가한 건물 설계 데이터였는데 최근에는 시간정보 및 비용정보, 안전이나 품질 등 건설기획, 설계, 시공, 유지관리까지 건설생산 프로세스 전체에 걸쳐 다양한 건설 데이터의 연계 기반으로서의 개념으로 넓혀가고 있으며, 이들 데이터 연계에 의하여 건설 프로세스에서의 효율화와 합리화가 도모된다고 보고 있다.

구체적인 예로 달걀을 통해서 부연설명을 하면, 달걀을 구입하기 위하여 마트에 가서 가장 먼저 보는 것이 가격, 원산지, 유통기한, 품질이다. 그리고 달걀의 표면상태, 즉 색상이라든지 모양, 그리고 청결상태 등 형상을 보고 구입을 하는데, 이것이 우리가 달걀을 구입할 때 판매자가 제공하는 정보이다.

하지만 어미 닭의 품종은 무엇이고, 어떤 사료를 먹고, 누가 생산하고, 언제

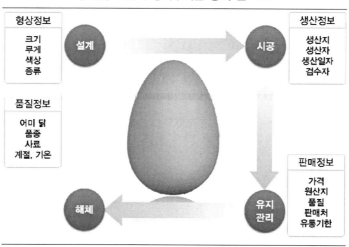

[그림] 달걀의 생애주기를 통해 본 BIM

출처: 토목 그리고 Infra BIM

생산했는지, 유해성분은 없는지, 누가 품질을 보증하는지 등 상세한 정보는 제공하지 않는다. 이러한 정보를 원하는 사람은 판매자뿐이며, 소비자는 원하지 않는다. 그림과 같이 형상정보와 품질정보, 그리고 생산정보는 한곳에서 이루어진다.

이 그림을 건설에 비유해보면 설계와 시공이 같이 이루어진다. 그러면 달걀을 생산하는 데 문제가 없어지는데, 즉 시공에 문제가 없다는 것이다. 만약에 형상정보와 품질정보가 생산정보와 다른 곳에서 이루어지면 달걀을 생산하는 데 어려움이 많을 것이고 그렇게 하기도 힘이 들 것이다. 그 다음에 마트에서는 달걀을 잘 보관하여 소비자에게 많이 팔 수 있도록 관리를 하는데, 이것이 건설에서는 유지관리 기능이다. 팔린 달걀은 소비자에 의하여 요리가 되어서 결국은 달걀로서의 생을 마감하게 되는데, 즉 해체가 되는 것이다.

달걀을 예로 들었지만 각 단계에서 필요로 하는 정보는 분명히 다르다. 판매자가 원하는 정보, 소비자가 원하는 정보는 분명히 다르기 때문에 건설에서도 원하는 정보를 제공해줄 수 있는 시스템이 필요하다. 이러한 연결고리를 이어주는 것이 바로 BIM이다.

앞에서 'BIM이란 다차원 공간과 설계정보를 기반으로 계획단계에서부터 설계, 시공, 유지관리단계 등 전 생애주기 동안 다양한 분야에서 적용되는 모든 정보를 생산하고 관리하는 기술을 말한다.'라고 기술하였지만 이것은 어디까지나 BIM을 학문적으로 접근할 때에 어울린다고 생각되는 이론적인 것이다.

BIM을 사용하는 실무자 입장에서 BIM의 개념을 정의한다면 "지금까지 사용하던 종이도면이라는 툴tool을 정보의 플랫폼platform이라는 디지털 모델digital model로 바꾸는 것이다."라고 할 수 있다.

종이도면은 단순하게 선이나 면으로 이루어진 것에 정보라고 할 수 있는 텍스트로 표기하여 전달하다보니 많은 정보를 종이에 담기 어려웠고, 각 도면 간에 정합성이 이루어지지 않아 오류가 발생하는 등 많은 부분에서 문제가 발생하기 쉬웠다. 그러던 것을 컴퓨터의 보급과 함께 CAD라는 툴을 사용하여 손으로 작업하던 도면을 컴퓨터로 작업을 하였지만, 이 또한 종이도면과 마찬가지로 단순하게 선으로 표기함으로써 정보전달은 종이도면과 같은 방식이었다. 다시 말하면 단순하게 선으로 이루어진 종이도면은 사람과 사람 사이의 정보 전달이었고, CAD 도면은 기계와 사람과의 정보가 전달됨으로써 각 주체 간에 많은 문제점이 발생하였던 것이다.

BIM은 이와 같은 문제점을 보완하여 단순히 선과 면으로 이루어진 정보만이 아니고 각 프로세스 단계에서 필요로 하는 정보를 제공하는 툴이라고 볼 수 있는데, 이것이 BIM의 개념이라고 할 수 있다.

1990년대 초에 건설업에 종사하는 사람이 1시간 / 1인당의 노동생산성은 제조업보다도 높았다. 그러나 제조업의 생산성은 그 후 계속하여 증가하면서 순식간에 건설업을 앞질러 가기 시작하였다(그림 '노동생산성의 추이' 121쪽 참조).

그 배경에는 제조업에서 3차원 CAD를 사용한 설계제조공정의 기술혁신이 있었던 것이 계기가 되었다. 제조업에서도 이전의 제품개발에서는 시제품을 몇 개 정도 만드는 공정이 있었다. 자동차의 경우는 충돌실험 등 다양한 시험을 실물 자동차로 실시하기 때문에 시간이 걸렸던 것이다.

그러나 3차원 CAD와 다양한 해석소프트웨어가 도입되어 있었기 때문에 시제품을 만들지 않아도 'Digital Prototype'이라 불리는 3차원 모델을 만들어 컴퓨터에서 가상적인 실험과 시뮬레이션을 실시하여 제품개발을 할 수 있게 되었다. 그 때문에 제품의 기획에서부터 시장에 출시까지의 시간이 상당히 단축되었던 것이다. 그러나 건설업은 CAD와 컴퓨터가 도입되었다고는 해도 '현장에서의 단품생산'이라고 하는 제조업과 다른 특수성을 이유로, 지금까지 수십 년에 걸쳐서 기본적으로는 같은 일을 똑같은 방법으로 실시해 왔다. 그 때문에 컴퓨터나 IT의 힘을 업무에 충분히 살리지 못하고 노동생산성의 면에서 제조업에 크게 처지게 된 것이다.

BIM에 의한 건설프로세스의 정보연계

건설프로세스 전체를 대상으로 하여 최적화를 목표로 하는 '건설생산시스템'을 실현하기 위해서 건설업의 내부적으로는 프로젝트의 진행과 함께 복잡한 연계와 내용을 변경해 가면서 팽창하고 변화하는 각종 정보를 얼마나 효율적으로 낭비 없이 관계자끼리 공유하면서 적절한 형태로 만들 수 있는지가 열쇠이며, 이것이 현장에서의 설계변경에 의한 재시공이나 작업 대기시간을 줄여 실제로 건설프로세스에서의 생산성향상에도 이어질 것으로 보고 있다(그림 '건설프로젝트의 진행과 함께 팽창, 변화하는 정보이미지' 참조).

그리고 외부적으로는 프로젝트가 진행되면서 정책적인 방향에 의하여 그 동안 생산되었던 정보를 전부 변경하거나 부분적으로 수정해야 하는 프로젝트 재검토가 정보연계의 단절이나 왜곡을 가져오는 큰 요인이 되기 때문에 이러한 정책적인 방향선회에 대한 비효율적인 요소를 없애는 것도 하나의 열쇠가 될 것이다.

또한 각각의 프로세스에서 정보연계와 유통에 있어서는 크게 '기술적인 과제'와 '제도적인 과제'로 나눌 수 있는 2개의 벽이 존재하기 때문에 효과적인 연계와 유통을 위해서는 이를 먼저 해결하는 것이 중요하다(그림 '정보연계에 있어서 기술적인 과제와 제도적인 과제의 벽' 참조).

[그림] 건설프로젝트의 진행과 함께 팽창, 변화하는 정보이미지(건축의 예)

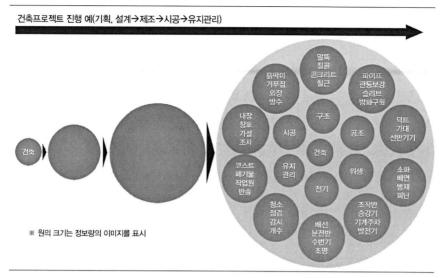

출처: 日本産業競争力懇談会, 'IoT·CPS를 활용한 스마트 건설생산시스템(2016)'

[그림] 정보연계에 있어서 기술적인 과제와 제도적인 과제의 벽

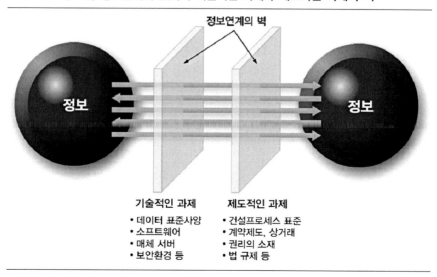

출처: 日本産業競争力懇談会, 'IoT·CPS를 활용한 스마트 건설생산시스템(2016)'

기술적인 과제를 예로 들면 데이터의 표준사양, 소프트웨어의 호환성, 매체 서버, 보안환경, 정보유통방법 등을 생각할 수 있다. 이들은 데이터 표준을 위한 ISO화와 소프트웨어의 버전 업 등을 통하여 꾸준히 개선되고 있지만 간단한 조작에서의 2차원 도면화나 자주 발생하는 설계변경에 대응이 가능한 차원의 조작 등 실무 적용을 위해서 계속 극복하지 않으면 안 되는 과제도 많이 존재한다. 또한 발주처별로 서로 다른 데이터 생성방식이나 성과물(정보)의 표현방법 등에 대한 범정부적인 통일작업도 선행되어야 하는 과제이다.

한편, 제도적인 과제로는 건설프로세스의 표준(어떤 정보를 누구와 어느 타이밍에 어느 정도의 내용으로 주고받을 것인지 등), 계약제도, 상거래관습과 조직, 권리의 소재, 법규제 등을 생각할 수 있다. 특히 건설프로세스의 표준에 있어서는 현재의 건설생산 프로세스가 목적물에 따라 다양하고 명확하지 않는 것도 발전을 가로막고 있다고 생각된다.

현 시점에서는 이러한 과제를 해결하기 위해서 일부 민간기업과 공공기관 중심으로 BIM에 의한 정보연계 활동이 진행되고 있는데 건설 산업에서는 설계회사, 기자재 업체, 종합건설업체·전문건설업체, 유지관리업체, 발주자·유저로서의 국가·지방자치단체·공공기관·민간기업 등 폭넓은 관계자가 관련되어 있어 공유해야 할 정보의 효율적인 연계에는 여전히 많은 과제가 존재한다. 특히 정보연계를 원활히 하기 위한 '표준화'는 건설행위라는 사회적, 문화적 관점에서 프로세스의 다양성을 확보하면서도 BIM을 보다 효과적으로 활용하기 위한 일정한 표준이 정의됨으로써 각각의 부분적인 협력의 효율성을 높일 뿐 아니라 건설 프로세스 전체의 최적화에도 이어진다고 생각한다. 또한 건설 프로세스 전체의 최적을 목표로 하는 데이터 연계에는 엄청난 양의 데이터와 복잡하게 변화하는 각종 데이터를 적절히 처리하는 고도의 ICT활용 능력을 갖춘 데이터 연계 및 유통을 위한 'BIM 코디네이터coordinator'와 같은 새로운 일자리가 필요할 가능성도 있다.

[그림] 전체 최적으로 이어지는 건설 데이터 연계 촉진의 이미지

출처: 日本産業競争力懇談会, 'IoT·CPS를 활용한 스마트 건설생산시스템(2016)'

[그림] BIM에 의한 교량 모델링 예

출처: http://www.office-k1.co.jp/

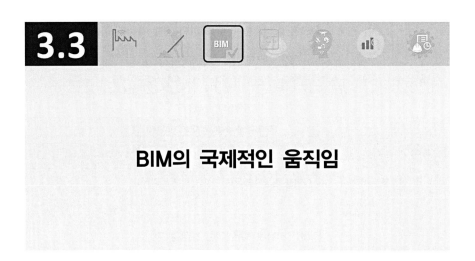

BIM의 국제적인 움직임

BIM을 활용한 건설생산 프로세스의 혁신에 대해서는 이미 해외를 중심으로 활발한 검토, 검증이 진행되고 있다. 특히 미국과 유럽, 아시아 일부에서 적극적인 대응을 보이고 있는데, 영국에서는 BIM에 의한 건설프로세스 혁신

[그림] 영국의 BIM 로드맵

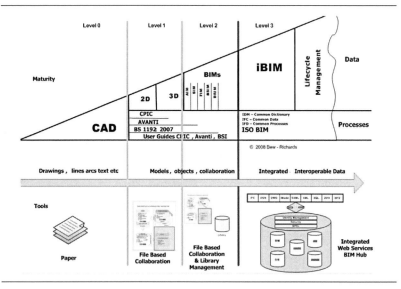

출처: 영국 전략청

을 국가전략으로 규정하고 2025년에는 BIM의 완전 이용에 의한 "건설 라이프사이클 코스트 33% 절감, 공기 50% 단축을 목표"로 하고 있다[6](그림 영국 전략청의 BIM로드맵 참조).

또한 싱가포르에서는 2013년에 BIM에 의한 건축 인허가의 접수를 시작으로 2015년부터는 5,000평방미터 이상의 건물에 대한 BIM 설계의 완전 의무화를 시작했으며, BIM 도입을 촉진하기 위한 보조금 지급 등 지원도 하고 있다(표 'BIM의 국제적 동향'). 또 현재 학문적으로도 많은 건설관련 기업 및 대학이 BIM에 의한 건설 프로세스 혁신의 연구, 검증, 새로운 자격 개발 등을 적극 추진하고 있다.

[표] BIM의 국제적인 동향(2015년 12월 기준)

국가	동향
영국	• 2025년도에 완전 BIM도입을 비전으로 제시(현재는 Level1의 최종단계. 2016년에 Level2, 2025년에는 Level3 도달을 목표) • 2016년에 정부가 BIM 이용을 의무화 예정 • HS2(215km의 고속철도 프로젝트)의 단계1에 BIM을 이용
미국	• 연방조달청의 프로젝트에서는 BIM(IFC데이터) 도면제출을 요구 • 육군공병대는 BIM(IFC데이터) 도면납품을 의무화
싱가포르	• 2013년부터 건축 확인신청에 BIM적용을 시작 • 2015년 5,000m² 이상 BIM설계 의무화
프랑스	• EGIS(건설컨설턴트), Bouygue(대기업 제네콘) 등이 적극적인 BIM 이용 • 유럽의 공동 프로젝트(MINnD)에 BIM 이용을 검토 중
독일	• Hochtiff(대기업 제네콘) 등에서 적극적인 BIM 이용 • 대학에서 실드터널의 BIM에 관한 연구 프로젝트를 실시 중
핀란드	• 공공공사법아 있어서 BIM(IFC데이터)의 이용을 추진
노르웨이	• 건축 설계의 일정분야에 있어서 BIM이용(IFC, GIS의 활용)을 전개 중
덴마크	• 공공공사분야 있어서 BIM(IFC 표준)을 추진
일본	• 2009년 건축분야 BIM도입 • 2012년부터 토목분야 CIM 도입 및 시범업무 진행 • 2016년 4월에 생산성향상 및 ICT기술 활용을 위한 i-Construction 발표
한국	• 2016년부터 모든 건축 공공공사에 BIM 적용 • 국토교통부 2020년까지 사회기반시설(SOC)에 BIM 20% 적용

---

6) HM Government report : Construction 2025(2013/07)

BIM에 의한 표준화의 필요성

BIM에 의한 기술 면에서의 건설데이터 교환 및 유통을 위한 사양의 표준화 및 제도 면에서의 건설프로세스 표준화의 검토가 진행되고 있으며 현재 국제적인 표준화추진 조직인 빌딩스마트협회[bSI, buildingSMART International]가 이것을 이끌고 있다. bSI는 1996년에 영국에서 설립된 비영리조직으로 BIM 데이터교환 사양의 정의, BIM이용의 추진, 홍보 활동 등을 벌이는 단체이다. bSI는 세계 17개국에 지부가 있으며 한국에도 1998년 설립된 IAI Koera가 2008년 사단법인 빌딩스마트코리아협회로 개편한 한국 지부다(그림 'bSI에 의한 표준개발 프로세스' 참조).

이미 건축 프로젝트의 정보 연계에 있어서 일정한 기술적 표준에 대해서는 데이터 교환 사양의 정의에 의해 ISO에 의한 국제 표준화도 이뤄지고 있다. 또 현재는 토목 인프라 분야에서의 모델 사양의 검토가 진행되고 있으며 2015년에 개최된 bSI 국제회의에서는 bSI의 중국 지부가 자국에서 고속철도 건설에 이용한 설계 표준을 알리면서 국제 표준화 주도권 다툼의 양상도 나타나고 있어, 한국도 정보 수집을 할 필요가 있다(그림 '2015년 bSI 국제회의에서 중국철도에 의한 철도 BIM의 발표자료 발췌' 참조).

또한 bSI는 국제표준화기구[ISO]의 연계단체로 되어 있으며, 실제로 bSI에서 검토되어 온 공통데이터 교환 사양인 IFC^{Industry Foundation Class}는 2013년도에 'ISO16739 : Industry Foundation Classes(IFC) for data sharing in the construction and facility management industries'로 정의되어 있다.

[그림] bSI에 의한 표준개발프로세스

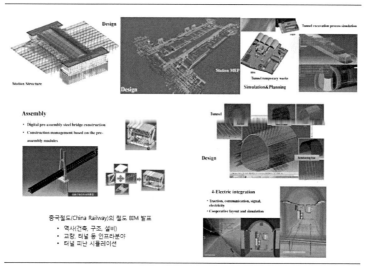

출처: 일반사단법인 IAI일본

[그림] 2015년 bSI 국제회의에서 중국의 철도 BIM 발표자료 발췌

출처: 일반사단법인 IAI일본

BIM 보급을 위한 과제

BIM의 이용은 국내에선 대형 건축 설계사무소, 종합건설사를 중심으로 일고 있지만 업계 전체로서의 이용도는 여전히 낮은 상황에 있다. 건축분야에서는 조달청이 발주하는 건축물에 한하여 2016년부터 BIM설계가 의무화되어 공공부분이 선도하고 있다. 이에 반하여 토목분야는 건축에 비하면 아직도 걸음마 단계이다. 그 요인으로는 실용적 관점에서 소프트웨어 호환성과 비용 부담, 활용할 수 있는 건설 분야 ICT 인재의 부족 등을 꼽을 수 있으며, 건축에 비하여 BIM이 주는 장점이 적다고 보는 시각과 넓은 범위를 모델링해야 하는 인프라기반이라서 이것을 구현할 수 있는 소프트웨어 등 복합적인 이유가 있다. 그러나 기술적인 과제의 대부분은 IT벤더나 건설기업 등 개별 민간기업과 설계, 시공, 유지관리 등 각종 업계와 단체의 노력 등으로 착실하게 개선되고 있으며, 향후도 정비가 계속됨으로써 정보 연계의 질이 향상될 것으로 보인다. 다만 토목분야의 BIM 활성화를 위해서는 업계만의 노력이 아닌 정부주도의 추진이 있어야 하는데, 토목은 공공공사가 대부분이기 때문에 발주처인 정부기관의 의지에 따라 활성화 여부가 결정될 가능성이 많기 때문이다.

향후 새로운 BIM의 보급을 촉진하기 위해서는 소프트웨어의 호환성이나 조작과 같은 기술면만이 아니라 계약제도나 데이터 소유권 등의 제도면에서의

[표] 한국에서의 BIM과 관련된 주요 보급 활동

단체명	BIM과 관련된 주요 보급 활동 내용
국토교통부	• 2010년 건축분야 BIM 적용 가이드 배포 • 2015년 도로시설 BIM 라이브러리(2238개) 공개 및 배포
한국도로공사	• 2011년 3D 모델링을 통한 EX-BIM 설계 추진방안 수립 • 2015년 EX-BIM 가이드라인 재정 • 2016년 3차원 전자표준도 작성 설계 적용
한국수자원공사	• 2012년 K-Water 설계·시공기술 선진화 방안(BIM도입) 추진 • BIM 기반의 댐 설계·시공 지원 시스템의 개발
철도시설공단	• 2015년 BIM기반 철도인프라 관리 표준기술 개발 연구 추진
LH공사	• 공공주택 설계단계 부분적으로 BIM 적용 • LH신사옥 설계 및 시공단계 BIM 적용 • 2017년 단지조성분야 및 도시시설분야 BIM 시범업무 발주 • 2017년부터 LH 조사 및 설계 BIM 부분발주 시작
조달청	• 2011년 시설사업 BIM적용 기본지침서 v1.0 제정 • 2012년 500억 이상 건축물 사업에 BIM 의무 적용 • 2016년 시설사업 BIM적용 기본지침서 v1.31 개정 • 2016년 조달청발주 건축물 BIM설계 의무화

※ 2016년 12월 기준 자료를 정리함 것임(다른 단체의 활동도 있을 수 있음)

과제도 해결해나갈 필요가 있다고 생각한다. 또 BIM에 의하여 정보를 연계하면 각 업무 단계에서 검토할 수 있는 내용이 바뀌는 것부터 어디까지 상세도로 설계 데이터를 만드는 것이 적절한지, 공정이나 업종에 따라서 어떤 속성 데이터를 부가할지, 건설프로세스 안에서 어떤 정보가 발생하여 어떻게 분석·활용하느냐 하는 건설 프로젝트에서의 역할 분담이나 보수 배분 등이 바뀌어갈 가능성도 있다. 이러한 기존의 업무형태 변화에 따른 혁신적인 건설프로세스 구축에 의해서, 기존의 설계회사, 공급 신설회사, 신문 신설회사, 완성 큰노사, ICT 관련기업에 새로운 역할이나 이점을 가져오는 것은 물론, 건설 프로젝트의 직접적인 이해 관계자인 발주자 및 시설 소유자, 이용자에게 이점이 생기게 되는 것이다. 이러한 전체 최적화를 실현하려면 각 프로세스에서 요구하는 사항의 정리, 실행 계획, 이것에 근거한 새로운 계약제도 등 BIM운용을 위한 새로운 규칙 설정이 필요하다. 따라서 현재 고려해야 할 주요 과제를 정리하면 다음과 같다.

[그림] 토목시설 BIM라이브러리 예

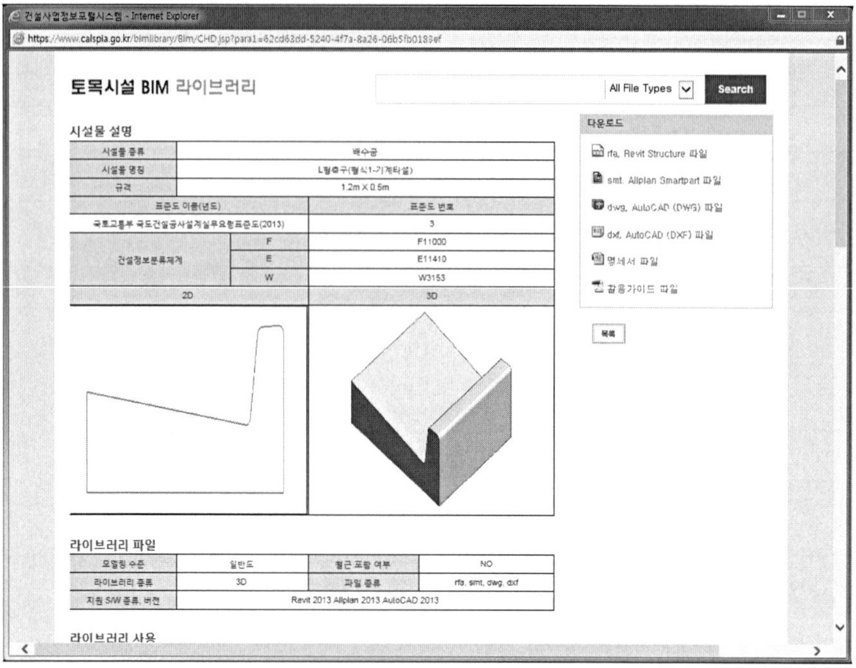

출처: www.calspia.go.kr/

새로운 업무프로세스 구축, 계약방식의 재검토

BIM을 적극적으로 활용하기 위해서는 BIM에 의한 데이터 연계나 유통을 활용한 새로운 업무 프로세스와 역할분담의 재조정이 바람직하다. 가령 다른 전문분야가 협조적으로 추진하는 프로젝트 추진 방법이나 발주자·설계자·시공자 3자간의 개방적인 정보공유에 의한 프로젝트 추진 방법인 통합프로젝트수행방식Integrated Project Delivery(IPD) 등의 도입 검토가 필요하다. 건설프로세스의 국제 표준화도 주시하면서 국내의 관습이나 계약 형태에 적합한 BIM을 축으로 한 우리만의 새로운 건설프로세스 구축을 검토해야 한다.

또 BIM에 있어서 데이터 연계의 국제표준포맷으로서 IFC의 보급이 시작되고 있지만 IFC를 제대로 활용하기 위한 가이드라인 책정 등 여러 단체에 의한 활동을 정리, 건설업계의 운용 규칙을 확립할 필요가 있다.

그 외에도 모델 작성을 위한 부품(라이브러리)의 제공이나 표준화도 요구되는데, 지금까지 2D에서는 발주처별로 달리 사용되던 표준도를 BIM을 통하여 통일화를 추진할 필요도 있다. 이것은 같은 구조물을 발주처별로 달리 모델을 생산함으로써 중복투자가 발생할 여지가 있으므로 BIM에서는 일원화한 표준도를 국가차원에서 재정하여 시행하는 것이 필요하다.

또한 BIM을 활성화하기 위해서는 상대적으로 설계대가가 외국에 비하여 적은 것을 현실화하거나, 이것이 어려우면 BIM에 대한 별도의 대가기준이 시급하게 규정되어야 하며, BIM모델의 저작권에 대한 사항 등 관련 법규가 신속하게 마련되어야 할 필요가 있다.

소프트웨어, 하드웨어, IT인프라 이용환경의 정비

BIM을 지금보다 활성화하기 위해서 필요한 것이 소프트웨어이다. BIM과 관련된 소프트웨어 대부분이 외국에서 개발한 제품들이므로 우리 실정에 맞는 제품개발도 필요할 것으로 보이며, 기존에 사용하고 있는 소프트웨어와의 호환성과 데이터를 주고받는 문제도 해결해야 될 것이며, BIM보급과 활용을 촉진하기 위한 범정부차원의 BIM관련 기구도 설치할 필요가 있다.

관련된 외부 기업과의 데이터 연계를 원활히 하기 위한 고성능·고품질·보안을 유지한 네트워크 기반과 소프트웨어나 하드웨어 등 ICT 기기를 저렴하게 제공할 수 있어야 한다. 또 중소기업이나 개인 사업주 등과 같이 자원이 한정된 기업, 개인에 대한 BIM 이용의 보조금 적용이나 BIM 활용교육 등 금전적, 인적 부담을 줄여줄 수 있는 지원도 폭넓게 전개할 필요가 있다.

인재육성과
지원체계의 확충

각 기업이나 단체의 BIM 활용 조사에서는 보급 촉진을 막고 있는 것이 소프트웨어를 활용할 수 있는 설계자·기술자 부족이라는 결과가 있다. 또 외국의 대학에서는 BIM의 사용을 위한 교육뿐만 아니라 BIM을 유효하게 활용하기 위한 새로운 업무프로세스의 연구와 비용구조 변혁 등의 연구도 진행되고 있다. 이와 같은 설계·생산에 있어서 BIM 활용에 충분한 지식과 기량을 가진 인재육성이나, BIM을 활용한 건설프로세스 연구의 인재육성 등 건설업계 ICT 인재육성을 위해서 대학 등의 교육기관에 의한 인재육성과 교육 툴의 정비가 필요하며 건설업계를 초월한 대처가 필요하다.

또한 BIM 보급을 위해서는 시연 등을 포함한 BIM의 전개 시나리오를 민관이 협력하여 만들어 유효 활용사례를 홍보하는 것도 중요하다. 특히 4차 산업혁명을 성공적으로 이끌기 위해서는 BIM이 그 기반데이터로 자리매김할 수 있도록 정부차원의 BIM발주를 선행하여 BIM홍보가 될 수 있도록 하여야 한다.

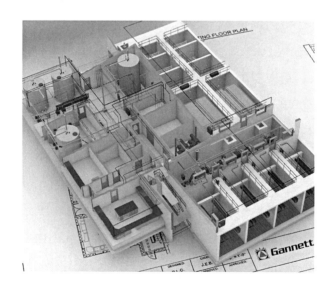

3.6

CPS/IoT와 연계한 BIM의 방향성

이미 많은 제조업은 생산을 시작하기 전에 공정과 코스트 등에 대하여 다양한 '시뮬레이션'을 통한 가시화가 가능하며, 생산라인에서 기계작동 체크나 산업로봇 설치계획 등에도 활용되고 있으며, 3D프린터의 출현으로 기존의 대량 생산이 아니면 발주하지 못하던 것을 하나의 제품도 제조가 가능하게 되는 등 제조업의 제조기술이 변화하고 있다.

건설업도 지금까지 기술한 것과 같은 BIM에 의한 고도의 건설데이터 기반과 최근의 레이저 스캐너, 센서, 로봇, 3차원 계측 / 위치 측정, 네트워크 기기, 빅 데이터해석, 클라우드 서버 등의 첨단 CPS/IoT 기술이 연동함으로써 건설의 기본방향이 바뀔 가능성이 높다. 예를 들어 드론에 의한 3차원 측량, 3차원 측위와 레이저 스캐너를 이용한 빅물측량작업의 효율화, 시사새 태그나 AR^{Augmented Reality} 등을 이용한 준공관리의 고도화, 드론을 이용한 토공의 기성처리, 시공 상황에 맞추어 조정하여 가공한 부재의 실시간 출하 등, 현장정보와의 융합에 의한 새로운 가치창조가 기대된다(그림 '시공 현장에서 IoT, CPS로서의 BIM' 164쪽 참조). 또한 유지관리 분야에서도 구조물이나 건물 내에 설치되어 있는 기기 등이 인터넷을 통해서 정보를 교환함으로써 구조물 소유자, 관리자, 이용자의 새로운 가치창조가 기대된다.

이처럼 BIM은 데이터 기반으로서 건설 프로세스의 핵심이라고 할 수 있는데, 3차원의 기반데이터가 구축되어야만 CPS / IoT를 활용한 실시간 정보교환, 다른 시스템과의 정보연계가 가능하게 되기 때문에 제조업과 마찬가지로 혁신적인 새로운 건설생산 프로세스의 구축이 기대된다. 따라서 건설데이터 기반으로서의 BIM에 건설 단계, 운용 단계에서의 사물정보가 인터넷을 통해 연계하는 것(CPS/IoT)은 기존에 건축이나 일부 토목에서 도입되어 시행하고 있는 BIM과는 다른 차원의 BIM이라 할 수 있는데, BIM에 대한 관련규정이 미흡한 현 시점에서 차세대를 고려한 BIM과 관련된 규정을 조속히 마련할 수 있는 연구가 필요하다. 또한 각 발주기관별로 추진하고 있는 BIM 보급 활동(표 '한국에서의 BIM과 관련된 주요 보급 활동' 159쪽 참조)을 정부차원에서 단일화와 통합화를 추진하여 건설업의 문제점 중에 하나인 정보연계를 통일하는

[그림] 시공 현장에서의 IoT, CPS로서의 BIM

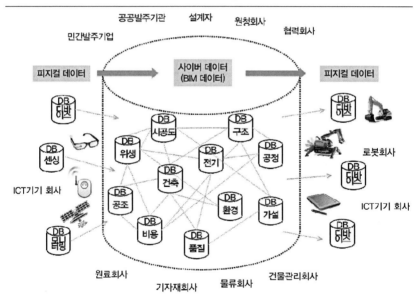

※ 점선, 점선화살표는 정보의 연계를 표시. 이 그림은 이미지로 실제의 정보연계를 나타낸 것은 아니다.

출처: 日本産業競争力懇談会, 'IoT·CPS를 활용한 스마트 건설생산시스템(2016)'

것도 필요하다. 상세한 내용에 대해서는 제4장에서 소개하도록 한다.

[그림] IoT와 연계한 차세대 BIM의 개념도

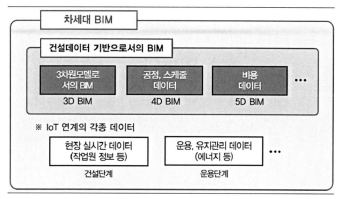

출처: 日本産業競争力懇談会, 'IoT·CPS를 활용한 스마트 건설생산시스템(2016)'

[그림] 교량의 BIM모델 예

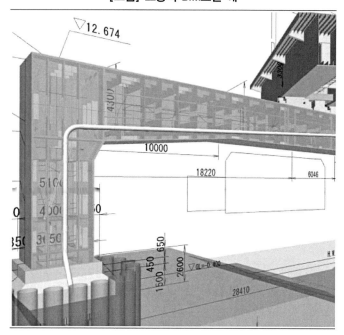

출처: http://www.office-k1.co.jp/

일본의
BIM 추진

    2015년 11월. 일본의 국토교통성 장관은 기자회견에서 건설현장의 생산성 향상을 위한 측량·설계, 시공, 유지관리에 이르는 전 과정에서 정보화를 전제로 한 새로운 기준을 내년부터 도입한다고 발표하였다. 그리고 이 대처를 'i-Construction'이라고 이름 붙였다. 국토교통성은 3D 머신 컨트롤^{3D machine} control 등을 사용한 정보화시공과 구조물의 3차원 모델을 사용하여 설계·시공을 하는 CIM^{Construction Information Modeling7)}, 드론(무인기)과 로봇을 이용한 구조물의 점검·보수 등 다양한 ICT 관련 설계·시공·유지관리 기술의 도입과 개발을 추진하였는데, 이들 기술을 통합한 'i-Construction'을 2016년도부터 추진함으로써 '전체적으로 기능근로자 한명 당 생산성에 대해서 50% 이상의 향상 가능성이 있다'고 설명하였다. 일본은 한국과 비슷한 시기에 BIM을 도입하여 국가(국토교통성) 주도로 2012년을 '토목 BIM의 원년'으로 공포하고, 2012년부터 2015년까지 시범업무를 통하여 'CIM기술검토회 보고서'를 4회에 걸쳐 발표하였다. 따라서 일본이 추진하고 있는 BIM에 대하여 소개하고 이 자료를 통하여 우리가 나갈 방향에 대하여 생각할 수 있는 계기가 되었으면 한다.

---

7) 일본에서는 토목 BIM을 CIM이라 한다. 이하 'BIM'으로 표기

일본의 BIM, i-Construction

'i-Construction'은 3차원 데이터를 구사한 '정보화시공'과 'BIM의 활용'을 추진해 온 일본의 국토교통성이 2016년부터 이들을 통합하여 건설현장의 생산성을 향상시키기 한 방안으로 새로운 기준과 함께 도입하기 위하여 'i-Construction'이라는 이름을 붙여서 사용하고 있다.

2016년 3월 30일 일본의 국토교통성은 "새로 도입하는 15개의 기준 및 적산기준에 대해서"라는 보도 자료를 관방기술조사과, 종합정책국 공공사업 기획조정과, 국토기술정책종합연구소, 그리고 국토지리원이 공동으로 발표하였다. 제목을 "2016년부터 i-Construction으로 건설현장이 바뀝니다!"로 한 것처럼 국토교통성은 드론을 이용한 측량 및 ICT 건설기계에 의한 토공시공을 확대하는 것이 명시되어 있다. 새로 추가된 것과 개정한 기준을 살펴보면 다음과 같다.

▨ 조사 및 측량, 설계

- UAV를 이용한 공공측량 매뉴얼(안) : 신규
- 전자납품요령(공사 및 설계) : 개정
- 3차원 설계 데이터 교환 표준(동 운용 가이드라인 포함) : 신규

▨ 시공

- ICT의 전면적인 활용(ICT 토공)의 추진에 관한 실시 방침 : 신규
- 토목공사 시공관리 기준(안)(준공관리 기준 및 규격) : 개정
- 토목공사 수량산출 요령(안) : 개정
  (시공이력 데이터에 의한 토공의 기성고 산출 요령(안) [신규] 포함)
- 토목공사 공통 시방서 시공관리 관계서류(준공 합격 여부 판정 총괄 표 등) : 신규
- 공중사진측량(무인항공기)을 이용한 준공관리요령(토목 편)(안) : 신규
- 레이저 스캐너를 이용한 준공관리요령(토목 편)(안) : 신규

▣ 검사

- 지방정비국 토목공사 검사기술 기준(안) : 개정
- 기제 부분 검사기술 기준(안) 및 동 해설 : 개정
- 부분 지불의 대금 취급 방법(안) : 개정
- 공중사진측량(무인항공기)을 이용한 준공관리 감독·검사요령(토목 편)(안) : 신규
- 레이저 스캐너를 이용한 준공관리 감독·검사요령(토목 편)(안) : 신규
- 공사 성적 평정 요령의 운용에 대해서 : 개정

▣ 적산기준

- ICT 활용 공사적산요령 : 신규

▣ 발주 방식

- 규모가 큰 기업을 대상으로 하는 공사에서는 ICT 활용 시공을 표준화
- 지방기업을 대상으로 하는 공사에서는 '희망제안방식'(시공사의 제안)을 기본
- 측량에서도 '발주자 지정방식'과 '희망제안방식'을 활용, 설계는 '발주자 지정방식'을 활용

i-Construction의 추진 배경

일본의 건설업은 1992년도의 건설투자 84조 엔을 정점으로 2010년도에는 42조 엔으로 피크시의 절반으로 시장이 축소되었고 20년간 건설시장 축소에 따른 기업체질의 열악함과 기능근로자의 처우 저하, 청년근로자의 감소, 기능근로자의 현저한 고령화로 인하여 건설업계 전체가 위기에 직면하고 있다. 2015년 3월에 사단법인인 일본건설업연합

회一般社団法人日本建設業連合会가 발표한 '건설업 장기비전建設業の長期ビジョン'에서는 현재 343만 명에 이르는 기능근로자(모든 건설업 취업자 수의 약 70%)중 향후 10년간 고령자를 중심으로 128만 명이 이직할 것으로 보이며, 2025년에 필요한 기능근로자를 328~350만 명으로 추산하고 있는데, 이직에 따른 부족을 보충하기 위해서 젊은 층을 중심으로 한 새로운 기능근로자를 90만 명(이 가운데 여성 20만 명)을 확보할 필요가 있다고 지적하고 있다.

따라서 i-Construction을 추진하게 된 배경에는 건설업이 처한 위기를 극복하기 위해서는 지금이야말로 생산성향상에 임할 기회라고 보고 다음과 같이 5가지를 지적하였다.

- 노동력 과잉을 배경으로 한 생산성 저조 : 버블경제bubble economy 붕괴 후 투자가 감소되는 국면에서 건설 투자에 비하여 건설 노동자의 감소가 적어 노동력 과잉의 시대가 되었다.
- 노동력 과잉시대에서 노동력 부족시대로의 변화 : 기능근로자 약 340만 명 중에 약 110만 명의 고령자가 10년간에 걸쳐 이직이 예상된다.
- 안전과 성장을 뒷받침하는 건설 산업 : 극심해지는 재해에 대한 방재·재해 감소 대책, 노후화되는 인프라의 전략적인 유지관리·갱신, 강한 경제를 실현하기 위한 스톡stock 효과를 중시한 인프라 정비 등 역할
- 안정적인 경영 환경 : 건설 투자, 공공사업 예산이 하락을 멈추는 상황에서 건설 기업의 실적도 나아지고, 건설 기업에서도 미래를 위한 투자나 청년 일자리를 확보할 상황이 되고 있다.
- 생산성향상의 절호의 기회 : 일본은 세계 유수의 ICT 기업을 가지고 있어 생산성향상을 위한 이노베이션으로 갈 수 있는 기회에 직면한 나라다.

여기서, 위의 5가지 문제점을 살펴보면 한국의 현실과 매우 유사성을 가지고 있는 것을 알 수 있다. 결국은 일본의 대처가 미래에 한국이 대처해야 할 문제점인 것과 동시에 해결방안이 될 것이다.

i–Construction의
3가지 관점

일본이 본 건설현장은 '단품수주 생산', '현지야외 생산', '노동집약형 생산' 등의 특성으로 제조업에서 진행되고 있는 '셀 생산 방식', '자동화, 로봇화' 등에 대응하는 것이 곤란하다고 지적하고 있다. 따라서 이와 같은 건설업의 특성을 감안하여 i-Construction을 진행하기 위한 3가지의 관점을 제시하였다.

첫 번째는 '건설현장을 최첨단의 공장'으로 만들자고 하는 관점이다. 최근의 위성측위기술 등의 발전과 ICT화에 따른 야외 건설 현장에서도 로봇과 데이터를 활용한 생산관리가 가능하다고 보고 있으며, 일본의 ICT 기술력으로 충분하다고 진단하고 있다.

두 번째는 '건설현장에 최첨단 공급망관리supply chain management'를 도입하는 관점이다. 공장이나 현장에서의 각 공정이 개선되어 대기시간 등의 손실이 적어지면서 건설생산시스템 전체의 효율화가 가능하다고 보고 있다.

세 번째는 '건설 현장의 2가지 고질병 타파와 지속적인 개선'이다. 여기서 말하는 2가지 고질병이란 ① 혁신innovation을 저해하는 서류에 의한 납품 등의 '규제'와 ② 연말에 공기를 맞추는 등의 '기성 개념'을 타파하는 것이다.

i–Construction의
탑 러너 시책의 추진

건설현장의 숙명과 3가지 관점에서 바라본 건설을 위하여 i-Construction을 추진하기 위한 첫걸음으로 다음과 같이 3가지의 탑 러너Top runner 시책을 추진하는 것으로 방침을 정하였다.

① ICT의 전면적인 활용(ICT토공)

② 전체 최적의 도입(콘크리트공의 규격 표준화 등)

③ 시공 시기의 평준화

▶ ICT의 전면적인 활용(ICT토공)

i-Construction에서는 과거 30년간 생산성이 별로 개선되지 않는 토공과 콘크리트공사를 우선 목표로 설정하여 생산성향상을 노린다. 토공은 측량에서 설계, 시공계획, 시공, 그리고 준공검사와 같은 일련의 흐름을 3D데이터에 의해서 효율적으로 실시하는 것을 목표로 하고 있다.

예를 들면 측량에서는 드론에 의한 공중촬영 사진을 바탕으로 단시간에 고정밀도 지형의 3차원 측량을 한다. 지형의 3D데이터는 설계와 시공계획으로 연결되어 현황지형과 설계도면을 3D모델에 의하여 비교하여 절토량과 성토량을 자동으로 산출한다. 그리고 시공에서는 3D 머신컨트롤3D machine control이나 3D 머신가이던스3D machine guidance 등의 제어기능을 탑재한 ICT 건설기계를 3차원 설계 데이터로 자동으로 제어하여 시공을 효율화한다. 마지막 준공검사에서도 드론에 의한 공중촬영 사진 등을 사용한 3차원 측량으로 검사를 하여 준

[그림] ICT 기술을 도입한 토공의 개혁 이미지

출처: 일본 국토교통성 자료

공서류를 없애 검사항목을 줄일 수 있다고 한다. ICT토공의 전면적인 활용에 있어서의 과제는 다음과 같다.

- 감독·검사 기준 등의 미정비
- ICT 건설기계의 보급이 불충분

두 가지의 과제에 대하여 당장 대처해야 할 사항은 다음과 같다.

- 새로운 기준 도입
- ICT 토공에 필요한 기업의 설비 투자에 관한 지원
- ICT 토공에 대응할 수 있는 기술자·기능 근로자의 확대
- 기술 개발 등

◪ 전체 최적의 도입(콘크리트공의 규격 표준화 등)

콘크리트공은 아직도 현장에서 철근과 거푸집을 조립, 펌프 카와 바이브레이터를 사용하여 콘크리트를 타설하는 방법이 대부분이다. 'i-Construction'에서는 철근의 Prefabrication화와 거푸집, 부재의 Precast화를 전폭적으로 도입함으로써 에너지절약과 공기단축을 노린다.

예를 들어 거푸집 자체가 건물이나 구조물의 일부가 되는 '매입거푸집'의 내부에 철근을 장착한 부재를 공장에서 생산함으로써 현장 작업을 대폭 줄이는 것이다. 현장에서는 반입된 매입거푸집을 조립하고 채움 콘크리트를 타설 할 뿐이다. 철근이나 거푸집을 조립하는 고소작업이 사라지고 콘크리트 타설 후의 거푸집해체 작업도 필요 없게 되어, 안전성향상과 폐기물의 발생 방지 효과도 기대된다. 또, 라멘 구조의 고가교 등에서는 각 부재의 규격과 크기를 통일하여, 정형부재를 조합하여 시공하는 공법도 도입된다. 이로써 설계와 시공은 매입거푸집보다 더 단순화시킬 수 있다. 전체 최적을 위한 과제는 다음과 같다.

- 부분 최적 설계, 시공 방식에 따른 차질
- 우수한 신공법, 신기술에 관한 기준이 미정비

[그림] Prefabrication을 도입한 콘크리트공의 시공이미지

출처: 일본 국토교통성 자료

두 가지의 과제에 대하여 당장 대처해야 할 사항은 다음과 같다.

- 하류 공정을 감안한 설계, 시공 및 유지관리의 전문성을 가진 기술자가 설계 단계부터 관여하는 구조 등 전체최적의 도입을 위한 검토
- 부재 규격의 표준화, 철근의 Prefabrication화 등의 보급을 위한 가이드 라인 책정 등 규격의 표준화, ○○기술이 인반화를 위한 검토
- 공급망관리supply chain management의 도입을 위한 검토

↘ 시공 시기의 평준화

일본의 공공 공사는 4~6월에 공사 물량이 적고 편향이 심하다고 한다. 따라서 한정된 인력을 효율적으로 활용하기 위하여 시공 시기를 평준화하여 연중 공사 물량을 안정화하는 것을 탑 러너top runner 시책으로 추진하는 것으로 목표

를 정하고 있다. 연말을 준공일로 하는 기성 개념부터 탈피하면서 이월제도의 적절한 활용과 지역 발주자 협의회를 통한 연계, 입찰계약 적정화법 등을 활용하는 것과 장기적인 평준화를 위해 전략적인 인프라의 유지관리·갱신에 관한 계획의 책정, 지역 특성을 바탕으로 한 발주 등을 통하여 건설의 안정화를 도모하는 것으로 하고 있다. 시공 시기의 평준화는 근로자의 복지와도 상관이 있는 것으로, 기능 인력의 부족과 더불어 현장에서 일하는 사람의 삶의 질을 향상시키는 데 일조할 것으로 보고 있다.

[그림] 일본의 기성고 건설 종합통계(전국)

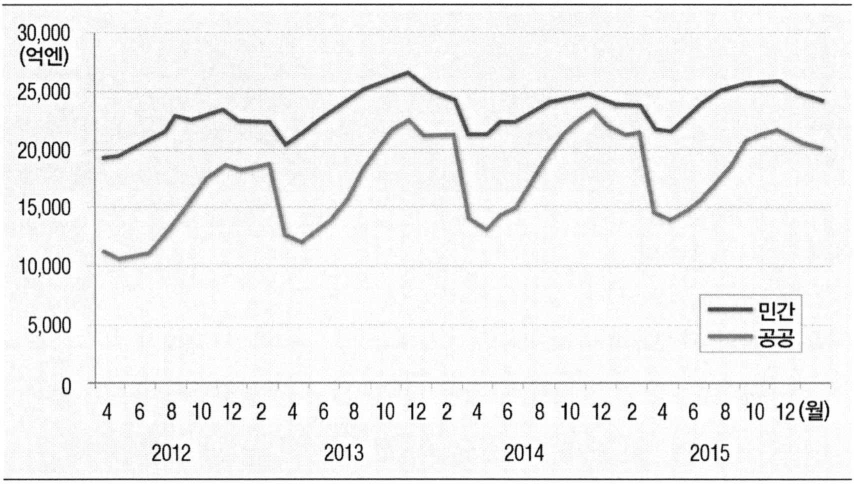

출처: 일본 국토교통성 자료

i-Construction이 목표로 해야 할 것

i-Construction을 추진하면서 목표로 해야 할 것을 9가지로 정리하였는데 다음과 같다.

① 생산성 향상 : ICT의 전면적 활용으로 장래에 생산성은 약 2배. 시공 시기의 평준화 등에 의한 효과에 맞추어 생산성은 50% 향상

② 보다 창조적인 업무로의 전환 : ICT화를 통한 효율화 등으로 기능근로자 등은 창조적인 업무와 다양한 니즈에 대응

③ 임금 수준의 향상 : 생산성향상과 업무의 안정 등으로 기업의 경영환경이 개선되고 임금수준 향상과 안정적인 작업량 확보를 실현

④ 충분한 휴가의 취득 : 건설 공사의 효율화, 시공 시기의 평준화 등으로 안정된 휴가 취득이 가능

⑤ 안전성향상 : 중장비 주위의 작업이나 고소 작업의 감소 등으로 안전성향상을 실현

⑥ 다양한 인재의 활용 : 여성이나 고령자 등이 활약할 수 있는 사회의 실현

⑦ 지방 상생에 기여 : 지역 건설 산업의 생산성향상으로 매력적인 건설 현장을 실현하여 지역에 활력을 불어넣는다.

⑧ 희망적인 새로운 건설 현장의 실현 : '급여, 휴가, 희망'을 실현하는 새로운 건설 현장 실현

⑨ 홍보 전략 : 그동안 힘들고 어려운 건설 현장의 업무가 매력적이라는 것을 i-Construction의 도입 효과를 통하여 적극적인 홍보

이상과 같이 일본이 추진하고 있는 BIM에 대하여 살펴보았다. 엄밀히 말하면 ICT의 추진이지만 그 배경에는 BIM이 자리 잡고 있다. 비슷한 시기에 BIM을 도입하면서 한국과 일본의 내에서는 분명히 차이가 있다. 국가가 주체인 일본의 BIM은 로드 맵에 따라 체계적으로 착실히 진행되고 있는 반면, 한국은 공공기업 주도로 개별적으로 진행되고 있다.

특히 일본의 BIM 도입이 단순한 기술적인 측면만이 아닌 근로자의 복지향상과 다양한 인재의 영입과 활용, 지방경제의 활성화 등 다방면의 시각에서 건설의 개혁을 추진하고 있다는 데 있다. 일본보다 좁은 국토에서의 한국건설은 어떻게 대처해야 할 것인가에 대한 답이 여기에 있을지도 모른다.

제4장
건설 산업에 ICT 구현이 가능한가?

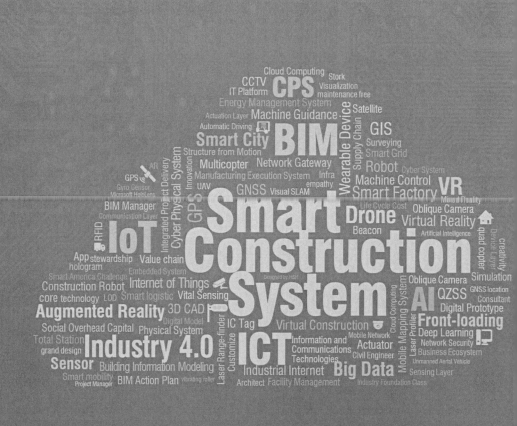

4.1

건설생산시스템을
뒷받침하는 기술 맵

앞에서 구상한 미래의 건설생산시스템 실현에는 3장에서 언급한 건설프로세스를 통한 정보연계와 함께 건설생산의 특징을 반영한 ICT의 활용이 무엇보다도 중요하며 BIM과 CPS/IoT 연계가 열쇠가 된다. 그렇다면 건설 산업에서 ICT구현이 가능한가에 대하여 건설생산에서 가장 문제가 되는 생산성, 품질향상과 안전 확보 및 작업지원에 대하여 ICT기술의 활용과 BIM과의 연계가 가능한지에 대하여 살펴보기로 한다.

IoT나 CPS 등 ICT기술의 미래 동향trend을 바탕으로 이들을 활용하여 기존에 안고 있던 건설생산시스템의 문제를 해결하고 새로운 건설생산시스템을 실현하기 위해서는 특히 2장에서 설명한 향후 비전을 포함하여 검토하여야 한다. 앞으로 토목과 건축에 있어서 건설생산시스템의 방향성과 행행아너 건설생산시스템을 뒷받침하는 전체의 시스템구성architecture을 바탕으로 이들을 실현하기 위해서 필요한 관계 기술을 포함한 맵을 작성(180쪽 그림 참조)하여 그 나아갈 길과 적용가능성에 대하여 조사 및 검토할 필요가 있다.

이 기술 맵에서는 건설생산시스템에 대한 정보의 근간을 이루는 BIM에서 얻을 수 있는 방대한 각종 정보를 축적·관리하면서 조사, 설계, 생산 / 제조, 물류, 시공, 유지관리에 이르는 라이프사이클을 통해서 활용하는 것을 중심으

[그림] CPS, IoT를 활용한 건설생산시스템의 기술 맵

출처: Aboola, A. Chimay, A John, M(2013) "SCENARIOS FOR CYBER-PHYSICAL SYSTEMS INTEGRATION IN CONSTRUCTION" Journal of Information Technology in Construction -ITcon Vol. 18, p.240 재구성

로 고려하고 있다. 이와 더불어 각 공정에서 CPS나 IoT로 취득하고 제어하는 현장 정보와의 조화 및 융합을 도모하면서 현재상황의 실시간 파악, 작업지시의 신속화·효율화, 건설의 고품질화를 도모하는 것과 동시에 사람(현장 종사자)과 관련된 부분에서의 생산성과 안전성의 향상을 동시에 추구하는 것을 목표로 하고 있다. 따라서 기술 맵에 있어서 기술영역의 계층은 다음과 같이 5가지 분류로 정의할 수 있다.

애플리케이션 계층
Contents and Application Layer

설계에서 시공, 유지관리에 이르는 건설 라이프사이클 전체에서 프로젝트 수행과정에서 생산된 다양한 데이터(정보)

를 다차원 모델과 함께 수집하고 통합하여 IoT나 CPS 데이터를 효율적으로 활용하는 개념이 BIM이다. BIM에 의한 모델링과 해석, 현장의 공정관리나 근로자의 관리, 자재추적관리 등을 포함한 발주자, 설계자, 시공자, 감리자, 유지관리자 등이 이용하는 애플리케이션을 제공하는 계층을 말한다. 다만 현재 각 공종에서 사용하는 애플리케이션은 독립적으로 사용되고 있어 각 프로세스별로 정보를 공유하고 유통하는 개념에서 본다면 이에 대한 통합 분류체계 구축이 선행되어야 한다.

데이터 수집, 제어 계층
Actuation Layer

현장의 각종 정보를 수집·축적·관리하여 건설의 모델 등에 매핑 할 영역과 상위의 애플리케이션에서의 지시에 따라 User Interface(이하 'UI')와 건설로봇 등의 Smart Machine을 제어하는 계층을 말한다. 또한 BIM의 레이어는 관련된 대량의 데이터 모델을 축적하고 관리하는 데이터축적 계층과 이것을 이용자가 설정하고 반영하는 애플리케이션 계층의 양쪽 측면이 존재하므로 현재는 애플리케이션 계층에 걸친 형태로 자리 매김하고 있다. 건설 산업의 다양성에 비추어볼 때 데이터를 수집하고 관리하는 애플리케이션에 대한 표준 방식도 앞으로 풀어야 할 숙제이다.

통신 계층
Communication Layer

센싱 레이어와 디바이스 레이어, 서버와 클라우드 간의 정보 통신을 하는 계층이며 유선, 근거리·광역무선통신기술 등을 포함한 계층을 말한다. 건설은 업무 특성상 현장에 한시적으로 운영할 수 있는 시스템과 실내, 외를 동시에 통신할 수 있는 시스템이 필요한데, 아직 이러한 시스템이 존재하지 않는다. 예를 들면 Wi-Fi와 근거리 통신망인

LPWA나 RORA 등을 한 시스템에 놓고 사용할 수 있는 기술개발이 필요하다. 또한 제조업과는 다른 넓은 범위를 포함할 수 있는 근거리 무선통신기술과 수시로 바뀌는 위치에 대한 정밀도가 필요하다.

디바이스 계층
Device Layer

현장에 투입되어 있는 건설로봇이나 건설기계, 전동공구 심지어 스마트폰이나 태블릿PC, 현장에 설치하는 센서를 수용하는 기기 등 현장에서 생산되는 정보 수집과 제어를 실행하는 계층을 말한다. 스마트폰이나 태블릿PC용 정보 수집은 일부 시도되고 있지만 건설로봇이나 건설기계분야는 연구를 진행해야 할 분야이다.

센싱 계층
Sensing Layer

현장에 설치하는 각종 센서 및 사람에게 부착하는 웨어러블Wearable 디바이스 등의 센싱·UI 등 현실세계를 흡수하기 위한 계층을 말한다. 건설업에서 현장의 안전관리에 요긴하게 사용될 것으로 기대되고 있으나, 개인프라이버시 침해와 개인정보의 보안 등 풀어야 할 숙제가 많은 계층이기도 하다.

이와 같이 건설 전체를 최적화하기 위한 아키텍처를 염두에 두면서 건설생산시스템에서의 ICT 활용과 구현을 위해서 현재 상황과 그 문제는 무엇이며 ICT활용의 방향성에 대해서는 어떤 것이 있는지 살펴보아야 한다.

4.2

건설생산과
ICT 활용의 현황 및 방향성

건설업에 종사하는
일하는 사람의
현재 상황

현재의 건설생산시스템은 4차 산업혁명의 'Smart Factory'로 대표되는 정비된 환경에서의 대량 생산과는 크게 다르며, 앞에서 언급한 것과 같이 건설만의 특성이 있다. 이것에 의하여 다른 산업에서 활용되고 있는 ICT를 그대로 활용하는 것은 어려운 부분이 있으며, '단품 생산'이기 때문에 비용 대비 효과도 도모하기 어려운 요인이 있어, 지금까지 건설에서의 ICT는 도입이 어렵다고 느껴 일부 부분적인 최적화에 국한되어 도입되었다.

또한 일하는 사람의 측면에서 보아도 어려운 상황에 처해 있는데, 오랫동안 3D(임들고 더럽고 위험)의 직장으로 꼽이는 건실 신입은 이직률이 높고 노동을 천시하는 사회풍토와 더불어 저출산과 고령화로 인한 근로자의 확보가 점점 어려워지고 있다.

또한 건설회사에 취업을 준비하는 전국 4년제 대학교의 토목·건축 관련학과 졸업생은 지속적으로 증가하지만 취업률은 갈수록 낮아져 토목 관련학과는 50%를 밑돌고 있다. 토목 관련학과의 취업률은 2010년 59.8%에서 2013년 50%로 하락한데 이어 2014년과 2015년에는 각각 46.0%와 47.6%로 나타

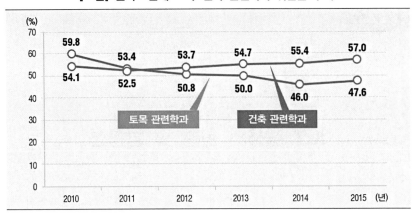

[그림] 전국 4년제 토목·건축 관련학과 취업률 추이

출처: 한국교육개발원 교육통계서비스
주) 취업률은 (취업자/졸업자)×100으로 산정한 것임

났다. 건축 관련학과의 경우는 2010년 54.1%에서 2015년 57.0%로 소폭 상승하였는데 이것은 건축의 활황과도 관련이 있다.

건설업에 종사하는 일하는 사람의 현재 상황을 살펴보면 다음과 같다.
- 건설 공사는 그때그때 공사 규모나 내용에 따라 사람이 바뀌면서 공사가 진행된다.
- 하나의 프로젝트에 많은 회사와 관계자가 참여하며, 참여인원이 수시로 바뀌어 의사결정과정이 복잡하다.
- 다양한 기능자, 기술자와 유자격자가 필요하며 긴 공사기간에 많은 사람이 종사한다.
- 공사기간은 물론 관련 공사 담당자, 사용하는 기자재 등도 개개의 현장마다 다르며, 기자재 등은 같은 현장에서도 공사 진척에 의해서 그 배치 장소가 다르다. 작업자는 기자재 바로 옆에서 작업을 하기 때문에 사람의 움직임을 포함한 유연한 대응이 요구된다.
- 높은 곳에서의 추락사고, 사람과 건설기계가 근접함으로써의 접촉사고,

한여름의 직사광선 아래에서의 열사병 등 산재사고가 전체 산업 중에 가장 높다. 날마다 상황이 바뀌는 현장에서 뜻밖의 위험을 유발할 수도 있다.

- 날씨·기상, 주변 환경과 같은 외적인 요인에 영향을 받기 쉽고, 작업자의 경험·스킬 등의 요인과도 관련이 있으며, 시공계획의 수정과 변경이 자주 발생하여 재작업과 작업대기가 발생하는 경우도 많아 생산성 저하를 부추기고 있다.

이런 상황에서 ICT의 활용은 기대도 크지만 ICT 자체의 운용방법이나 사용하는 사람의 성취, 정보의 관리체제 정비가 필요한데, 현재 상황은 현장 감독자의 일부 업무(태블릿PC를 이용한 업무 보고 등)에서의 활용이 진행되고 있는 실정이다. 따라서 건설업에 있어서의 ICT 활용은 거의 걸음마 단계라고 봐도 좋을 것이다.

따라서 현재 상황을 바탕으로 건설 생산에서의 생산성 및 품질향상을 위한 ICT 활용의 방향성과 근로자의 안전 확보 및 작업 지원을 위한 ICT 활용의 방향성에 대하여 기술한다.

생산성 및 품질향상을 위한 ICT 활용의 방향성

앞에서 언급한 건설생산의 현재 상황을 토대로 이서 건설생산의 바람직한 이미지로서 향후 건설생산에서의 ICT 활용 방향성을 지하굴착을 예로 들어 검토하면 다음 그림과 같다(그림 '건설생산의 바람직한 모습의 이미지' 186쪽 참조).

- 프리캐스트화, 모듈화 부재의 생산·물류 등의 자동화
- 프리캐스트화, 모듈화 부재의 자동 인식과 건설생산 로봇에 의한 현장의 위치 파악에 근거한 정확한 자동 시공

[그림] 건설생산의 바람직한 모습의 이미지(예 : 지하굴착 구체 구축)

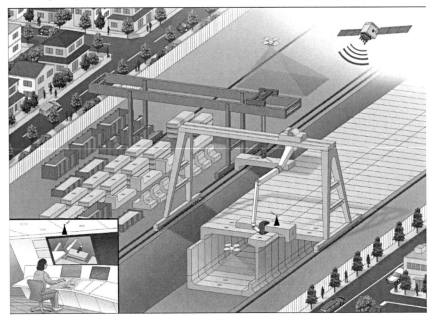

출처: 日本産業競争力懇談会, 'IoT·CPS를 활용한 스마트 건설생산시스템(2016)'

- 드론과 검사 로봇에 의한 시공 모듈과 기성의 자동계측·검사
- 현장 상황을 파악하여 원격 조작, 현장에서의 설계 정보와 다른 점 등 상황 확인
- 작업의 상세 상황 분석에 의한 고품질·단기 시공을 위한 개선 추출과 시공 공정의 재검토

생산성 및 품질향상을 위한 ICT 활용은 앞에서 언급한 BIM에 의한 기반데이터의 구축과 연계는 빠뜨릴 수 없다. 이 정보를 바탕으로 정밀도가 높은 시공을 실시하고 난 후에 역으로 시공현장에서 추출한 다양한 정보를 바탕으로 생산성 및 품질향상 측면에서 개선할 점이나 문제점을 분석하여 반영하는 등 밀접한 연계가 필요하다.

안전 확보 및 작업지원을 위한 ICT 활용의 방향성

ICT 도입으로 사람이 일하는 환경과 방법을 개선함으로써 안전하며, 일하는 사람에게 매력적인 직업이 되도록 한다. 이를 위하여 하드웨어나 제도적인 면의 개선과 더불어 적절한 지원이나 역할을 담당하는 ICT의 활용이 필요하다.

ICT를 사용하여 '적은 인력을 어떻게 효율적으로 활용할 것인가?', '경험이 적은 인재나 다양한 구성원을 어떻게 지원하고 조속히 구성할 것인가?'에 대해서 안전에 바탕을 두고 효율적이며 생산성이 향상되는 일하는 방법을 제공한다. ICT의 활용은 예를 들면 다음과 같은 역할이 기대된다.

- 작업자·건설기계·기자재의 위치를 포함한 현장의 '지금' 상황을 파악하여 현장에서 사람과 사물의 최적화와 함께 위험을 사전에 파악하여 '예방안전'으로 연결하여 현장의 안전성을 높인다.
- 공사를 지켜보면서 그 자리에 없어도 작업이 이루어지는 구조를 제공한다. 원격지시·조작으로 효율적인 사람의 배치와 노동시간의 단축이나 작업부담 경감 등 '노동환경개선'으로 연결한다.
- 현장 상황에서 ICT가 자동으로 판단·지시에 의해 경험이 없어도 품질을 유지한 공정계획 수립의 보조역할을 한다. 3차원 모델(BIM)을 활용하여 현장 상황을 누구나 이해할 수 있는 '표현'을 제공한다.
- 현장 상황의 분석으로 장래를 예측하여 건설 현장의 안전하고 효율적인 긴섭을 지원한다. 현장의 보호 상황이나 필요한 정보는 각각에 정확히 '피드백' 한다.
- 건설에 종사하는 기능자나 기술자의 조기 육성을 위해 가상현장에서의 체험교육 등 ICT를 활용한 '교육 환경'을 정비한다.

향후 성인화(省人化)와 효율화의 관점에서 ICT를 활용한 건설기계나 로봇에 의한 자동시공에서는 어디까지 어떻게 자동화할 것인지에 따라 사람의 일하는 방법은 달라진다. 건설기계 등을 자동으로 작업시키기 위한 준비 작업 등, 새로운 공정이 생기는 것도 생각할 수 있다. 지금까지 사람이 직접 작업하던 것을 단순히 자동화기기로 바꾸는 것이 아니라 ICT나 자동 시공기기와 사람에 의한 작업을 어떻게 분리하여 연계하는 것이 최적인지를 제대로 지켜볼 필요가 있다.

건설생산시스템에서 ICT나 자동 시공기계를 충분히 활용하려면 이것들을 다루는 '새로운 기술'이 필요하다. 조작 및 설정 방법, 데이터 관리와 의미, 판단 기준 등 다양한 지식과 기술이 있다. 교육 체계나 육성 체제의 확립이 필요하게 되며, 교육 환경의 제공이라는 관점에서도 ICT에 의한 지원을 생각할 수 있다.

ICT에 의한 자동화로 일자리가 줄어들 것이라는 우려가 일각에서 제시되고 있지만, 자동화로 인하여 사람이 하기 힘들고 단순한 일자리는 없어지고 자동기계를 컨트롤하거나 체크, 점검하는 보다 안전하고 가치 있는 새로운 일자리가 생겨날 것으로 기대된다.

ICT 적용과 과제

전술한 ICT를 적용하여 건설 로봇으로 시공하는 등 건설생산시스템과 직접 관련이 있는 것과, 다양한 용도에 따라 애플리케이션과 일체로 검토해야 할 것 등을 추출하면 표와 같다.

[표] ICT 구현의 분류

분류	항목
사람·사물 데이터의 실시간 자동수집 기술	① 3차원의 위치정보 검출·수집을 실현하는 기술(사람, 건설기계, 자재 등)
	② 건설기계나 사람의 동작정보 검출·수집을 실현하는 기술
	③ 사람의 건강상태 정보 검출·수집을 실현하는 기술
	④ 기성/준공정보 수집을 실현하는 기술
수집 데이터의 가공 분석 기술	⑤ 현상내부 분석을 실현하는 기술
	⑥ 행동분석 기술/이상 검출을 실현하는 기술
	⑦ 시공계획 자동화를 실현하는 기술
사람·사물에 대한 피드백 기술	⑧ 준공 3차원 표현기술과 사람, 건설기계, 자재 등의 위치정보 표시를 실현하는 기술
	⑨ 현장 작업자, 건설기계에 대한 정보 전달/머신 컨트롤을 실현하는 기술
	⑩ 로봇화 시공 기술

출처: 日本産業競争力懇談会, 'IoT·CPS를 활용한 스마트 건설생산시스템(2016)'

또한 건설생산 시스템에 특히 중요하다고 여겨지는 6개의 요소기술인 드론, 건설기계(robot), 3차원 계측, 센서, 웨어러블기기, 업무분석 기술에 대해서는 별도로 제5장에서 소개한다.

사람, 건설기계, 자재의 3차원 위치정보를 검출, 수집하는 기술

위치를 파악할 필요가 있는 대상물은 사람, 건설기계, 자재이다. 각각 실내, 실외라는 환경에서 이용되는 것과 구조물공사에서는 그 높이 정보도 포함한 3차원의 위치정보가 필수적이다. 3차원의 위치계측 기술은 건설 현장에서의 생산성향상과 안전성향상에 대한 근본적인 개혁으로 연결될 것으로 기대된다. 특히 대규모 단지조성공사, 댐, 도로공사의 토공, 구조물 공사에서 3차원의 측량기술, 3차원 데이터를 바탕으로 한 ICT 시공 분야는 크게 발전할 것으로 예상된다.

그 정확도는 로봇 시공 및 위치 결정, 건설기계와 사람의 접촉 사고, 개구부나 고소작업에서의 추락사고 방지를 위해서는 적어도 mm 단위의 정밀도로 위치를 검출하는 것이 건설 현장에서는 필요한 요건이다. 현재의 기술로는 실외에서는 GNSS^Global Navigation Satellite System를 활용한 3차원 위치측정, 실내에서는 Wi-Fi를 활용한 3점 측위, 불빛을 활용한 위치 검출 외에 지자기센서, 기압센서를 활용한 위치탐지 기술, 또한 센서를 활용한 측위를 영상으로 수정·보완하는 기술 등이 있다.

현 시점에선 실내외에 공통으로 적용할 위치검출 기술이 없으며, mm 정도의 위치를 보정할 수 있는 기술은 충분히 확보되지 못하였다. 향후 실내외 동시에 검지가 가능한 하이브리드^hybrid식과 mm 정밀도로 위치를 포착할 수 있는 기술개발이 요구된다. 또한 3차원을 다루는 기술자 양성과 3차원 데이터를 다루는 소프트웨어 편리성이 과제가 되고 있다.

건설기계나 사람의 동작정보를 검출, 수집하는 기술

사람이나 사물의 위치와 함께 이것들의 동작이나 상황이 어떻게 되는지 이해하기 위해서 현장의 영상정보와 가속도 센서 등의 탐사Sensing 정보가 필요하다.

현장 영상을 촬영하기 위한 기기는 고정카메라나 웨어러블카메라 등을 사용한 영상기술을 활용할 수 있다. 또 움직임을 포착하는 기술로서 빛으로 대상물에서의 반사가 센서에 도달하는 빛의 비행시간을 검출함으로써 거리를 측정하는 이미지 센서 기술이 있다. 마이크로소프트의 Kinect 등 주로 근거리에서의 제스처 입력에 응용되고 있다. 또 대상이 사물이나 환경이라면 그 가동 상황은 진동 센서, 가속도 센서 등 자재나 기계에 조립 또는 주변에 설치해서 각종 센서로부터 정보를 수집할 수 있다. 또한 건설기계나 일하는 사람의 동작을 검출하여 정보를 수집함으로써 건설 안전을 위한 다양한 기술개발도 이어질 것으로 보이며, 이를 통하여 건설 환경에도 많은 변화가 예상된다.

이 기술의 과제는 날씨에 따라 안개가 끼거나 햇빛이 비추지 않는 어두운 환경에 처해있는 작업 현장에서 사람이나 사물의 동작을 포착하기 위한 영상처리기술도 필요하다. 측량분야의 활용을 위해서는 이미지 센서로서의 거리측정 기술은 향후의 광범위성과 정밀기술의 향상이 필요하다. 또 건설현장은 장기간에 걸쳐 운영되는 경우가 대부분이기 때문에 현장에 설치된 센서는 장기간에 걸쳐 유지보수maintenance free가 필요 없이 이용이 가능해야 한다. 각 센서에는 새로운 저신뢰와 배터리 니스화의 추진과 함께 실지 후에 빈기급지 않은 운용관리 기법을 확립하는 것이 바람직하다. 또 각종 센서를 조합하여 기존에 검출할 수 없었던 현장의 다양한 상태를 실시간으로 정확하게 검출하는 알고리즘의 기술 개발도 기대된다. 또한 날마다 변화하는 건설현장의 환경에서 이들의 정보를 수집하기 위한 에지 컴퓨팅edge computing 및 네트워크 게이트웨이network gateway 등의 시스템을 구축하는 것도 향후 과제가 될 것이다.

사람의 건강정보를
검출, 수집하는 기술

현장정보 중에서 가장 중요한 것 중의 하나가 사람의 건강에 관한 정보이다.

현장 작업원이 건강한 상태로 작업에 투입되어 있는지, 현장 투입 후에 날씨·습도·기온 등의 변화에 의해서 몸에 이상이 있지 않는지 또는 움직이지 못하고 병세를 악화시키지 않는지 등의 정보이다. 현재 이들 상황을 정확하게 보충하는 기술로는 적외선 카메라의 체온 측정, 얼굴 인증 등의 기술을 응용한 표정인식과 Wearable 기기(스마트 워치나 옷에 장착하는 센서 등)에 따른 심박 수 및 체온 등의 바이탈 센싱vital sensing, 그리고 기압 센서 등에 의한 작업자의 자세 상태 등을 파악할 수 있다.

이 기술의 과제로는 작업자의 몸이나 옷에 센서를 장착하는 것은 작업을 저해하는 요인이 되어서 부착하지 않는 작업자, 프라이버시 정보의 관리, 심리적 요인 등의 거부문제도 예상된다. 이런 문제를 근거로 작업자가 반드시 착용하는 물건에 센서를 내장하는 등 부담 없이 작업할 수 있는 기기 및 센싱 기술, 용이한 활용과 안전한 정보관리를 겸비하는 보안 기술의 개발이 요구된다.

기성, 준공정보를
수집하는 기술

시공 중인 구조물이 현 시점에서 어디까지 시공되어 있는지, 설계대로 시공이 되고 있는지를 포착하기 위한 현장 영상이나 공사실적 정보를 수집하는 것이 검사작업의 효율화와 작업원의 안전과 작업지원에 효과적이다. 건설 현장이라는 특성상, 고정으로 카메라를 설치하여 영상을 촬영하는 것과 땅을 주행하면서 필요한 영상을 촬영하는 방식뿐만이 아니라 스마트폰·태블릿PC나 디지털 카메라로 현장 작업원이 현지를 촬영하는 수단이 이루어지고 있다.

이 기술은 드론을 활용한 항공 영상촬영이나 사람이 출입할 수 없는 장소에서 로봇에 의한 영상 촬영 등이 건설 현장에서는 필요할 것이다. 이때 영상이 어느 장소에서 어떤 각도로 촬영됐는지 등의 고정밀도의 정보도 부가할 필요가 있다. 또한 상세한 기성을 파악하기 위해서 자재에 부착한 RFID^{Radio Frequency IDentification} 등으로 조립된 자재의 추적이나 기계의 조작, 작업 실적 등의 기성정보를 보완하는 정보로서 이용하는 것도 바람직하다.

현장의 업무를 분석하는 기술

현장에서 다양하게 수집된 Sensing정보(3차원 위치, 기계와 사람의 동작, 사람의 건강상태, 기성 등)에서 최신의 기성정보를 해석하여 기존에 표면화되지 못한 현장작업의 낭비와 개선점, 작업안전 대책의 추출에 의한 노무관리, 품질관리, 사무관리의 업무흐름에 대하여 전반적인 재검토의 기대가 매우 크다.

이 기술을 실현하기 위한 과제로는 현장작업의 개선대책 제시와 위험 검지를 위해서는 인공지능^{artificial intelligence}기술과 빅 데이터^{big data} 분석을 활용한 업무 분석의 기술이 필요하다. 현장작업 개선대책을 위해서는 시공계획이나 BIM의 데이터 모델화와 이들과 실제의 작업 상황 데이터와의 관련 모델화가 필요할 것이다.

이 모델은 공급사슬^{supply chain} 전체를 대상으로 개선을 실현하기 위해 업계 전체를 통하여 표준화가 이루어져야 한다. 이렇게 모델화한 데이터에서 목표에 대한 성관^{相關}을 자동으로 추출할 수 있는 분석기술도 필요이며, 분석방법을 예상한 모델화도 필요하다. 또 과거의 공사자료에서 식견^{識見}을 추출하기 위해서 이들의 막대한 분량의 데이터를 분산하여 보관하는 데 필요한 기술 및 기반도 필요하다. 과거의 데이터는 그 양이 엄청날 것으로 예상되므로 이렇게 수집한 것을 건설시공에 적합하고 효율을 좋게 표현할 수 있는 '지식모델^{knowledge model}'도 필요하다.

행동분석기술,
이상을 검출하는 기술

사람·건설기계·자재 등의 위치정보 및 현장 영상에서 어디에 위험이 존재하는지를 판단하여 도선^{導線}을 추측함으로써 위험 상황을 미리 감지할 수 있다. 현재 영상감시 기술에서 일부 실현되고 있지만 향후 영상정보와 그밖에 여러 가지 정보를 조합하여 분석·해석함으로써 보다 이른 시기에 위험한 상황을 파악하는 기술을 기대할 수 있다.

이 기술의 과제는 현장업무 분석과 마찬가지로 행동분석기술과 이상검출 모델화가 필요하다. 위험의 예측·검지는 이것과 더불어 추가로 실시간 분석도 요구된다. 특히 인공지능^{artificial intelligence}과 딥 러닝^{deep learning}의 영역에 대해서는 데이터 자체가 축적되어 있지 않으면 대응할 수 없는 영역이다. 이 때문에 우선 현장정보를 수집하는 기술 및 그것을 인공지능과 딥 러닝을 쓰지 않고 현장에 피드백^{feedback}할 수 있는 기술영역에 대처하면서 단계적으로 인공지능·딥 러닝 기술검토가 이루어져 적용영역을 확대하는 것이 필요하다.

시공계획 자동화를
실현하는 기술

시공계획(공정계획)은 외적 요인에 의해 수정·변경할 필요성이 생길 수 있다. 이 계획수립을 기계적으로 실시하여 각종 작업의 변경 및 조정과 그것에 따른 위험 작업과 구역을 검출하는 것은 앞으로 건설현장의 생산성향상이나 안전관리에서 매우 효과적이다. 실현에는 현장에서 실시간으로 모아지는 정보 외에 기상정보와 현장 근로자의 취업이력정보 등을 활용하는 것도 필요하다. 이들 정보를 토대로 계획을 기계적으로 작성할 때에는 인공지능기술이나 딥 러닝 기술의 활용이 기대된다. 과거의 건설실적을 감안하여 앞에서 제시한 업무분석기술 등을 활용하여 시공을 모델화하는 기술에 의하여 더욱 안전하고 효율적인 계획을 작성할 수 있다. 과거의 실적데이터 구축이 없으면 이에 대한 데이터구축이 선행되어야 한다.

사람, 사물에 대한
위치정보표시 기술

데이터로 처리된 기성(준공)정보와 사람·건설기계·자재 등의 위치정보를 기반으로 현장 어디에 무엇이 있고, 누가 있으며, 어떻게 움직이는지를 3차원 지도정보로 표현하는 것은 현장 상황을 파악하는 데 유효하다.

이 기술의 과제로는 기반데이터로 정밀도가 좋은 3차원 지도의 실시간realtime 작성과, 사람·건설기계·자재 등의 위치와 동작을 정밀하게 실시간으로 매핑하고 가시화하는 기술이 필요하다.

사람, 사물에 대한
정보전달 및 머신컨트롤을
실현하는 기술

데이터 처리와 분석한 결과로 얻어진 데이터를 전달해야 할 사람이나 기기에 대한 신속한 피드백이 필요하다. 예를 들면 사람이 위험한 상태에 처해 있을 때 그것을 관련자들에게 신속하고 확실하게 전달할 필요가 있다.

현재 상황에서는 웨어러블wearable 모니터나 스마트워치smart watch 착용장치에 증강현실augmented reality이나 가상현실virtual reality 등의 기술을 활용하여 정보를 전달하는 것을 예상할 수 있다. 또, 현장에서 작업하던 근로자가 쓰러진 경우에는 주변 사람에게 그 사실을 빠르게 통보하는 것도 필요하다. 경우에 따라서는 센서(외사)와 런칭에서 밑은 싱싱을 보면서 소통이는 구로도 효피직이다.

이 기술에 대한 과제로는 위치정보를 바탕으로 그 내용이나 상황을 주변 작업자 및 최적인 장소와 장치를 판단하여 정확하게 지시를 내리는 장치가 필요하게 된다. 또한 상황에 따라서는 실시간으로 기기를 원격으로 확실하게 정지시키거나 이동시켜 위험을 예방하는 구조도 필요하며, 촌각을 다투는 현장상황에서 얼마나 신속하게 오류 없이 정보를 전달하느냐에 달려있으므로 이에 대한 기술개발이 필요하다.

로봇 및 자동화 시공기술

용접이나 볼트 조임 같이 기존 인력으로 수행하던 고유한 작업의 자동화와 기중기 작업에서 중량물의 지지와 고정 위치의 미세 조정 등의 위치 결정 로봇과 자동화 등 위험 작업의 대체만이 아니라 검사나 생산의 효율화가 가능한 기술로서 기대가 높다. 또한 철근조립작업, 거푸집작업, 콘크리트 마감작업과 같이 인력이 많이 투입되거나 날씨의 영향을 받는 공종에서의 자동화는 생산성향상이라는 측면에서는 반드시 필요한 기술이며 외국에서는 이에 대한 연구와 적용이 시도되고 있다.

이 기술에 대한 과제로는 건설현장에서 고정밀도의 로봇을 실현하기 위해서는 센서나 액추에이터actuator 등 요소기술의 고도화와 함께 작업 전체를 관리하는 시스템화 기술이 필수적이다. 주요 과제는 아래와 같으며, 향후 계속해서 새로운 기술 개발이 필요하다.

- 로봇을 제어할 수 있는 요소기술(정밀 위치결정 기술, 기존의 건설데이터 등)의 향상 및 개발
- BIM, 공정관리시스템, 로봇제어시스템과의 효율적인 연계
- 계측 자동화와 준공도as Built 데이터(점군 계측 데이터에서 3차원 모델)의 로봇 제어에 활용하는 기술
- 로봇 활용을 전제로 한 유닛화, 모듈화의 건설공법 재검토와 새로운 공법의 개발
- 로봇을 제어할 충분한 대역帶域·거리·지연 없는 무선통신 기술과 주파수 대역의 확보 및 면허 등 건설로봇 운용제도의 확립
- 사람·로봇 혼재 작업에 관한 법 제도의 재검토 및 제정

이상과 같이 ICT의 구현을 위한 각각의 기술 과제에 대해서는 앞에서 열거하였지만, 여기에서는 건설생산시스템의 특징을 고려하여 건설 전체에 공통된 ICT 인프라에 관한 과제를 제시한다.

현장적용이 가능한
내 환경성·견고성,
기기의 취급 용이성

건설현장에서는 비나 진흙의 영향, 고온·저온 등의 온도와 습도 환경, 진동이나 충격에 대한 내성, 장갑을 낀 인부들이 시용하는 등 현장의 환경이나 이용 환경이 매우 어려운 것이 현실이다. 그동안 ICT는 컴퓨터를 다루는 업무 시설을 중심으로 일부 현장점검 등에 사용을 예상하고 있지만 이러한 건설현장에서의 활용의 검토가 충분히 이루어지지 않고 있어 당장 사용하는 것이 아직은 적은 것이 현실이다. 태블릿PC나 스마트폰 등은 현장관리자들이 사용할 가능성이 있는 제품이므로 휴대성과 견고성, 장갑을 낀 상태에서 다룰 경우의 정밀성과 편리성 등도 고려해야 할 사항이다. 또 현장 작업원이 웨어러블 등 새로운 것을 입거나 착용하고 조작을 하는 등의 문턱이 높으므로, 작업을 하는데 다루기 쉽도록 하는 것이 필수이다.

ICT 구현에 의한
정보보안의 확보

현장의 건설기계와 웨어러블기기, 센서를 통하여 취득한 다양한 정보가 디지털화되어 관리되어야 하지만 발생정보의 권리문제, 데이터를 임의로 혹은 고의로 개찬하거나, 개인이나 회사의 정보가 담긴 정보의 유출, 외부에서 해킹에 의한 기기의 작동방해나 임의작동 등이 우려된다. 근래에 가정용 CCTV나 IP카메라의 보안이 사회문제로 대두되고 있는 것처럼, 현장에서의 보안은 공사 전체의 안전은 물론이고 인근 지역주민의 안전과도 직결될 수 있어, 보안문제에 대한 기술개발과 인터페이스의 표준화와 더불어 법규를 제정하는 것도 급선무이다. 정보보안은 개별기업이 대응하기에는 큰 과제이므로 범정부 차원의 대응과 함께 산업계, 학계, 국책연구소 등이 함께 고민하고 만들어야 할 숙제이며, 최근의 '랜섬웨어'와 같이 공공시설공사에서에 대한 공격을 대비할 수 있는 시스템 구축도 필요하다.

라이프사이클에
견딜 수 있는
ICT 기기의 관리

건설생산에서의 인프라 보증기간은 50년 이상인 경우가 대부분이다. 그러나 구현하는 ICT기기의 평균 보증기간은 3년 정도로 매우 짧은 편이다. 이것은 이용하는 OS의 수명, 보안방식의 갱신, 부품의 단종 등이 그 배경에 있다. 센서 등을 포함하여 건설자재 속에 매입하는 ICT기기에 대해서는 그 수명을 고려하여 유지보수 및 교환 시기를 감안하여 설치를 검토할 필요가 있는데, ICT 기기의 짧은 수명으로 인하여 이에 대한 유지보수에 많은 비용이 투입된다면 생산성 및 안전 확보라는 스마트건설시스템의 장점이 반감될 가능성이 있으므로 IT기업과의 협업을 통한 연구개발이 필요하다.

다양한
ICT 지식의 활용

ICT는 향후 다양한 곳에서 새로운 기술과 시스템이 생겨날 것이다. 기존의 건설생산 연장선에서 정보화시공을 생각하는 것만으로는 새로운 발상이나 기술의 활용에 따른 건설프로세스의 재검토가 생기지 않을 것으로 보인다. 새로운 이노베이션의 창조를 향하여 열린 마당에서 다른 업종의 정보를 공유하여 새로운 프로세스나 ICT의 활용을 유연한 발상으로 검토하는 장場의 제공도 필요하다.

그러기 위해서는 우선 폐쇄적인 건설업의 업무부터 개방이 되어야 할 것이다. 건설인 자체만으로는 ICT를 적용하는 데 한계가 있으므로 다른 업계와의 공유를 통하여 건설 산업의 발전을 이루기 위해서는 문호를 개방하여 다양한 종사자들이 건설에 발을 들일 수 있도록 하여야만 도약이 가능한 4차 산업혁명에 동승하여 건설 산업이 발전할 수 있을 것으로 생각된다.

ICT 기술의 구현과
BIM의 연계

3차원 데이터를 축으로 건설 프로젝트의 정보관리 기법으로서 BIM을 도입하기 위해서는 현장의 물리적인 데이터와 사이버 공간상의 모델을 합치시키는 것이 기본요건이다. 이로써 프로젝트 진행상황이 수치로 파악되어 진척상황을 생산계획에 피드백 하여 시공기록, 기성/준공 정보로 활용할 수가 있어, 얻어진 데이터의 생산 효율화 및 품질향상으로의 관리이용과 검사, 유지관리에 대한 효율적인 활용이 가능하다.

그러나 현장을 나타내는 데이터는 각종 센서·건설기계·로봇으로 현장에서 얻어야 하는 데이터와 수송되어 온 각종자재와 공장제작 부재의 데이터 등 다양하고 대용량이다.

또한 이들 정보에는 현상 상황에 따라 수시로 바뀌는 것들도 많다. 현상 상황에 사이버 공간이 동기同期 되어 추종하기 위해서는 실시간으로 데이터를 수집, 반영하는 장치와 구조화 되어 있지 않은 데이터를 통일적이고 효율이 좋게 교환하고 이용할 수 있는 데이터베이스 시스템도 필요하다.

건설 현장에서 발생하는 실시간 데이터는 일시적으로 각각의 기기나 시스템 조직에서 활용된다. 현재 상황은 각각의 프로세스 내에서 필요한 데이터만이 남아 보존되어 있다. BIM에서는 다른 프로세스에서 유용하게 활용할 수 있도록 데이터를 주고받는 관계자에게 오픈된 상태에서 축적되는 것이 요구된다. 각 프로세스에 초래되는 장점을 분명히 하여 프로세스에 걸친 과제를 관계자끼리 협조하여 확립해나갈 필요가 있다.

[그림] ICT 구현과 차세대 BIM 이미지

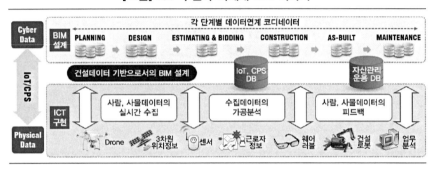

출처: 日本産業競争力懇談会, 'IoT·CPS를 활용한 스마트 건설생산시스템(2016)'

여기에서는 다양한 종류의 정보기기·시스템의 상호 운용성이 과제가 된다. 보안을 확보하면서 입출력 데이터의 호환성을 실현하고, 오랜 기간 동안 유지하기 위해서 BIM 도입 초기단계에서 해결 방안을 검토할 필요가 있다. 단위, 문자 코드, 표현방식 등의 기본적인 표준체계와 더불어 데이터의 보전 및 접근권의 관리, 심지어 부재와 공법 등 건설 요소의 코드화로 호환성 확보 등, 넓은 범위에서 준비해야 할 것들이 상당하다.

또한 제조업에서 하고 있는 제조실행시스템MES: Manufacturing Execution System처럼 데이터뿐만 아니라 건설생산에서도 시스템과 애플리케이션이 연계할 수 있는 장치의 개발도 필요하다.

BIM은 건설 생산물의 라이프사이클 전반에 걸쳐 건설업계뿐만 아니라 설비업체나 ICT업체, 유지관리업체, 발주자 및 이용자 등이 생태계ecosystem를 형성하여 복잡하게 활용하는 구조가 될 것이다. 따라서 이들을 조정하고 추진하기 위하여 국가가 하는 '역할이 클 것'으로 생각하고 있다. 데이터에 관한 권리와 의무, 다음 공정 및 전체 최적을 위한 비용의 고려 등 표준화 추진과 함께 제도의 정비가 요구되며, 컨소시엄을 조직하여 업계뿐만이 아니라 정부기관과 학계 등 건설관계자 모두가 머리를 맞대어 논의할 필요가 있다. 향후 ICT의 발전을 지켜보면서 BIM과 건설정보의 표준화, 특히 속도를 내야 하는 기술 등에 대해서는 민간에서도 대처해야 하지만 정부가 주도하여 4차 산업혁명으로 대두되는 로드맵을 만들어 추진해야 할 것이다.

제5장

건설에 적용 가능한 ICT 요소기술

건설에 적용 가능한
ICT 요소기술

건설생산시스템에서 적용이 가능한 ICT의 구현에 있어서 앞에서 언급한 기술 맵의 5개 Layer 중에 주력할 요소기술로서 Device Layer, Sensing Layer, Application Layer에 대하여 아래와 같이 6가지를 추출하였다.

1. 드론 : 쉽고 빠르게 3차원 지반데이터를 작성할 수 있으며, 사람이 들어가기 어려운 장소에 대한 상태의 감시, 검사, 계측 등으로 생산성향상과 안전성향상, 유지관리의 효율화를 도모한다. 또한 드론을 이용한 토공수량 산출 등 건설 산업 전반에 걸쳐 활용도가 높은 기기이다.

2. 3차원 측량·계측기술 : 건설 현장의 현재상황과 설계와의 차이 점 등을 풍누그를 들이시 싫고 인신하고 빠르게 심출하어 사동화시공, 느몬에서의 자동계측·검사에 활용하는 기술로서 기대가 높다. 특히 사람에 의한 오차나 에러를 방지하고 신속한 계측으로 생산성향상에 크게 기여할 것으로 보인다.

3. 건설기계(로봇) : 인공지능(이하 'AI') 등을 활용한 시공 자동화로 Precast화, Module화한 중량물의 시공, 위험 개소에서의 작업 등 생산성향상과 안전성향상을 도모한다. 이 또한 사람이 작업하기 열악한 환경에서의

작업과 재난, 재해발생 지역에서의 작업 등에 요긴하게 사용될 것으로 보인다.

4. 센서 : 환경이나 부재의 상황 등을 원격으로 감시 및 점검·유지관리의 성력화, 시공의 진척 상황의 자동 가시화 등으로 생산성향상 및 시의 적절한 조달, 안전관리를 도모한다. 특히 지하공간이나 터널과 같은 밀폐된 공간에서의 작업환경을 개선하여 대형 사고를 방지할 수 있다.

5. 웨어러블기기 : 사람의 상태를 Sensing하여 간편한 UI로 작업원의 안전 확인, 작업의 효율화 등을 도모한다. 특히 현장 작업에 부담이 되지 않는 형태에서의 바람직한 모습 등을 검토한다. 그동안 등한시했던 건설근로자 입장에서의 안전관리를 실현할 수 있을 것이다.

6. 업무분석 기술 : 모아진 각종 정보, 빅 데이터를 활용하여 시공의 생산

[그림] 건설 기술 맵의 주력 요소기술

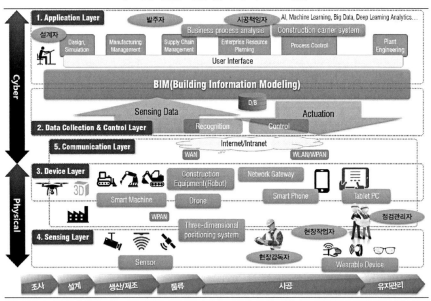

출처: Aboola, A, Chimay, A John, M(2013) "SCENARIOS FOR CYBER-PHYSICAL SYSTEMS INTEGRATION IN CONSTRUCTION" Journal of Information Technology in Construction -ITcon Vol. 18, pg. 240 재구성

성, 안전성, 품질의 개선방안 등을 도출한다. 또한 각 프로세스 간의 표준화를 통하여 업무의 효율화에도 기여할 것으로 보인다.

6개의 요소기술 외에도 많은 요소기술이 있지만 건설의 생산성향상과 안전성향상 및 새로운 가치창조를 위해 당장 적용이 필요한 핵심이 되는 6개의 기술 위주로 현재의 상황과 향후의 기술 발전 및 활용을 위한 방안 등을 소개한다.

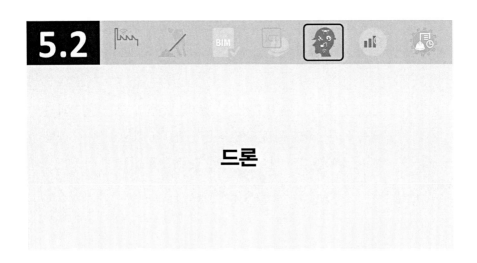

드론

ICT기술 중에서 가장 쉽고 빠르게 적용이 가능한 것으로 '드론drone'이 있다. 이 드론이란 용어가 건설과 관련되어 심심찮게 등장하고 있는데 국토교통부 홈페이지에 보면 경제 활성화를 위한 7대 신산업으로 '드론'이 지정되어 집중

[그림] 국토교통부 7대 신산업

출처: 국토교통부 홈페이지(2016년 12월)

육성하고 있다.

일상생활에서도 비교적 손쉽게 접할 수 있을 정도다. 예능 프로그램인 '꽃보다 ○○' 시리즈와 '1박2일' 등 TV 프로그램에서는 드론을 공중에 띄워 제작한 일명 '헬리 캠helicam, helicopter camera 영상'이 나오고, 주말 한강 일대 공원에서도 취미용 드론으로 서울시 경관을 촬영하는 시민을 쉽게 볼 수 있다. 세계 최대 온라인쇼핑몰 아마존Amazon은 상품을 중개하는 유통 영역에서 상품의 보관과 배송을 담당하는 물류 영역으로 사업을 확장하며 상품 배송 서비스에 드론을 도입하기도 하였다. 오늘날 드론은 방송촬영이나 재난구호, 단순 취미(성인), 완구(어린이) 등 다양하게 사용되고 있다. 국내외 대형 마트나 온라인 쇼핑몰에서도 누구나 쉽게 저렴한 가격으로 드론을 구입할 수 있다.

소형무인비행기, 드론이란 무엇인가?

무인으로 원격조작과 자동제어에 의해서 비행할 수 있는 항공기를 통틀어 무인비행기라고 한다. 무인비행기를 영어로 표현하는 경우에 정식 명칭은 UAVUnmanned Aerial Vehicle 또는 UASUnmanned Aircraft Systems, RPASRemotely Piloted Aircraft Systems 등의 단어가 사용되고 있다. 드론drone은 '윙윙거리는 소리' 또는 '수컷 벌'을 의미하는 단어로 무인비행기에 쓰이는 경우는 속칭에 불과하다. 그러나 현재의 상황을 보고 있으면 '드론'이라는 새로운 장르가 생겨났다고 볼 수 있다. 드론으로 불리는 기기에는 여러 용도, 크기, 형상의 항공기가 포함된다. 예를 들어 군용 드론은 폭 수 십 미터의 주 날개를 가진 대형기이며, 정찰과 폭격에 이용되고 있다. 상용 드론은 폭 수 십 센티미터 정도의 소형, 중형기에 회전날개[멀티콥터MultiCopter]인 경우가 많다. 이른바 개인의 무선조종 비행기와 비슷한 소형 장난감도 드론으로 불린다. 상용 드론은 쉽게 출입할 수 없는 곳을 촬영하는 용도로 보급이 진행되고 있다. 또 화물의 배송 시스템에 이용하는 연구 등도 추진 중이다. 드론은 2010

년대 전반기에 들어서면서 일반에 급속도로 보급이 진행되어 법규 정비가 뒤를 쫓아가는 형상이 되었다.

소형무인비행기, 드론의 정의

국방 분야에서 주로 활용되던 드론(무인비행기)이 2014년 아마존의 드론 배송시스템이 발표되면서 일반 산업분야에서도 뜨거운 이슈로 떠올랐다. 최근 몇 년간 급속히 인지도를 쌓고 있는 '드론'은 모든 산업분야에서 글로벌 대기업을 포함하여 중소기업까지 잇달아 드론의 이용을 발표하는 등, 가까운 장래에 우리의 생활을 보다 풍요롭게 하는 기술로 기대가 되고 있다. '드론'이라는 용어는 원래 '자율형 무인기'라는 의미를 갖는다. 무인차량Unmanned Ground Vehicle이나 무인비행기Unmanned Aerial Vehicle, 무인선박Unmanned Surface Vehicle, 수중로봇 등 원격조정기기 또는 자율식 기계 전체를 나타내고 있다.

최근의 보도에서 보면 드론은 원격조작 또는 자율식의 여러 개의 프로펠러를 갖는 무인비행기이다. 원격조작 또는 자율형 쿼드콥터quad copter, 멀티콥터multi copter를 나타내는 단어로 다용되고 있다. 단적으로 말하면 드론은 '무인비행기'의 총칭이다. 즉 드론은 로봇의 일종으로 자율 동작이나 원격 조종으로 움직이는 무인비행기 전반을 가리킨다. 비행 방법이나 크기 등 특별히 정해진 정의가 없는 것도 드론의 특징이며, 길이가 수 십 미터가 넘는 것에서 손바닥보다 작은 것도 드론에 포함된다. 비행 방법에 대해서도 정의가 느슨하며 원격조작이나 자동 조작으로 무인 비행이 가능하다면 드론으로 부를 수 있다. 즉, 군사용의 고도의 무인 정찰기에서 개인이 취미로 즐기는 무선조종 헬기까지 드론에 포함된다.

멀티콥터와 무선조정, 드론의 차이

전술한대로 드론의 정의는 매우 넓어 무인비행이 가능한 무인비행기 전반을 가리키는 말이 되어버렸다. 그러나 많은 사람들이 생각하는 드론의 이미지는 '멀티콥터'로 불리는 여러 개의 프로펠러를 가지고 비행하는 무선조종이라는 이미지가 강하다. 이것도 틀린 것은 아니다. 멀티콥터도 드론의 일종이다. 반복하지만 드론의 정의는 넓은 의미에서 무인비행기 전반을 가리키므로, 멀티콥터도 무선조종도 드론의 일종이다.

[그림] 멀티콥터와 드론의 차이

법률상 드론의 취급

드론의 정의가 넓다는 것은 전술한대로지만 국내 법률에도 현재 확실한 정의가 이루어지지 않고 있다. 하늘을 나는 것에 관해서는 '항공법'에 의해서 법률이 규정되어 있다. 최근에 '항공법'이 개정되었는데, 「항공사업법」, 「항공안전법」, 「공항시설법」으로 나뉘어졌다. 무엇인가 비행물을 날리면 이 「항공안전법」을 준수해야 한다. 「항공안전법」 2조 1항에서 정의하는 항공기의 정의는 다음과 같다(2017년 1월 17일 개정).

1. "항공기"란 공기의 반작용(지표면 또는 수면에 대한 공기의 반작용은 제외한다. 이하 같다)으로 뜰 수 있는 기기로서 최대이륙중량, 좌석 수 등 국토교통부령으로 정하는 기준에 해당하는 다음 각 목의 기기와 그 밖에 대통령령으로 정하는 기기를 말한다.
   가. 비행기
   나. 헬리콥터
   다. 비행선
   라. 활공기(滑空機)

이 「항공안전법」 제2조 3항에 보면 초경량비행장치의 정의는 다음과 같다.

3. "초경량비행장치"란 항공기와 경량항공기 외에 공기의 반작용으로 뜰 수 있는 장치로서 자체중량, 좌석 수 등 국토교통부령으로 정하는 기준에 해당하는 동력비행장치, 행글라이더, 패러글라이더, 기구류 및 무인비행장치 등을 말한다.

위의 개정된 항공법 내용으로 보면 '드론'에 관한 정의는 크게 바뀌지 않은 것을 알 수 있으며, '드론'이란 용어를 사용하지 않았다. 즉, 무인기인 드론은 항공안전법이 정하는 항공기에는 해당하지 않지만 '초경량비행장치' 중의 하나로 볼 수 있다.

「항공안전법」 시행규칙 제5조는 '초경량비행장치의 기준'이 관하여 정한 것으로 그 내용은 다음과 같다.

제5조(초경량비행장치의 기준) 법 제2조제3호에서 "자체중량, 좌석 수 등 국토교통부령으로 정하는 기준에 해당하는 동력비행장치, 행글라이더, 패러글라이더, 기구류 및 무인비행장치 등"이란 다음 각 호의 기준을 충족하는 동력비행장치, 행글라이더, 패러글라이더, 기구류, 무인비행장치, 회전익비행장치, 동력패러글라이더 및 낙하산류 등을 말한다.

5. 무인비행장치: 사람이 탑승하지 아니하는 것으로서 다음 각 목의 비행장치

가. 무인동력비행장치 : 연료의 중량을 제외한 자체중량이 150킬로그램 이하인 무인비행기, 무인헬리콥터 또는 무인멀티콥터

나. 무인비행선 : 연료의 중량을 제외한 자체중량이 180킬로그램 이하이고 길이가 20미터 이하인 무인비행선

여기서 '무인동력비행장치'가 우리가 말하는 드론에 해당된다. 기존의 항공법에서는 '무인비행기' 또는 '무인회전익 비행장치'로 되어 있던 것을 '무인비행기', '무인헬리콥터 또는 무인멀티콥터'로 바꾸었다.

드론은 크기와 로터의 수, 탑재한 장비에 따라서 다양한 형태와 종류가 있다. 각각 특징이 있어 장비에 따라서는 용도도 바뀌게 되며, 가격과도 관계가 되는 중요한 포인트다. 드론의 종류는 다음과 같다.

드론의 종류, 크기에 의한 분류

드론을 분류하는 가장 일반적인 것은 크기에 의한 분류이다. 드론은 정의가 넓어 군사용 대형 드론에서 개인이 취미로 즐기는 소형 드론까지 포함된다. 여기서 크기별 드론의 특징을 간략히 설명한다.

↘ 대형 드론

일반적으로 사람이 탈 수 있는 유인비행기와 같은 크기의 무인비행기는 대형 드론으로 분류되고 있다. 군사용 드론도 이 분류에 포함되며, 민간 이용에서도 화물기의 무인화에 대한 연구가 진행되고 있다. 또 태양광을 동력원으로 몇 달에서 몇 년 단위로 체공이 가능한 대형 드론을 이용하여 상공에서 인터넷 회선을 제공하는 시도도 연구되고 있다.

↘ 중형 드론

농약 살포용 무선조종 헬기는 중형 드론으로 분류된다. 크기가 1미터 이상의 드론을 가리키는 것으로 생각하면 된다. 구글google이나 아마존amazon이 드론에 의한 택배 계획을 발표하는 등 민간에서 주목 받고 있는 분야이다. 섬이나 오지에 의약품이나 생필품 수송 등 매우 큰 기대가 되고 있다.

↘ 소형 드론

사이즈가 1미터 이내의 드론을 소형 드론으로 분류하고 있다. 멀티콥터도 소형 드론으로 분류된다. 개인의 취미용에서부터 촬영·수송·감시 등 폭넓은 활약을 기대할 수 있어 경쟁이 거세질 것으로 보인다. 건설 분야에서 가장 많이 사용이 예상되는 드론이 소형드론이다. 3차원 측량에 일부 사용되고 있기도 한데, 특히 사람이 접근할 수 없는 환경에서의 계측이나 측량, 안전점검 등에 소형드론이 사용될 것으로 기대하고 있다.

드론의 종류,
회전날개에 의한 분류

드론에서 가장 눈길을 끄는 것은 2군데 이상에 설치된 회전날개rotor이다. 주로 드론에 대하여 사용되는 명칭은 이 회전날개의 개수에 의해서 나누어지며, 회전날개를 설치하는 위치에 따라서도 다른 명칭이 사용되고 있다.

1) 드론의 회전날개 개수에 의한 종류

일반적으로 드론은 회전날개의 개수가 많으면 많을수록 비행 시의 안정성이 높아지는 경향이 있다. 회전날개의 수가 많으면 바람의 영향을 적게 받아 카메라 등 각종 장비를 탑재한 채 비행을 해도 안정되게 조작할 수 있다. 그러나 회전날

[그림] 드론의 회전날개 개수에 의한 종류

트라이콥터(Tricopter)	쿼드콥터(Quadcopter)
회전날개가 3개인 드론	회전날개가 4개인 드론
헥사콥터(Hexacopter)	오쿠토콥터(Oktocopter)
회전날개가 6개인 드론	회전날개가 8개인 드론

개의 개수가 많다는 것은 그만큼 드론 자체의 중량도 증가하여 이동이 불편하게 되거나, 정비 설비도 늘어나기 때문에 초심자가 다루기 어려울 가능성도 있다. 물론 회전날개의 개수가 많은 헥사콥터와 오쿠토콥터는 가격도 비싼 경향이 있다.

2) 회전날개의 위치로 나누는 드론의 종류

드론의 본체에 설치된 회전날개의 위치 관계에 의해서도 드론의 종류를 나눌 수 있다. 일반적으로 촬영 동영상에서 잘 보면 쿼드콥터(4개소 회전날개)의 드론은 쿼드 엑스라 불리는 드론의 본체를 중심으로 'X형'으로 회전날개가 설치된 형상이다. 어디까지나 쿼드콥터만 사용되는 말인데, 회전날개의 위치로 나누는 드론에는 쿼드 엑스, 쿼드 플러스, 오쿠토 엑스 3가지 유형이 있는데 각각의 특징에 대해서 소개하면 다음과 같다.

⬛ 쿼드 엑스형 드론

회전날개가 드론의 본체에 대해서 X형으로 설치된 타입으로 취미용 드론에서 가장 많이 보는 타입이다. 상당히 강한 취향이 아니라면 일단 이 쿼드 엑스형 드론을 선택하는 것이 좋다.

⬛ 쿼드 플러스형 드론

회전날개가 드론의 본체에 대해서 +형으로 설치된 타입으로 헬기와 같은 배치이다.

⬛ 오쿠토 엑스형 드론

일반적인 쿼드콥터 형상, 상하로 2개씩(합계 8개)의 로터를 달고 있는 것이 오쿠토 엑스로 불리는 형상이다. 쿼드 엑스보다 안정감이 높은 비행을 할 수 있지만 드론의 주류는 아니다.

드론의 종류, 기능에 의한 분류

드론의 종류는 탑재된 기능의 종류로도 나눌 수 있게 되는데, 여기에서는 일반적으로 드론에 탑재되어 있는 기능에 대해서 소개한다.

1) GNSS의 유무

GNSS의 유무는 드론의 비행 안정성에 매우 영향을 미치는 포인트가 된다. GNSS를 탑재함으로써 내 드론의 위치를 파악할 수 있으므로 현재의 위치 위에서 공중 정지할 수 있고 다소 바람에 흔들려도 문제없다. 이와 함께 GNSS를 탑재하는 드론은 물론 고급스러운 부류에 드는 것이지만, 이러한 드론에는 GNSS뿐만 아니라 정밀한 센서도 탑재하고 있는 경우가 있다. 센서가 부착되어 있으면 GNSS범위 밖의 실내 등에서도 안정되게 비행이 가능하다. 특히 건설 분야에서는 필수적인 기능이기 때문에 반드시 탑재되어 있어야 한다.

2) 카메라의 유무

촬영을 목적으로 드론을 구입하는 사람도 적지 않는데, 드론 유행의 계기가 된 가장 뛰어난 기능 중에 하나다. 건설에서는 3차원 지반데이터를 작성하기 위해서는 반드시 필요한 기능이며, 시공 및 유지관리에서도 필요하다.

3) FPV의 유무

FPV는 'First Person View'의 약어로 '일인칭 시점'이라는 의미이다. 드론에 탑재된 카메라가 촬영하고 있는 영상을 무선으로 보냄으로써 실시간으로 영상을 보면서 컨트롤하는 시스템을 말한다. 때에 따라서는 고글 같은 것을 장착하고 영상을 볼 수 있어 마치 자신이 타고 있는 듯이 드론을 조종할 수 있다. 이와 함께 영상을 보면서 조종함으로써 육안의 관점뿐 아니라 드론의 시점을 확인할 수 있기 때문에 드론을 안정되게 비행시킬 수 있다.

조종사가 없는 비행체, 드론의 특성

2014년에 벨기에의 Thomas More Kempen College가 기묘한 영상을 Youtube에 공개하였다. 이 영상에는 시험 중인 학생들과 그 위를 날아다니는 드론. 카메라를 탑재한 드론으로 시험 중인 학생들의 커닝을 감시하고 있었던 것이었다. 프로펠러의 소리와 바람에 의하여 시험지를 작성하는 데 방해가 되지 않을까 생각할 수 있는데, 실제로 이 영상은 이 대학의 Communication management & journalism course의 일환으로 작성된 가공뉴스로 장난이었다. 그러나 네덜란드어로 작성된 탓에 세계 언론에서 사실로 보도되어, 공개한지 4일 만에 시청 수가 10만을 넘어섰다. 이 반응에 작성한 관계자 자신도 "놀랐다"고 코멘트하고 있다.

최근 중국의 허난성河南省 뤄양시洛陽市에서 드론으로 커닝방지라는 발상이 의외의 전개를 보이고 있다. 중국의 대학통일입시인 高考gaokao에 이어폰과 무선을 사용한 커닝이 행해지고 있어, 시험장의 상공에 드론을 띄워 불법 전파가 발생하고 있는지를 확인하고 있다. 드론은 전파를 검지하면 그 발생원을 파악하여 위치정보를 지상에 있는 스태프가 가지고 있는 태블릿PC로 전송한다. 연락을 받은 스태프는 드론을 조작하여 불법 수험생에게 접근한다거나, 현장에 급히 갈 수 있다. 이렇게 커닝방지가 장난이 아닌 것처럼 드론의 용도는 매일 매일 진화하고 있다. 이 책에서는 드론을 산업용의 용도로 보고 있는데, 이것을 정리하기 위하여 우선은 드론이 가지고 있는 특성 중에서 비즈니스에 특히 중요한 2가지를 소개한다.

◪ 특성 1 : 자율 비행

드론이 가지고 있는 첫 번째 특성은 '하늘을 난다'고 하는 능력이다. 드론은 공중에 떠 있기 때문에 지상의 장애물에 상관없이 이동할 수 있다. 또, 멀티콥터 모양이지만 공중의 원하는 위치에 정확히 떠 있는 것이 가능하다.

이것은 상상 이상으로 중요하다. 인간은 2.5차원의 움직임밖에 할 수 없다고 표현함으로써, 상대적으로 드론이 가진 가치를 지적하고 있다. 당연하다고 생각할지 모르지만 인간이 살고 있는 것은 3차원의 세계이다. 그러나 평소의 생활을 생각해보면 자유롭게 이동할 수 있는 것은 2차원 방향밖에는 없다. 3차원적으로 움직이는 것 즉, 공중을 이동하는 것은 불가능하지 않지만 그것에는 발판을 짜거나, 엘리베이터나 에스컬레이터를 사용하거나, 혹은 비행기를 이용하면 각종 장치나 제약이 생긴다. 즉, 인간은 3차원의 공간에 있으면서 실제로는 2.5차원 정도의 활동밖에는 할 수 없다.

한편, 드론이라면 이런 제약을 초월하여 공간을 자유롭게 이동한다거나, 공간 그 자체를 이용하는 것이 가능하다. 가령 물자를 운반할 때에 새로운 도로를 만들 필요 없이 공중을 도로로 이용할 수 있다. 이 특성은 각종 드론 활용법을 창출하는 토대가 되고 있다.

또한 드론은 단순하게 하늘을 비행하는 것만이 아니고 자율적인 행동을 할 수 있다는 점이 중요하다. 가령 하늘을 날더라도 과거의 무선조종 헬기와 같이 인간이 복잡한 조작을 기억하여 항상 신중한 조작을 하지 않으면 안 되기 때문에 이동이라는 가치는 반감하고 있다. 그러나 드론은 정도의 차이가 있어 어느 정도의 자율비행이 가능하기 때문에 누구라도 그 가치를 즐길 수 있다. 또한 자율적이기 때문에 비행의 내용 그 자체가 단순하더라도 인간이라면 질리는 행동을 자꾸 반복할 수 있거나, 인간이 갈 수 없는 장소에도 갈 수 있는 부가가치가 생기고 있다.

◨ 특성 2 : 정보수집

현재 일반적인 드론은 최대적재량이 수 kg에 지나지 않는다. 그렇기 때문에 운반하는 것은 제한이 있지만 카메라나 센서 등, 정보를 수집하는 기기는 문제없이 탑재할 수 있다. 게다가 이러한 기기나 그것을 제어하는 CPU(중앙처리장치), 수집한 데이터의 축적·송신을 하는 장치는 몸체와 상관없이 소형화·저가격화·고성능화를 계속하고 있다. 그 결과, 드론은 다양한 정보를

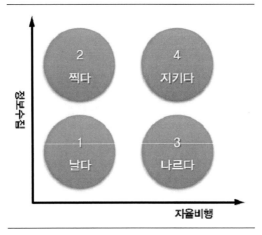

[그림] 드론의 특성에서 정리한 용도

2 찍다

4 지키다

1 날다

3 나르다

정보수집

자율비행

출처: ドローン・ビジネスの衝撃(朝日新聞出版) p.68.

수집하는 것이 가능한 '이동식 센서'로도 불리고 있다.

드론이 가진 '이동'이라는 힘은 드론이라는 존재를 어느 장소에 물리적으로 이동시키는 것이라면 '정보수집'이라는 힘은 드론의 사용자를 그 장소로 가상 적으로 데려간다고 말할 수 있다. 사용자는 드론이 수집한 정보를 확인하고 드론이 본 세계를 추가로 체험할 수 있다. 많은 드론으로 FPV^{First Person View} 즉, 드론 자체가 카메라를 잡고(붙잡고) '보고' 있는 영상을 확인하면서 여러 가지 작업을 할 수 있도록 되어 있다. 더욱이 열화상카메라^{seek thermal} 등의 특수한 카메라나 센서를 사용하면 현실을 전혀 다른 각도에서 보는 것이 가능하다. 사용자는 마치 초인이 된 느낌으로 세상과 접할 수 있다.

이 특성은 현재 텔레프레전스 로봇^{telepresence robot}이라는 형태로 실현되도록 되어 있다. 텔레프레전스 로봇은 카메라와 이동성능을 갖춘 조작방식의 로봇 으로 조종자는 원격에 있으면서 로봇이 있는 장소의 주변 사람들과 커뮤니케 이션을 할 수 있다. 실제로 이러한 로봇을 사용하여 화상회의 이상의 임장감 ^{presence}으로 떨어진 장소에 있는 사람과 교류하거나, 원격지에 있는 점포에서 접객하거나, 혹은 건강상의 이유로 외출할 수 없는 아들이 집이나 병원에 있으면서도 학교에 다니는 것과 같은 것이 생겨나고 있다. 드론은 어쩌면 텔레프레전스 로봇telepresence robot의 선구자라는 위치도 점하고 있는지도 모른다.

이 두 가지의 특성을 살리거나 조합하면, 여러 가지 용도가 생기게 되는데 이것을 대별한 것이 그림 '드론의 특성에서 정리한 용도'와 같다.

드론의 용도 1, 날다

드론이니 당연히 하늘을 난다고 말할 수 있지만, 단순하게 '날다'의 특성을 살리는 것만으로도 여러 가지 용도를 생각할 수 있다. 드론은 사전에 움직임이 프로그래밍 되어 있어 정해진 코스를 비행하는 것과, 특정 신호를 인식하여 그것에 따라 자율적인 비행을 하는 것 2가지 종류가 있다. 정해진 코스를 비행하는 것에는 광고, 건설, 농업, 경비, 운반 등 주로 상업적인 곳에 많이 사용하고 있으며 자율비행은 드론 경주, 재난 등의 공공분야, 예술 등 다양한 분야의 용도에 사용한다. 그렇다면 '날다'라는 드론의 용도는 어떤 것이 있는지 사례를 들어 설명한다.

2014년에는 디즈니가 드론을 사용한 쇼의 특허를 신청하여 화제가 되었다. 이것은 여러 대의 드론을 사용하여 거대한 인형을 움직이게 하거나, 조명을 조작하거나, 공중에 스크린을 설치하여 영상을 비추거나 하는 내용이다. 무리를 조정하는 기술이 진화하면 이러한 대규모 드론 엔터테인먼트가 늘어날 것으고 보인다.

일본의 플록스Phlox '공중상점'도 '날다'라는 특성을 살린 것에 포함될 수 있을 것이다. 물론 공중상점이라는 이름이 붙어있기는 하지만 진열대에 놓인 상품을 드론이 다루고 있다는 내용이다. 이 이벤트를 기반으로 하여 본격적인 드론점원을 개발하려는 것은 아니다. 플록스의 목적은 새로 출시한 신발의 PR이며, 그 의미에서 엔터테인먼트에 가까운 활용법이라고 말 할 수 있다. 이 이벤트를 실현시킨 회사에 다르면 이 기획은 입안에서 실행까지 6개월 정도가 걸

[사진] 플록스의 공중상점 드론
출처: http://jmagazine.joins.com

렸다고 한다. 그중에서 베이스가 되는 기체의 선정과 이용자 요구customize, 신발을 잡는 기구의 탑재, 제어시스템의 개발, 구체적인 이벤트 내용을 설계하였다. 전시장 후보는 여러 군데를 검토하여 최종적으로 도쿄미드타운의 아토리움이 선정된 것은 드론이 날기 위해 필요로 하는 높이를 확보할 수 있는 곳과 시야가 뚫려 있어 2층이나 3층 부분에서도 이벤트를 볼 수 있을 것 등이 그 이유이다.

이와 같이 드론이라면 당연한 '날다'라고 하는 용도도 다양한 방법으로 이용이 가능하다. '날다'의 가장 단순한 것은 비행하는 드론에 광고를 매달고 주위를 맴돌면서 선전을 하는 사례는 국내에서도 늘어나고 있다.

드론의 용도 2, 보이다

최근 해외에서 광고매체용 드론이 개발되면서 관련 시장의 이슈가 되고 있다. 독특한 발상이지만, 과연 해당 광고매체가 현실에 적용이 가능한지 여부에서도 관심이 모아지고 있다.

스위스의 에어로테인ᴬᴱᴿᴼᵀᴬᴵᴺ사가 드론 '스카이ˢᴷʸᴱ'를 공개하였다. 풍선과 같은 외형을 지닌 이 제품은 광고시장을 타깃으로 개발된 제품이다. 스카이는

[사진] 스위스 에어로테인사가 공개한 스카이 드론
출처: 스위스 에어로테인사 홈페이지

약 3m의 직경을 가진 애드벌룬 형태의 드론으로 내부는 헬륨가스로 가득 차 있다. 주위에는 작은 프로펠러 4개가 붙어있어 원격으로 비행 조정이 가능하며 풍선의 표면에는 광고를 게시할 수 있다. 회사는 이 상품을 스포츠 행사나 콘서트 등 군중들이 모여 있는 곳에서 광고매체로 사용한다는 전략이다. 몸체가 헬륨가스로 채워져 부력이 있는 스카이는 일반 드론보다 훨씬 오랫동안 동작할 수 있다. 일반적으로 드론은 20~30분 정도 비행할 수 있는데, 이 제품은 한번 충전으로 약 2시간가량 공중에서 움직일 수 있다.

특히 이런 형태로 인해 드론 광고에서 가장 중요한 사항인 안전성의 문제도 해결됐다는 것이 이 회사의 설명이다. 몸체가 가볍고 풍선이기 때문에 공중에서 장애물에 부딪히거나, 추락한다고 해도 부드러운 풍선이 떨어지는 수준이라는 것이다.

이에 앞서 미국 필라델피아에서는 대학생들을 주축으로 드론을 활용해 광고 및 프로모션을 대행하는 드론 전문 광고대행사인 '드론캐스트DroneCast'도 등장하였다. 드론캐스트는 소형 드론을 활용하여 사람들이 많이 모이는 곳에 제품, 행사, 공연 등을 소개하며 날아다니는 옥외 빌보드billboard 광고를 제공하여 사람들의 주목을 이끌어내고 있다.

드론의 용도 3, 찍다

스포츠 경기의 모습을 경기자의 시점에서 촬영하는 소형 디지털비디오카메라인 액션 카메라의 장르를 만들어 톱 메이커로 군림하고 있는 GoPro. 세계에서 가장 다양한 용도의 카메라를 생산하고 있는데, 2015년부터 드론을 직접 개발하여 2016년부터 판매하고 있다. 지금 많은 사람들이 GoPro의 카메라를 DJI의 드론에 탑재하여 촬영을 하고 있으며, 취미용도에 있어서는 드론 촬영의 표준 조합으로 되어 있다. 이 회사가 스스로 드론을 개발한 것은 어디까지나 '하늘을 나는 카메라'라고 하는 위치에서 드론을 개발한 것이라고 한다.

이와 같이 카메라 메이커가 많은 관심을 나타낼 만큼 드론의 '찍다'라는 용도는 확장을 하고 있다. 또한 단순히 찍는 것만이 아닌 다양한 정보를 수집하거나, 모아진 정보를 활용한다거나 하는 용도가 생기고 있다.

예를 들면 미국의 부동산업계에서는 드론을 사용하여 고급 단독주택을 소개하는 것이 유행하고 있다. 대규모 물건에 대해서는 일반적인 사진 여러 개를 찍어서 표현한다고 해도 현실감이 떨어지는 경우가 많다. 또한 옥상 등 지상에서 볼 수 없는 부분에 문제는 없을까 하는 불신감도 있기 마련이다. 그래서 드론에 카메라를 탑재하여 상공에서 전체를 촬영한 영상을 보여준다는 것이다. 이것이라면 시판하는 드론으로도 충분하며, 사유지 내에서 비행하기 때문에 비행에 따른 문제도 없다. 게다가 사소한 투자로 큰 매출을 올릴 수 있어서 드론으로 촬영하는 부동산업자가 늘어나고 있다고 한다. 마찬가지로 '인간이

[사진] 카메라가 탑재된 GoPro의 Karma 드론
출처: https://shop.gopro.com/karma

눈으로 확인하는 것이 곤란한' 것을 드론으로 확인한다고 하는 발생에는 거대한 제품이나 설비의 점검에 사용하는 예가 있다. 일본의 조선업체는 길이 200~300m나 되는 거대한 토크에서의 건조작업을 관리하기 위하여 드론을 활용하는 것을 검토하고 있다. 2015년 5월에 실시한 실증실험에서는 DJI의 Inspire 1을 사용하여 높은 위치에 있는 설비에 대한 실시간 점검과 건조 진척상황을 확인하는 검증을 실시하였다. 또한 항공업계에서도 영국의 저가항공회사는 항공기의 기체를 정비할 때에 드론을 사용하여 점검을 하는 실험에 성공하였다.

또한 '날다'와 마찬가지로 엔터테인먼트분야에서도 활용하고 있다. 드론을 사용하여 아름다운 조감영상을 촬영하는 '드론 촬영'은 텔레비전이나 영화, CM업계에서 일반적으로 하고 있는 방법이 되었는데, TV의 예능프로그램에서는 거의 보편적으로 사용되고 있다. 또한 관광지에서 드론을 날려 관광객을 불러들이는 콘텐츠로 사용하거나, 현지를 방문한 사람들에게 기념사진을 제공하는 데 사용하는 것이 생겨나고 있다.

'드론 관광'은 이색적인 아이디어이다. 오스트리아 빈대학교University of Vienna의 헬무트Helmut 박사가 연구 중인 것으로 원격지에 있는 사용자가 드론을 조정하여 관광지를 공중에서 관광할 수 있는 시스템을 개발 중이다. 드론이 촬영한 영상은 머리에 쓰는 VR용의 헤드 마운트 디스플레이Head Mounted Display: HMD에서 재생할 수 있도록 되어 있어, 마치 새가 나는 것과 같은 감각이 가미된 구조로 되어 있다.

마찬가지로 '찍다'의 용도를 공공의 목적으로 하고 있는 곳이 인도네시아 정부다. 인도네시아는 팜 오일palm oil의 세계 최대 생산국인데, 이것을 생산하는 수마트라Sumatra의 팜 농장들이 경작면적을 적게 보고하는 부정이 발생하고 있다. 또 수마트라에는 주석광산이 있어 그곳에서도 광물채굴량을 적게 보고하는 예가 있다고 한다. 그러나 원격지에 있는 농장plantation이나 광산을 매일매일 조사하기에는 시간이 많이 걸리며, 더욱이 위성사진이나 비행기에 의한 공중

촬영은 비용 면에서 현실적이지 않다. 그래서 드론을 사용하여 공중에서 측량한다는 것이다. 실제로 농장에서는 이미 드론을 사용하여 발육상황의 확인이 이루어지고 있다. 즉, 자신들에게 이점을 가져온 기술이 정부로부터 감시강화라는 상황을 만들어버린 것이다.

인도네시아정부의 발상은 드론으로 상공에서 '보는' 것으로 자산의 가치를 파악하는 것이라고 말할 수 있다. 같은 관점에서 일본의 치바대학^{Chiba University} 카토오 아키라^{加藤顕} 조교가 흥미로운 가능성을 연구하고 있다. 조교는 3차원 레이저 기술을 사용하여 상공과 지상에서 측량을 하는 것으로 산림의 3차원데이터를 축적하는 연구를 하고 있다. 이렇게 나무들의 생육 상태나 목재로서의 질을 상세하게 파악하는 것으로 나무를 벌목하여 시장에 유통시키기 전에 '산의 가치'를 파악할 수 있게 될 가능성이 있다고 한다. 예로 드론에 레이저 스캐너를 달고 산림을 날면서 자동으로 측량을 할 수 있게 되면 산림의 자산 가치를 정기적으로 드론이 '보며' 수치화하는 관리가 가능해진다.

이와 같이 '찍다'의 발전형인 '조사하다'라는 용도는 다른 비즈니스에서도 많이 생기고 있다. 예를 들면 AIG, STATE FARM, USAA와 같은 미국의 보험회사는 손해조사에 드론을 활용하는 것을 계획하고 있다. 지금의 손해조사에서는 인간이 현장을 돌아다니면서 필요한 정보를 수집하고 있지만 산간벽지에서 일어나는 사고나 자동차의 다중충돌 등 대규모 사고인 경우는 조사를 마치기까지 상당한 시간이 소요된다. 그러나 드론으로 상공에서 사고현장을 촬영하면 빠르게 조사가 완료되어 원활하게 보험금 지불을 할 수 있을 것이다.

또한 '조사하다'에서 최근 주목받고 있는 것이 드론 저널리즘이다. 문자 그대로 드론을 촬영이나 조사 등에 이용하여 보도에 유용하게 쓰려는 발상이다.

예를 들면 영국의 BBC는 2014년 12월, 태국에서 발생한 반정부 시위를 보도하기 위하여 드론을 사용하여 공중에서 시위 전체 모습을 촬영하였다. 조감영상에 따라서 그 규모를 알기 쉽게 전한 것이다. 더욱이 효과적인 것은 같은 해 12월에 있었던 우크라이나^{Ukraine}의 수도인 키예프^{Kiev}에서의 반정부 시위에서의 예다. 이때 촬영자는 저널리스트가 아닌 시위 참가자였는데 그는 드론이 지상에 있던 시점부터 촬영을 시작하여 조금씩 고도를 높이면서 각각의 사람들이 거대한 군중으로 늘어나는 광경을 포착하였다. 이 연출에 의하여 시위가 어떻게 '얼굴이 보이는 개인'의 모임에서 거대한 흐름이 되는지 깊은 인상을 심어 주었던 것이다. 구체적인 성과를 거둔 케이스도 있다. 미국의 텍사스 Texas주에 거주하는 남성이 드론으로 촬영한 사진을 보다가 정육공장 근처에 있는 하천이 붉게 오염되어 있는 것을 발견하였다. 놀란 남성은 행정당국에 통보하여 문제의 공장은 조사가 이뤄지게 된 것이다. 카메라를 탑재한 휴대전화가 보급되면서 일반인이 저널리즘의 영역에 발을 들여 놓는 사례가 점차 늘어나고 있는데, 카메라를 탑재한 드론도 마찬가지로 이러한 역할을 하고 있다.

　'찍다' 혹은 '조사하다'라는 드론의 용도는 필연적으로 모아진 영상이나 데이터를 어떻게 다루어야 하느냐는 논의로 연결되어 간다. 특히 건설 분야에서는 찍다와 조사하다에 드론의 역할이 기대되고 있다.

드론의 용도 4, 나르다

'나르다'의 용도는 드론이 공중을 이동하는 특성을 직접적으로 활용하는 것이라고 말할 수 있다. 드론 공수를 다루는 기업이 의외로 많은데, 최근 유명한 것이 아마존 Amazon이다. 아마존은 2013년 12월 1일에 특별 발표한 배송용 드론을 사용하여 주문에서 30분 이내에 상품을 배달한다는 서비스 '아마존 프라임 에어 Amazon Prime Air'를 계획 중이라고 발표하고 빠르면 2년 후인 2015년 안에 시작할 것이라고 선언하였다.

　이 기상천외한 계획에 대하여 당시에는 어떤 반응이었을까? '기술적으로 불가능하다', '아무래도 2015년은 무리다', '어차피 주가 대책으로 주목을 끌고자 할 뿐이다' 등 일부 기대하는 소리도 있었지만 대부분은 회의적이거나 아예 아마존의 의도를 의심하는 의견이었다.

그러나 그로부터 1년이 지난 시점에서 사태는 급피치로 진행되었다. 아마존은 관련시스템의 개발을 진행, 2015년 3월에는 미국 연방항공국^{FAA: Federal Aviation Administration}으로부터 미국 내에서 드론 배송의 실험 허가를 얻었다. 주가 대책의 허풍이 아닌 아마존은 진심으로 드론 배송을 실현하려는 것이었다.

이러한 계획은 착착 진행되어 2017년 3월에 미국 캘리포니아에서 자사의 배달 드론 '프라임 에어'의 배송 시연을 성공적으로 마쳤다고 보도하였다. 프라임 에어가 배달한 물품은 2개의 자외선 차단제 제품으로 알려졌다. 이날 배송 시연 현장에서 수많은 사람들이 지켜보는 가운데 물품을 안전하게 땅에 착지시켰다.

프라임 에어는 2.3kg의 제품을 싣고 30분 거리 안에 있는 지역까지 배달할 수 있는 드론이다. 제품에 내장된 소프트웨어는 순수 아마존의 자체 기술로 개발되었다. 이 드론은 100m 상공에서 시속 80km 속도로 비행하다가 배달 목적지에 도착하면 수직으로 하강하여 주문자가 사전에 설치해놓은 매트에 착륙하는 구조로 되어 있다.

[사진] 아마존의 프라임 에어
출처: 아마존닷컴

아마존은 "드론의 30분 이내 배달이 현실로 다가왔다"면서 이는 미국 연방 항공국FAA의 도움으로 가능해진 것이라고 말한다. 현재 미국에선 상업용 드론의 비행이 전면 금지되어 있다. 이 때문에 아마존은 지난해 12월 영국의 케임브리지Cambridge에서 처음으로 드론 배송 실험을 진행하였다. 당시 배달 제품은 무게 2.17kg의 TV 셋톱박스와 팝콘 한 봉지였다.

한편 프라임 에어와 같은 배달용 드론이 상용화되기 위해서는 아직 넘어야 할 산이 많다. 드론 비행을 항공법상 어떻게 규제할 것인지 아직 결정되지 않았기 때문이다. 이에 업계에선 배달용 드론이 상용화될 때까지 앞으로 수년이 걸릴 것으로 예상하고 있다.

한편, 트럭과 드론을 연계한 배송 시스템은 2017년 2월 미국 물류회사인 UPSUnited Parcel Service가 실험을 실시한 바 있다. UPS의 발표 자료에 따르면 실험에 사용된 트럭의 짐받이 천장 부분에 드론이 장착되어 있다. 운전자가 짐받이 내부에서 드론에 짐을 싣고 운전석의 조작 패널에서 버튼을 누르면 드론이 짐받이 지붕에서 분리되어 자동으로 배송을 실시한다.

배송이 끝난 드론은 트럭의 위치를 인식하고 지붕 위로 자동으로 찾아온다. 트럭은 드론이 자동으로 배송하는 동안 다른 배송지로 이동할 수 있다. UPS는 "트럭이 배송 1건 때문에 간선도로에서 벗어나 고객의 집을 직접 방문하지 않아도 되므로 전원지역의 배송 효율성이 높아질 것"이라고 설명하였다.

구글도 2014년 8월, 드론 배송 프로젝트 '프로젝트 윙Project Wing'을 진행하고 있다고 발표한 바 있다. 호주의 퀸즐랜드Queensland주에서 실험을 하여 여러 농장을 배송지로 하여 구급상자와 개의 간식을 보내는 것에 성공했다고 밝혔다. 다음 달 9월에는 독일의 DHL이 자사의 드론 '파셀콥터PARCEL COPTER'를 사용하여 북해에 있는 위스트Juist섬에 의약품을 나르는 실험을 시작하였다. 또 중국 기업인 알리바바Alibaba도 산하기업인 중국 최대의 쇼핑몰 '타오바오淘宝網'를 통하여 베이징, 상하이, 광저우 3개 도시에 생강차의 티백(약 300그램)을 1시간 이내에 배송하는 실험을 하였다[단, 이것은 사전에 미리 설정된 루트를 날도록 하여 프로모션으로서의 목적이 강하였다]. 일본에서도 2015년 1월에 가가와현 다카마쓰시香川県高松市의 남성이 클라우드 펀딩 자금을 모아 다카마쓰 동항高松東港과 오기섬男木島 간 약 8km를 드론으로 배송하는 실험에 성공하였다.

이것들은 기술적·법제도적 문제가 없는 것으로 드론 배송은 어디까지 비용에 걸맞은 대처가 될 것인가. 몇 가지 흥미로운 추정이 발표되고 있다.

ARK Investment Management가 조사한 시산결과는 아마존은 드론 배송을 88센트로 하고 있다. 시산의 전제는 1회 화물은 5파운드(약 2.3kg) 이하로 수송거리는 아마존의 거점에서 10마일(약 16km) 이내일 것, 아마존이 하고 있는 배송의 86%는 5파운드 이하로 한다. ARK에서는 이러한 배송의 25%가 아마존의 거점에서 10마일 이내로 시산하고 있다.

프라임 에어prime air 프로그램에 필요한 인프라 비용은 5,000만 달러, 드론 본체와 배터리에 들어가는 비용이 8,000만 달러, 합계 1억 3,000만 달러이다. 운용비용은 3억 5,000만 달러로 보고 있다.

또한 아마존이 매수한 KIVA·시스템즈의 공동창업자의 한 사람이며 스위스공과대학인 취리히Zurich의 Raffaello D'Andrea교수는 미국전기전자학회IEEE에 기고한 기사에서 4.4파운드(약 2kg)의 화물 하나를 드론으로 6마일(약 9.7km) 배송하는 데 들어가는 비용을 겨우 20센트(에너지 비용 10센트, 기체 비용 10센트)로 계산하였다. D'Andrea교수는 이 시산결과에서 드론 배송의 실현가능성에 있어서 '비용적인 점에서 생각하면 비합리적인 것을 찾을 수 없다'고 한다. 아마존은 현재 최종식으로 무문고객에 상품을 진힐이는 배송, 이른바 'Last one mile'에 화물 1개마다 2~8달러의 비용을 든다고 말한다. 이것을 고려하면 확실히 드론 배송은 충분히 매력적이다.

이러한 시산이 어디까지가 옳은지, 답은 실제로 서비스를 시작해볼 때까지 알 수는 없지만, 드론 배송은 고객에 대한 서비스만이 아닌, 기업에 비용절감을 가져오는 기술로서 도입이 진행될 가능성이 있는 것을 나타내고 있다고 말할 수 있다.

상용분야가 아닌 드론 배송의 분야에도 실용화를 향한 대처가 진행되고 있다. 예를 들면 미국의 벤처기업인 매터넷Matternet은 파푸아뉴기니아Papua New Guinea의 해안주에 있어서 '국경없는 의사회'와 공동으로 실증실험을 하고 있다. 그래서 유행하고 있는 결핵에 대항하기 위하여 드론을 활용하고 있었다.

국경없는 의사회는 현지에 새로운 의료 기구를 도입하여 지금까지 2주나 걸리던 결핵진단을 2시간으로 단축시켰지만 진단에는 샘플(환자의 타액 등)이 필요하다. 그러나 도로 등의 교통인프라가 정비되어 있지 않기 때문에 샘플의 수송에 시간이 걸려 모처럼의 메리트가 없다. 그래서 드론을 사용하여 샘플을 공수하는 것으로 대처하고 있다. 또 역으로 필요한 의약품을 원격지에 나르는 실험도 할 예정이다. 또한 운반하는 화물의 중량에 제한이 있는 드론이지만 타액과 같은 샘플이나 의약품이라면 충분히 대응할 수 있을 것으로 보고 있다.

또 AED(심장 자동제세동기)를 공수한다는 실험도 각지에서 진행하고 있다. 그중에서도 독특한 것이 네덜란드Netherlands의 델프트대학교Delft University에서 AED를 드론으로 날려 보낸다는 개발을 진행하는 것이다. 이 드론은 통보를 받으면 최대 시속 100km로 지정된 장소까지 자동으로 비행하고 도착하면 드론에 탑재된 카메라로 라이브 영상이 오퍼레이터에 전달되어 환자의 바이탈사인vital sign(호흡, 심박, 혈압 등의 생존 징후)이 송신된다. 그들이 음성으로 통보자와 대화하여 드론 내에 내장된 AED를 조작하여 진단받는 방식을 예상하고 있다.

의료분야에서는 이 외에도 전술한 것과 같이 육지에서 떨어진 섬 등 원격지에 의약품을 전달하는 실험도 시작하고 있다. 드론이 무엇을 운반할 것인가 혹은 운반하는 것 자체가 드론이 될지는 꼭 필요한 것부터 배송이 시작될 것이다.

이러한 필요불가결한 것은 모양이 있는 것만이 아닌 예를 들면 드론을 모바일 통신용의 '하늘을 나는 기지국'으로 하여 지상에서 공사가 어려운 지역이나 피해지 등에 수시로 통신환경을 만들어 낸다는 연구가 진행되고 있다.

[그림] 구글의 타이탄 에어로스페이스

출처: 구글 홈페이지

SNS로 잘 알려진 페이스 북facebook은 태양광 패널을 탑재한 여객기 크기의 드론을 개발하여 인터넷에 접근할 수 없는 지역에 거주하는 사람들을 위하여 거주하는 지역의 위를 날면서 30억 명에게 인터넷 환경을 제공한다는 '인터넷 닷오그Internet org' 프로젝트를 실시 중이다. 구글도 2014년에 태양광 발전으로 최대 5년간 비행을 계속할 수 있는 드론을 개발한 타이탄 에어로스페이스Titan Aerospace를 인수하여 마찬가지로 하늘을 이용하여 인터넷 환경을 구축하는 '룬 프로젝트Project Loon'를 진행하고 있다. 한편, 일본의 정보통신연구기구NICT가 계획하고 있는 것이 무선중계 장치를 내장한 소형 고정익 드론을 피해지역에 날려, 통신환경을 구축하는 프로젝트이다. 2014년 3일 말까지 일본 각 지역에 120회 이상의 실증실험을 하고 있으며, 총 비행시간은 70시간 이상에 이르고 있다.

후술한 것과 같이 드론을 사용하여 피해대책이나 피해지역을 지원하는 분야에서는 다양한 아이디어가 나오고 있다. 통신환경을 구축한다는 용도에 맞추어 자연재해가 일어났을 때, 신속하게 달려가는 것은 인간인 구급대원보다 드론이 될지 모른다.

드론의 용도 5, 지키다

국제전기전자기술자협회인 IEEE가 발행하는 학술지인 'IEEE 스펙트럼IEEE Spectrum'의 편집자를 역임한 폴 월릭Pole Wallick은 초등학생인 아들이 매일 무사히 학교에 다닐 수 있을지 염려되어 자택에서 400m 떨어져 있는 버스 정류장까지 배웅하는 드론을 만들었다. 드론은 아이의 가방에 설치된 GPS 무선표지beacon를 실마리로 자동으로 아이의 뒤를 추적하여 영상을 촬영한다. 실제로는 날씨 등에 영향을 받을 수 있기 때문에 실행레벨에는 이르지 못했지만 한국에서도 아이들의 등하교에 대한 안전 확인은 관심이 높은 분야이다. 이와 같이 어린이용의 추적기능을 갖는 휴대전화가 아닌 소형의 드론이 배웅하는 시대가 될지도 모른다.

황당무계한 얘기처럼 들릴지 모르지만 드론의 이동능력과 정보수집능력을 극한까지 높인다면 결코 불가능한 얘기만은 아니다. 또 거기까지 고도화하지 않고도 이미 다양한 '지키다'라는 용도가 실현되고 있다.

예를 들면 드론을 사용하여 야생생물의 생태를 관찰한다거나, 밀렵으로부터 지킨다고 하는 시험이 시작되고 있다. 스페인의 드론회사인 'HEMAV'가 전념하고 있는 것은 '레인저 드론 프로젝트Ranger Drone Project'다. 남아프리카에서는 2014년 1년 동안 1,215마리의 코뿔소가 밀렵되었다. 이 수는 기록상 최악임에도 밀렵은 해마다 증가하는 추세에 있어 이대로라면 2026년도에 코뿔소가 멸종될 것으로 보고 있다. 이것을 방지하기 위하여 드론을 활용하려는 것이 HEMAV의 프로젝트이다.

지금까지도 헬리콥터 등을 사용하여 상공에서 밀렵을 감시하거나, 코뿔소의 생식상황을 확인하는 작업을 하였다. 그러나 일반적인 헬리콥터는 기체와 소리가 커서 코뿔소에게 겁을 주거나, 밀렵꾼이 먼저 눈치를 채거나, 고도가 높아 풀숲에 숨은 코뿔소와 밀렵꾼을 발견할 수 없는 문제가 있었다. 또 헬리콥터를 운용하기 위해서는 비용이 많이 들며, 더욱이 밀렵꾼들은 범죄조직이나 테러리스트가 운용하기 때문에 자동소총 등 무기를 가지고 있어 그들로부터 공격을 받는 경우가 많다.

그래서 소형 드론의 차례가 된 셈이다. HEMAV는 자율성능과 서멀 카메라thermal camera를 탑재한 고정익을 개발하여 국립공원을 순찰 및 감시하면서 지상에서 단속을 벌이고 있는 레인저들에게 실시간으로 정보를 제공하는 시스템을 만들어 왔다.

이 시스템에는 우선, 레인저가 감시하고 싶은 지역과 감시의 패턴을 선택한다. 또한 사용가능한 드론의 개수를 입력하면 관리 소프트웨어가 가장 효율적인 비행루트를 산출하여 드론에 지시를 한다. 드론은 지정된 루트를 비행하여 아무 일도 없으면 감시를 마치고 기지로 귀환한다. 만약에 수상한 자나 수상한 물건(밀렵꾼들의 캠프나 타는 물건 등)이 있으면 그 위치정보가 레인저에게 통지되는 구조이다. 또 특정위치를 지정하여 신속하게 현장 상황을 파악한다는 사용방법도 있다. 드론은 1대에 약 1만 유로의 비용이 들어가지만 종래의 방법보다 저렴하기 때문에 여러 대를 준비하여 넓은 영역을 단시간에 탐색하는 것이 가능하다. 안타깝지만 남아프리카 이외에도 무장한 밀렵꾼에 시달리고 있는 지역과 절대보호종이 존재한다. HEMAV는 아시아나 남미의 국립공원에도 이 시스템을 판매 중이며, 개개의 요구에 맞추어 시스템을 조정하고 있다. 다행인 것은 한국에서는 밀렵꾼과의 전쟁상태는 일어나지 않고 있지만, 주시가 필요한 다른 대상이 존재한다. 바로 '노후화된 인프라'이다.

1960~1980년대의 고도 성장기에 한국에서는 대량의 사회 인프라가 조성되었시반 비것이 반세기를 서서 비세 넓은 인프나가 내무신인을 밎이이고 있니. 그 때문에 보수나 유지관리가 필요로 하지만 그 수가 많아 관리할 인원수가 부족하다. 예를 들면 교량의 경우, 통계에 의하면 2016년을 기준으로 건설에 20년이 경과한 교량의 수는 11,901개로 전체의 38.5%에 이른다. 이것이 2026년도가 되면 24,333개로 전체의 78.7%로 예상하고 있다.

여기서 교량안전업무에 종사하는 토목기술자가 없는 지방자치제(시, 군, 읍, 면)가 대부분이라는 것이다. 또 지방공공단체가 사용하고 있는 교량점검요령의 점검방법은 대부분 눈으로 확인하는 '점검의 질에 문제가 있다'고 지적되고 있다. 이와 같이 압도적인 사람부족을 해결하는 수단의 하나로 기대되고 있는 것이 드론을 사용한 '인프라의 점검'이다. 예를 들면 교량하부를 점검한다고 하면 먼 거리에서 육안으로 관찰하거나, 혹은 교량점검차로 불리는 특수 크레인 모양의 차를 준비하여 사람이 타고 있는 플랫폼을 교량 밑으로 내려 점검을 하게 된다. 그러나 드론이라면 자유롭게 공중을 이동하여 가까이서 균열 등을 확인할 수 있게 된다. 더욱이 서멀 카메라 등을 사용하여 눈으로는 확인할 수 없는 이상도 검지할 수 있다.

그리고 '지키다'의 궁극적인 용도가 재해현장에 있어서 드론 활용이다. 2015년 4월 25일, 네팔에서 매그니튜드^{magnitude} 7.8의 지진이 발생하였다. 이 지진에 의하여 여러 건물이 붕괴한 것만이 아니고 눈사태나 토사재해 등도 발생하였으며, 더욱이 매그니튜드 6 이상의 여진도 발생하였다. 피해는 인근의

[사진] 네팔 박타푸르(Bhaktapur)의 무너진 건물 위로 비행하는 드론
출처: http://indiatoday.intoday.in/

인도와 중국 등 광범위하게 확대되어 사상자가 8,000명 이상인 큰 재해였다.

이런 상황에서 드론이 피해의 상황확인에 활용되고 있다. 드론의 인도적 활용을 지원하고 있는 단체인 인도주의적 드론 네트워크Humanitarian UAV Network에 의하면 적어도 9개의 지원조직이 드론을 활용하였다. 재해지원 조직인 글로벌메딕GlobalMedic, 미국의 스카이캐치Skycatch, 영국의 NGO단체 서브 온serveon과 같은 기업과 단체가 현지에서 드론으로 상공을 촬영하였다. 대지진의 영향으로 네팔정부가 기능 부전에 빠지면서 드론이 촬영한 영상이 피해상황을 확인하는 중요한 정보가 되었다. 또 서멀 카메라를 탑재하여 촬영한 것으로 잔해 속에 있는 생존자의 체온을 감지하여 그들을 찾아내는 데 역할을 하고 있다.

일본에서도 자연재해가 발생하였을 때에 피해상황의 파악이나 생존자의 발견에 드론을 유용하게 사용하는 방법이 진행되고 있다. 2012년 4월에는 미야기현 이와누마시宮城県岩沼市에서 동일본대지진東北地方太平洋沖地震의 피해지를 공중촬영으로 조사하였다. 그 영상을 본 그 지역의 소방관들은 이것이 지진 때 있었더라면 하는 소감을 밝혔다고 한다. 지진피해 당시, 지진해일 경보가 발효되면서 실제로 지진해일을 눈으로 볼 수 있는 환경이 없어서 주민들은 그 리스크를 실감하지 못했다. 그러나 영상으로 확인할 수 있다면 '빨리 피하지 않으면 안 된다'고 하는 현실감을 주는 데 도움이 되는 것이 아니냐는 것이다.

드론의 용도 6,
만들다

드론이 건설 현장으로 활동 무대를 넓히고 있다. 스위스 취리히연방공과대학Swiss Federal Institute of Technology Zurich 동적시스템제어연구소는 홈페이지와 Youtube를 통해서 드론을 이용하여 구조물을 구축하는 영상을 공개하였다. 이 실험은 취리히연방공과대학 동적시스템 제어연구소와 건축·디지털 제작학과의 공동 프로젝트로 진행되었다. 연구 팀은 드론으로 두 개의 가설물 사이에 밧줄을 이어 교량을 건설하는 실험을 진행하였다.

3대의 드론 하부에는 모터가 달린 스풀이 장착되어 있다. 로프는 2개의 프로펠러의 사이에 있는 플라스틱 튜브에서 배출된다. 드론이 한쪽의 가설물에 로프를 고정하고, 양쪽의 가설물을 오고 가며 가설물을 만든다. 이렇게 만든 가설물을 기본 틀로 해서 가교를 만들어 가는데 드론이 만든 가교는 꽤 튼튼하여 성인 남성이 건너가도 끄떡없을 정도다. 사람의 접근이 어려운 곳에서 작업할 수 있다는 점은 큰 매력이다. 기술이 더욱 발전하면 이용의 폭도 넓어질 것으로 생각된다.

[사진] 스위스 취리히연방공과대학의 가교건설 드론 예
출처: http://robohub.org/

측량드론기업,
미국의 스카이캐치

미국의 스카이캐치SKYCATCH는 드론을 사용한 측량 서비스에서 선두로 나서고 있다. 이 회사는 업계 굴지의 전자동 드론과 데이터 분석 도구를 제공함으로써 시장을 견인하고 있다. 스카이캐치의 제품과 서비스의 가장 큰 강점은 하드웨어 신뢰성과 데이터 처리 기술이다. 그중에서도 가장 중요한 것은 데이터 분석, 즉 데이터에서 가치를 끌어낼 수 있다는 점이다. 측량에 관해서는 매우 높은 정밀도를 자랑하고 있으며 그동안 1주일 걸리는 작업을 3~4시간으로 단축할 수 있다.

[그림] 스카이캐치 홈페이지

출처: https://www.skycatch.com/

　스카이캐치의 식원 규모는 70명 정도로 소규모 지부가 일본과 캘리포니아 주 새크라멘토Sacramento에 있으며 또 멕시코에 꽤 작은 지부도 운영하고 있다. 현재 주로 거래를 하고 있는 것은 일본의 코마츠Komatsu, 미국의 클레코Cleco, 세계 톱 설계사인 에이콤AECOM, 벡텔BECHTEL 등이다. 현재 스카이캐치에 투자하고 있은 기업이나 단체는 이브론Averon, 구글 벤처투자회사Google Ventures, 베가테크펀드VegasTechfund, 퀄컴Qualcomm, 리버우드 캐피탈Riverwood Capital, 코마츠Komatsu, 마크 베니오프(세일즈 포스 CEO), 오토데스크Autodesk 등이 있다.

　스카이캐치에 있어서의 시장은 현재 집중하고 있는 건설에만 수조 원 시장이라고 한다. 장래에는 광산, 인프라의 점검, 기타 시장에도 진출할 예정이다. 고해상도 데이터를 입수할 수 있다는 강점을 가지고 있는 스카이캐치의 서비스는 다른 시장에서도 효력을 발휘할 것으로 보고 있다. 단 현재 상황에서는 점검시장이 기술면에서 접근하기 쉬운 최대 시장이 될 것으로 생각하고 있으며, 다른 시장은 기술의 새로운 발전이 필요하다고 한다. 지역적으로는 호주의 시장이 커질 것으로 예상하고 있다. 그 이유로는 규제가 보다 유연하며, 광산

사업과 건설 사업이 매우 크기 때문이다. 스카이캐치가 사업을 글로벌로 전개하기 위한 전략은 작은 회사이므로 자원을 집중시켜 고객에게 내실 있고 도움이 되기를 현재의 제품으로 확실하게 만들어 가고 있다. 아울러 고객과의 관계 구축, 비즈니스를 풀어 나가는 데에 어느 분야, 어느 나라에서 수요가 있는지 등 정보를 취득하여 방향을 정할 것이라고 생각하고 있다.

제품 및 서비스를 전개하기 위한 과제는 산업부분에서 얼마나 빨리 자신들의 기술이 유용한지에 대하여 이해하고 알아주는 것에 따라서 빠르면 빠를수록 회사가 커가는 것도 빠른 것으로 보고 있다.

현재 경쟁기업은 스카이캐치가 제공하고 있는 레벨에서 고객에게 가치를 공급할 수 있는 기업은 없는데, 초기에는 오토데스크Autodesk가 건설을 최적화하고 있다는 점에서 경쟁 상대가 될 수 있다고 생각했지만 경쟁하는 대신에 제휴하는 길을 선택하였다. 원래 드론을 사용한 측량 및 점검은 새로운 시장이다. 따라서 다양한 경쟁 업체가 나와서 그 기술적인 가치를 전해주는 것은 결국 시장규모를 확대할 수 있는 장점이 있다.

스카이캐치는 자사의 제품, 서비스를 어떻게 차별화하고 있는지는 항상 데이터에서 얻어진 정보나 지식에 초점을 맞추어 왔다고 한다. 당초 드론 자체에 대한 포커스는 낮았지만, 고해상도high resolution 데이터를 구하기 위해서 신뢰할 수 있는 기체 개발도 진행하고 있다. 그동안 요구 수준이 높은 대기업과 협력하여 하루에 몇 시간이나 비행 및 데이터를 취득하는 훈련을 해왔는데 이런 일을 하고 있는 기업은 이 회사밖에 없다고 한다.

**국토교통부의
7대 신산업 드론**

앞에서 언급하였지만 국토교통부는 7대 신산업으로 '드론'을 지정하여 집중 육성하고 있다.

이에 2015년에 국토교통부는 15단체를 드론 모델사업의 대표사업자로 선정하였는데 KT, 대한항공, 현대 물류, CJ대한통운, 렌텍 커뮤니케이션즈, 선우 엔지니어링, 에스 아이에스, 에이 아르웍스, 유콘 시스템, 항공대학 산학협력단, 강원 정보문화 진흥원, 경북대학 산학협력단, 국립 산림과학원, 부산대 부품소재 산학제휴연구소, 한국 국토정보공사 등 15단체이다. 또한 2016년에는 드론 시범사업에 참여할 10개 대표사업자와 대상지역 3곳을 추가 선정하였다.

이로써 2017년부터 드론 시범사업은 전국 7곳의 전용 공역에서 25개의 대표 사업자(59개 업체·기관)의 참여로 진행되고 있다. 국내 첫 실증사업인 드론 시범사업은 새로운 분야의 드론 활용 가능성을 점검하고, 적정 안전기준 등을 검토하기 위해 전용 공역에서 15개 사업자(41개 업체·기관)가 참여해 실증 테스트를 진행 중이다.

2017년 2월부터 산불 감시·조난자 수색, 구호물품 수송·소화물 택배, 시설물 안전진단, 국토조사 등 분야의 드론 활용 가능성 검증과 함께, 현재까지 약 740시간의 비행시험을 통해 비행안전성, 자동비행 및 이착륙 정확도 등의 성능 검증을 위한 테스트를 추진하고 있으며, 가시거리 밖 비행(1km 이상) 등의 시험도 진행 중이다. 2018년부터는 신규 공역 등 다양한 실증환경에서 도전적인 테스트와 함께 해양지역 드론 활용, 다수의 드론을 동시에 이용한 임무 수행, 야간 비행 등 새로운 드론 활용모델 발굴도 활발해질 전망이다. 이번 시범사업 확대로 국내 드론산업 활성화를 위해 마련한 규제혁신 및 지원 방안의 세부 추진과제도 최종 완료되었다고 한다.

**드론 적용사례,
토공 산출과 시공관리**

일본의 건설회사에서 시공하는 택지조성현장에서는 드론으로 현장을 촬영한 후에 3D 점군데이터를 작성하여 토공

[사진] 드론으로 촬영한 사진으로 3D토공을 계산하는 현장사무실
출처: Obayashi Corporation(大林組) 홈페이지

계산까지를 3차원 Tool 없이 실시할 수 있는 시스템을 도입하였다. 지금까지의 상식으로는 생각할 수 없는 Work flow를 가능하게 한 것이 일본의 소프트웨어회사가 개발한 3D 점군처리 시스템인 'TREND-POINT'라는 소프트웨어이다.

지금까지의 토공 계산은 현장을 오가면서 측량작업에 4명이 7일이나 걸렸다. 그러던 것을 무인비행기^{UAV}에 의한 항공사진으로 3D 점군데이터를 만들고, 이 데이터를 일본의 후쿠이컴퓨터가 개발한 TREND-POINT로 읽어 들여 토공량을 계산하는 방법으로 바꾼 결과, 2명이서 하루에 작업이 가능해졌다고 한다. 즉, 28인의 인건비가 2인으로 대폭 절감된 것이다.

2012년 2월부터 독자적으로 CIM^{Construction Information Modeling}(일본에서는 토목BIM을 CIM이라는 용어로 사용)에 대처하고 있는 이 회사는 '판단의 신속화', '시공의 효율화', '공기 단축과 코스트 절감'이라는 3개의 CIM 활용원칙을 충실히

[사진] 드론에 의한 현장 촬영 작업
출처: Obayashi Corporation(大林組) 홈페이지

실천하고 있다.

현장기술자는 시공관리가 가장 중요한 일이라서, 좀처럼 3차원 CAD를 습득할 여유가 없지만, TREND-POINT는 점군데이터를 읽어 들이는 것만으로 토공량 계산과 지표면 모델 작성이 가능하기 때문에 현장의 기술자도 간단하게 사용할 수 있다고 한다. 3D모델을 다루기 위해서는 3차원 CAD가 필요하다는 것이 지금까지의 상식이었다. 그러나 이 회사는 처음 1~2번만 본사 기술자가 도와주었을 뿐, 그 다음은 현장인력만으로 TREND-POINT에 의한 3D 토공을 계산하고 있다. 즉, TREND-POINT는 현장에서의 토공계산 및 시공관리의 효율을 크게 높이고 3차원 CAD 대신에 3D 점군데이터를 현장의 기술사 선원이 활용할 수 있게 하는 물건 것이다.

토공을 계산하기 위해서는 우선 드론으로 현장 상공에서 고화질의 사진 여러 장을 촬영한다. 인접 사진끼리 60~80% 정도 중첩되도록 사진을 촬영하는데, 예를 들면 약 300미터 사각의 10헥타르의 현장은 1회에 350여장의 사진이 되도록 한다. 이 사진들을 점군 작성용 소프트웨어인 Agisoft가 개발하여 판매하는 'PhotoScan'으로 읽어 처리함으로써 X, Y, Z의 좌표데이터를 가진 점의 집합체인 3D 점군데이터가 완성된다.

[그림] 점군데이터로 절토량과 성토량을 쉽게 계산

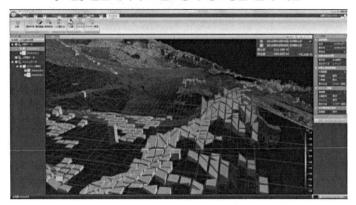

출처: Obayashi Corporation(大林組) 홈페이지

TREND-POINT는 2개의 시점에서 계측된 점군데이터를 읽어, 양자 간의 높이의 차이를 비교하여 토공을 계산한다. 예를 들면 이전의 점군보다 위에 있는 부분을 성토, 아래에 있는 부분을 절토로 인식하여 각각의 토공을 계산하는 것이다. 예를 들어 매월 드론으로 현장을 촬영하고, 지난달 말과 이달 말의 3D점군데이터를 만들면, 이들의 데이터를 TREND-POINT에 읽어 들이는 것만으로 1개월간의 성토량과 절토량이 3차원 CAD처럼 계산할 수 있다. 3차원 CAD에 2개의 점군데이터를 읽어 들여 면을 펼쳐 값의 차이로 토공량을 계산한 경우와 비교해 보아도 차이는 1% 정도밖에 되지 않는다. 이 소프트웨어는 사용법이 간단하면서도 3차원 CAD와 마찬가지로 수억 점의 점군데이터를 읽어 동등한 정밀도로 토공을 계산한다. 또 TREND-POINT는 3차원 CAD에서 그려진 관계 형상의 도면도 LandXML형식으로 읽어 현장의 점군데이터와 비교하는 것이 가능하다. 완성형상과 현장의 상황을 중첩시켜 보면 공사의 진척 정도를 누구라도 쉽게 이해할 수 있다.

공중 촬영 사진으로 작성한 점군데이터에는 지표면 이외에 차량이나 울타리 등 '노이즈'로 불리는 불필요한 데이터가 혼재해 있다. 점군데이터의 이용에는 이 노이즈를 제거하는 작업을 빼놓을 수 없는데, 3차원 CAD소프트웨어에

[그림] 택지조성 완성형상과 점군데이터를 중첩시킨 것

출처: Obayashi Corporation(大林組) 홈페이지

는 이 점군데이터를 읽어 수작업으로 제거하는 방법을 사용하고 있지만 매우 오래 걸리는 작업이다.

TREND-POINT에는 자동으로 노이즈를 제거시켜주는 다양한 필터 링크 기능이 준비되어 있는데, 작업은 매우 효율적이다. 이 기능은 3D 레이저 스캐너로 계측한 점군데이터에도 유용하다. 예를 들면 잡초가 우거진 제방이나 사면을 3D 레이저 스캐너로 계측하면 레이저광의 대부분은 지표면에 닿지 않고 잡초의 표면 형상을 측정하게 된다. 그러나 레이저광의 어느 한 부분은 잡초 사이를 뚫고 지표에 도달한다. 여기에 TREND-POINT에는 '지표면'이라는 명령어를 내장하고 있어, 이 명령어를 클릭하는 것만으로 잡초 부분을 제거한 지표면의 점군데이터를 원터치로 추출할 수 있다. 터널의 갱구부와 같은 계측에는 역시 3D 레이저 스캐너를 사용한다. 계측 전에 낫질을 하지 않아도 지표면의 형상을 알 수 있어 매우 편리하다.

[그림] 지표면 이외의 나무나 울타리 등을 자동으로 선택한 것

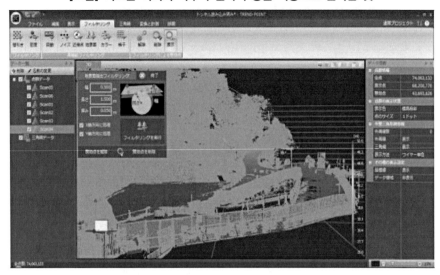

출처: Obayashi Corporation(大林組) 홈페이지

[그림] 지표면만을 추출한 점군데이터

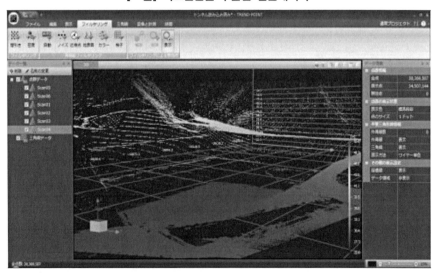

출처: Obayashi Corporation(大林組) 홈페이지

[사진] 점군데이터 부산물로 얻어지는 고정밀도의 정사사진
출처: Obayashi Corporation(大林組) 홈페이지

TREND-POINT로 사용할 점군데이터를 작성하는 과정에서 드론으로 찍은 항공사진을 1장으로 결합한 '정사사진ortho photograph'이라고 하는 이미지 데이터를 얻을 수 있다. 지표면을 수직으로 내려다본 지도와 같은 이 이미지는 시공관리에 큰 도움이 된다. 예를 들어 약 300미터 크기의 사각모양 현장의 정사사진을 만들면 100~150MB의 매우 큰 이미지가 된다. 그 폐합 오차는 20~30mm, 조금 정밀도를 올리면 2~3mm로 억제하는 것도 가능하다. 이 정사사진을 CAD도면과 중첩시키면 현장의 진척 상황을 일목요연하게 파악할 수 있다.

광대한 택지조성 현장에서 몇 mm에서 몇 cm의 오차는 실질적으로는 거의 제로와 같은 정밀도이다. CAD도면과 정사사진을 중첩시켜 보면, 도면상의 위치를 현장에 적용시킬 '먹줄'이나 '측설'과 같은 작업의 정밀도까지 높일 수 있다. 항공사진에는 도면에 그려지지 않는 가설재나 공사차량, 사람 등도 찍혀 있어, 현장의 상황을 남김없이 기록하는 수단으로서 매우 뛰어난 것이다. 터널 공사의 지상 부분과 교량설치 도로부분의 진척 상황을 파악하는 데 정사사진은 아주 유익하다.

이 정도의 정밀도를 가진 3D 점군데이터와 정사사진을 만드는 것은 역시 드론으로 현장을 촬영하는 기술에 의한 것이 크다. 그리고 오늘날 언론 등에서는 드론의 안전성에 많은 문제점을 제기하고 있다. 이 회사는 6로터와 4로터의 드론 2대를 보유하고 있으며, 소형의 경량 디지털 카메라를 달아 촬영에 사용하고 있고, 안전비행을 위한 법 기준에 앞장서고 있다. 이 회사는 2015년에 자사가 보유한 드론 기종마다 '무인비행기 운용기준'을 작성하여, 수시로 이를 개정하고 있다. 비행에 있어서는 GPS에 대응한 PC 프로그램을 사용하여 드론의 위치를 실시간으로 감시하면서 비행 루트를 벗어나지 않도록 만전의 대책을 취하고 있다. 이 회사는 드론의 촬영기술이야말로 최대의 노하우라고 보고 촬영고도와 속도, 셔터 스피드와 초점거리 등에 관한 최적의 데이터를 가지고 있다. 자동초점auto focus과 같은 기능은 사용하지 않는다고 한다.

여기서 'TREND-POINT' 소프트웨어는 일본에서 개발한 토목전용 소프트웨어로 한국에서는 아직 독자적으로 개발한 소프트웨어는 없고, 주로 외국에서 개발된 제품을 사용하고 있는 실정이므로 한국형 건설전용 소프트웨어의 개발이 시급하다.

대표적인 소프트웨어로는 PhotoScan, Photomodeler, ShapeMatrix, BlastMatrix 등이 있지만 대부분이 범용으로 쓰이고 있으며, 토목에서 사용이 가능한 소프트웨어 중에는 Autodesk의 ReCap과 Bentley에서 판매하는 ContextCapture라는 소프트웨어가 있다. 이 소프트웨어를 이용하면 앞에서 소개한 방법과 비슷한 작업으로 3차원 현실모델링을 작성할 수 있는데, 건설의 특성을 감안한 프로그램이다. 따라서 대규모택지개발, 인프라구축 등에 활용도가 높을 것으로 보인다.

드론 적용사례,
교량의 경관검토에 활용

일본의 도로와 터널, 하천 등의 설계를 강점으로 하는 직원 38명의 토목설계회사는 작은 회사이지만 2013년에 BIM 워킹그룹을 만들어 오토데스크의 BIM소프트웨어와 드론을 도입하고, 제조업에서 3차원 CAD 설계경험이 풍부한 사원을 채용하는 등 BIM에 대한 대응을 추진해왔다. 그 결과, 2015년에 오토데스크가 개최한 'AUTODESK CREATIVE DESIGN AWARDS 2015'의 토목 BIM 부문에서 그랑프리를 수상하였다. BIM을 시작한지 2년임에도 불구하고 성과가 결실을 맺은 것이다.

수상한 작품은 이 회사의 컨설턴트 사업부 ICT추진실의 '드론을 활용한 교량 경관설계'란 업무이다. 이와테현岩手県 이와이즈미岩泉町를 흐르는 오모토 하천유역의 명승지인 '오가와나나타키大川七滝'에 현수교를 가설하는 계획에 드론으로 공중촬영 한 사진을 사용하여 지형을 BIM 모델화하였다. 또 경관과 편리성을 겸비한 교량 형식과 가설 위치를 오토데스크의 BIM소프트웨어인 InfraWorks와 Revit, Navisworks 등을 사용하였다.

[그림] 드론을 활용한 교량의 경관설계

출처: 昭和土木設計

교량 가설이 계획된 오가와나나타키大川七滝에는 이름 그대로 크고 작은 7개의 폭포가 계단처럼 연속으로 위치해 있어 계곡미를 살린 설계가 요구되었다. 주변에는 야외무대와 주차장도 있어 교량 건설에 따른 관광객의 동선을 유도하여 이들 시설을 효율적으로 활용하는 것도 과제였다. 물론 홍수 때의 교량의 안전성 등도 고려해야 한다.

이러한 개략 설계를 위한 지형모델을 만드는 데 기존의 수치지도 데이터 등을 사용하면 지형이 완만한 언덕처럼 되어 버려서 정확한 지형을 표현할 수 없어 경관과 편리성, 안전성을 다각도로 검토할 수 없게 된다.

여기서 이 회사가 가장 먼저 시작한 것은 드론으로 촬영한 사진을 사용하여 현황지형과 수목 등을 상세한 BIM모델로 작성하는 것이었다. 드론에 의한 공중촬영 사진으로 지형의 BIM모델을 만드는 방법은 현장 상공을 지그재그로 비행하면서 연속 사진처럼 촬영을 하고, 그 디지털 사진 데이터를 소프트웨어로 처리하여 3D모델화하는 방법이 일반적이다.

그러나 이 현장에서는 그렇게 간단하지가 않았다. 강 주변에는 수목이 많이 있어 상공에서 찍은 사진만으로는 수목이 방해가 되어 계곡이나 폭포의 사진

[그림] 수십 미터 크기의 메시지형 데이터에 교량의 3D모델을 배치한 사례.
지형이 거칠어서 경관검토에는 사용할 수 없다.

출처: 昭和土木設計

[사진] 촬영에 사용한 드론

출처: 昭和土木設計

[그림] 드론 비행경로와 촬영셔터를 눌렀을 때의 지점(볼록한 점)

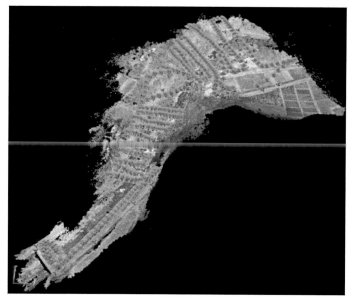

출처: 昭和土木設計

[그림] TIN데이터에 촬영 사진을 중첩시킨 계곡의 BIM모델

출처: 昭和土木設計

을 찍으면 사각지대가 많아 제대로 표현할 수 없게 되기 때문이다. 그래서 수목을 포함하여 계곡과 폭포의 사진을 전부 촬영하기 위해서는 공중 위에서 뿐만 아니라 저공으로 비행하여 수목의 방해가 없는 위치에서 다시 한번 촬영하였다고 한다.

이렇게 촬영한 약 450장의 디지털 사진 데이터를 워크스테이션에서 처리하고 색이 있는 3차원 좌표 점으로 구성된 점군데이터를 작성하여 오토데스크의 점군처리 소프트웨어인 'ReCap'에 읽어 들여 노이즈 데이터의 삭제 등의 사

[그림] 점군데이터를 읽어 각 점 사이를 삼각형으로 연결한 TIN데이터

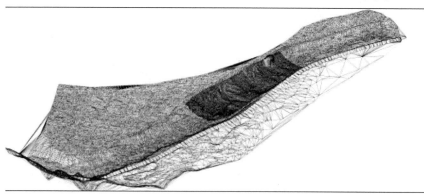

출처: 昭和土木設計

[그림] BIM모델에서의 교량 검토 장면

▲ 계곡의 여러 장소에 교량모델을 놓고 경관시뮬레이션과 동선을 검토

▲ 교량 위에서 폭포가 보이는지를 체크. BIM에서만 가능한 검토

▲ BIM모델에서 재현한 홍수 때의 수위 검토

출처: 昭和土木設計

전처리를 하였다. 계곡에서 올려다본 나무를 포함해서 경관을 검토할 수 있도록 나무들은 굳이 필터링하지 않고 남겼다고 한다. 이 데이터를 오토데스크의 BIM 소프트웨어인 'AutoCAD Civil 3D'로 읽어, TIN데이터를 작성하여 교량을 검토하기 위한 기반 BIM모델을 완성하였다.

가설 검토는 교량에서 폭포가 보이거나 주변에서 교량이 경관을 저해하지 않느냐는 시각적인 검토 외에 야외무대 등의 시설과 주차장을 관광객이 안전하게 왕래할 수 있을까 하는 동선 면에서의 검토를 실시하였다. 여기서 간단한 교량모델을 작성하여 다양한 장소에 놓인 교량 위에서 바라본 풍경을 검토하였다. 우선은 폭포가 보이는 것이 가설 조건이다. 폭포가 보이지 않는 방안은 검토에서 제외하였다.

또 하천구역 내에 교량을 건설하기 때문에 하천저해율에 대한 협의 및 검토와 더불어 홍수 때의 안전성 검토도 필요하였다. 여기서 계곡의 BIM모델에 홍수 때의 수위를 재현하여 교량의 가설높이와 비교하였다. 그 결과 폭포가 보여도 잠기는 가설위치 안은 탈락시켰다.

[그림] 계곡주변 주차장과 야외무대(사진 오른쪽 아래) 시설을 잇는 동선 검토

출처: 昭和土木設計

[그림] 3개의 교량형식 검토 안

편측 탑식 현수교 안

웨이브 편측탑식 현수교 안

슬래브교 안

출처: 昭和土木設計

BIM 모델을 사용하여 설명하면 발주자 및 지역주민 등 일반 사람도 홍수 때에 교량이 어떤 상태가 되는지를 일목요연하게 알 수 있다. 그래서 합의점에 도달하기가 쉬웠다고 한다.

가설 지점의 검토에서는 기존의 주차장과 야외무대를 교량에 따라 관광객 등이 안전하고 편하게 이동할 수 있는 동선을 확보할 수 있는 것도 중요하였다. 여기서 남아 있는 안에 대해서 이동의 용이성 및 안전 확보, 용지의 새로운 취득이나 기존시설 이전의 필요성 등을 하나하나 검토한 결과, 폭포에서 가장 하류에 위치한 장소에 가설하는 안을 선택하였다.

가설 지점의 검토에 이어 교량의 디자인 검토에 들어갔는데 바닥이 평평한 편측탑식 현수교 안, 바닥이 완만하게 출렁이는 웨이브 편측탑식 현수교 안, 그리고 심플한 슬래브교 안의 3개이다. 각각의 교량을 건넜을 때의 시점, 상류·하류에서 본 시점, 멀리서 본 시점 등 다양한 각도에서 바라보았을 때를 비교 검토하여 협의한 결과, 편측탑식 현수교 안을 채택하게 되었다.

현수교의 BIM 모델 작성에는 케이블의 현수선 형상 등 복잡한 곡선이 필요하다. 그래서 Revit과 곡선을 자유롭게 그리는 Civil 3D를 병용하여 BIM을

[그림] 검토 결과 최종적으로 채택된 편측탑식 현수교 안

출처: 昭和土木設計

모델화하였다. 더욱이 계곡의 BIM모델과 InfraWorks로 일체화시킴으로써 지형과 구조물을 동시에 검토하였다. 1개의 교량 형식을 모델링하는 데 걸린 시간은 2일 정도. 계단과 난간 등은 Revit의 그리기 기능을 사용하여 빠르게 모델링할 수 있었다. 이 회사는 드론에 의한 촬영과 지형의 BIM모델화로 가설 지점의 검토 그리고 교량형식 결정까지의 과정을 약 11분 간의 비디오로 정리하였다. 이 프로젝트를 어떤 경위와 검토에 의해서 최종 안에 이르렀는지를 단시간에 상세히 알 수 있다. 바로 BIM만의 설명력을 보여준 비디오이다.

이 회사는 적은 규모이지만 항상 새로운 기술 도입에 적극적이다. 1990년대는 이와테 현 내에서 처음으로 2차원 CAD를 도입하고 1년이 안 되는 사이에 사내에서의 도면 작성을 손에서 CAD로 전환하였다. 드론과 BIM의 도입도 이 회사의 리드에 의하여 실현되었다. 현재 이 회사의 대표는 일본 기술사회 이와테현 지부장을 맡고 있으며, 지부 산하의 건설 ICT시스템 연구회에서 드론 촬영에 의한 측량의 정밀 검증에도 관여하였다.

2016년에 입사한 신입사원에게는 아예 BIM소프트웨어를 사용한 업무를 담당하도록 하고 있으며, BIM에 의한 고부가가치 제공으로 기업 평가를 높이고 싶다고 한다.

또한 BIM에 의한 업무의 영업을 담당하는 이 회사의 사업추진실장도 타 업계 출신이다. 당사의 주된 고객은 이와테현이지만 드론과 BIM을 살린 특색 있는 기술로 나라 전체의 설계 업무에도 신규 참가할 계획이라고 한다.

일본의 국토교통성은 2016년부터니 드론을 사용한 민형 측량피 군공편디, BIM을 사용한 설계 업무와 정보화 시공의 연계 등 IT를 사용하여 업무나 공사를 유기적으로 연동하여 생산성향상을 도모하는 'i-Construction'을 시작하였다. 이 회사는 이러한 움직임을 기회로 받아들이고 새 시대의 토목설계에 나서고 있다. 드론이라는 IT기기와 BIM을 사용하면 기업의 가치를 높일 수 있을 뿐만 아니라 설계업무의 효율성과 생산성향상이라는 기업의 수익에도 도움이 될 것이다.

건설생산시스템에서 드론의 필요성

드론은 토목분야뿐만 아니라 좁고 복잡한 건축현장에서도 계측, 정보수집에 이용이 가능하기 때문에 BIM과 주변 측위를 연동하는 스마트 건설에서 중요한 수단으로서 기대된다. 드론을 사용한 영상촬영이나 3차원 계측 및 Mapping기술 등은 새로운 시공혁신을 창출할 가능성이 있는 필수적인 요소기술이다.

드론은 소형 무인비행기로 조종이 용이한 멀티콥터^{multicopter} 타입의 보급이 늘어나면서 촬영 기자재와 계측기를 장착하고 각종 산업에서 활용이 시작되고 있다. 현재는 눈으로 볼 수 있는 시야 안에서의 비행이지만 장래에는 자율·자동 비행에 의한 건설생산 현장의 적용을 목표로 해야 한다.

드론 및 그 활용에 대해서는 앞에서 언급하였지만 국토교통부가 주관이 되어 활발하게 진행되고 있어 건설에서의 전망은 밝다. 그러기 위해서는 우선 관련 법규의 재정이 시급하다. 특히 앞의 사례에서 보듯이 드론에 의한 3차원 측량의 법규 제정과 드론이라는 비행체에 대한 안전법규 등이 선행되어야 할 것이다. 그리고 시공단계와 유지관리단계, 재난재해 등 건설에서 유용하게 사용할 수 있도록 관련 연구가 지속적으로 이루어져야 할 것이다.

건설에서 드론의 이용과 활용을 추진하기 위한 관·산·학·연의 전문가와 관계자를 모아 '소형 무인기와 관련된 환경정비를 위한 민관 협의회'를 구성하여 본격적인 건설 비즈니스에서의 활용을 위한 안전성 확보 기술개발과 인증의 구조, 관련 자격제도의 필요성 검토 등을 감안한 새로운 제도 설계도 필요하며, 특히 드론으로 촬영한 영상을 분석하여 건설에 활용할 수 있는 애플리케이션의 개발도 필요하다. 전체 드론시장에서 분석기술(소프트웨어)이 차지하는 비중이 70%에 이를 것으로 전망되기 때문에 이에 대한 연구개발은 또 다른 부가가치를 창출하는 하나의 분야가 될 것으로 보인다.

5.3

3차원 측량 및 계측

**건설시스템에서의
필요성**

3차원 측량 및 계측은 지금과 같은 방식의 측량에서 변화가 가장 심할 것으로 예측되는 기술이다. 기존의 2차원 측량에서 3차원 측량으로 바뀌면서 BIM과 연계한 정보화시공의 필수 기술로서 기대가 높으며, 3차원 데이터의 활용에 의한 건설프로세스 전체의 최적화를 위해서는 반드시 필요한 기술이다. 기존에는 토털스테이션 total station이라는 측량기기를 사용하였다면 앞으로는 다양한 종류의 측량기기를 사용하여 정밀도가 높고 생산성이 좋은 측량데이터가 생산될 것으로 기대하고 있다.

또한 지금과 같은 성과품이 아닌 다양한 성과품이 생산될 것으로 예상되는데 단순하게 '거리를 재는', '현상을 만드는 측량이 아닌 노지를 생성하나', '중요시설을 구축한다'와 같이 필요와 목적에 따라 '만들어 내는' 측량에 다양한 정보를 포함한 측량으로 바뀔 것으로 보인다. 또한 건설에 국한된 측량이 아닌 다양한 업종에서 사용이 가능한 측량으로 바뀔 것으로 예상되며, 측량데이터만을 제공하는 것이 아니라 고객이 원하는 데이터 분석을 포함하여 제공함으로써 측량의 업역은 지금보다 넓어질 것으로 기대하고 있다. 즉 데이터에서 가치를 끌어낼 수 있다는 점에서 '매력적인 업종'이 될 것이다.

3차원 측량 및 계측의 기술 개요

현재 건설에서 사용이 가능한 3차원 측량 및 계측은 항공측량, GPS측량, 이동 지도제작시스템^{MMS: Mobile Mapping System}, 실내 측위, 레이저 스캐너^{laser scanner}, UAV측량(드론측량), Side Scan Sonar, 소형무인보트 등 다양한 계측기술이 있으며, 취득한 데이터에 대한 처리기술의 혁신으로 종래와 비교하여 효율적이고 고정밀도의 3차원 데이터 취득이 가능한 수준에 이르렀다. 각각의 기술에는 장단점이 있지만 데이터의 중첩으로 고정밀도 3차원 데이터를 작성할 수 있게 되었다. 특히 건설현장에서는 현재의 시공 상황과 설계의 차이 등을 별도의 공수 없이 안전하고 간단하며 단기간에 검출하는 기술로서 기대가 높다. 많은 종류의 측량 및 계측기술 가운데 여기서는 아래의 종류에 대하여 소개하도록 한다.

1. 항공사진측량, 항공레이저측량
2. 3D 레이저 스캐너
3. UAV(무인비행기)
4. Multi Beam Sonar, Side Scan Sonar
5. 소형 무인보트
6. Visual SLAM

항공사진측량, 항공레이저측량

항공기에서 촬영하거나 계측된 사진 및 레이저 프로파일러^{laser profiler}를 사용하여 면^面적인 3차원 위치정보를 취득한다. 이 기술을 이용하면 절대정밀도로 위도·경도 25cm, 높이 15cm의 측량이 가능하다. 도시계획·하천 사방·산림 등의 분야에서 많이 활용되고 있다. 또 항공기에서 다방향^{多方向}(직하, 전방, 후방, 오른쪽, 왼쪽)을 동시에 광역으로 촬영함으로써, 다중 오버랩^{overlap} 사진을 효율적으로 자동 취득하여 사진과 항공 삼각측

[그림] 항공사진측량, 항공레이저측량 예

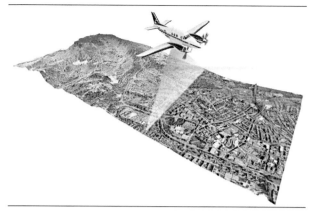

출처: http://www.pobonline.com/

량 성과에 의해 고정밀도의 3차원 지형모델을 생성할 수 있다. 다각촬영 항공 가메리_{oblique camera}를 이용히는 이 기술에서는 광역도시나 재난현장의 3치원 지형모델을 효율적으로 작성할 수 있으며, 이들 3차원 계측기술을 활용하여 도시나 지역단위의 입체적 구조의 파악이나 방재시뮬레이션에서의 활용이 기대되고 있다.

[그림] Oblique Camera를 이용하여 생성한 도시의 3차원 모델

출처: http://eijournal.com/

3D 레이저 스캐너의 측량 및 계측

레이저 스캐너laser scanner는 레이저빔laser beam을 초고속 회전거울rotating mirror에 반사시켜 분산 주사함으로써 무수히 많은 관측점의 위치를 동시에 관측한다. 기계 점으로부터 관측점까지의 수평각, 연직각 및 사거리를 측정한 후에 소정의 소프트웨어에 의해 후처리 방식을 수행하여 3차원 좌표 위치를 결정한다.

수평각 및 연직각은 모터에 의해 스캐너가 일정한 간격으로 자동으로 회전하면서 관측되며, 사거리는 종래의 토털스테이션total station과 동일한 방법으로 시간차 측정time of flight 방식 또는 위상차 측정phase measurement 방식에 의해 관측된다. 시간차 측정방식은 레이저를 발사하여 반사되어 되돌아오는 시간차와 레이저 속도의 곱으로 거리를 관측하는 방법으로 가장 널리 사용되고 있는 방식이다. 이 방식은 특성상 위상차 측정방식에 비해 가까운 거리에서의 정확도가 다소 떨어지는 단점이 있다. 위상차 측정방식은 레이저빔을 발사하여 반사되어 오는 위상의 개수에 최종 파장의 위상차를 더하여 거리를 관측하는 것으로 시간차 측정방식에 비하여 정확도가 다소 높다. 스캐닝 원리는 레이저 발진부에서 발사된 레이저빔이 초고속 회전거울에 반사되면서 조밀한 간격으로 일정 범위에서의 스캐닝을 하게 된다.

지상라이다는 항공라이다 측량과 동일한 원리로 3차원 데이터를 취득하지만 비교적 가까운 거리에서 넓은 공간을 측량하므로 여러 지점에 라이다를 설치해야 하며, 취득된 다수의 점군은 지상라이다를 기준으로 상대좌표들을 가진다. 따라서 하나의 좌표계로 일치시켜주는 정합 및 절대좌표 등록기법을 적용함으로써 전역적인 3차원 모델 구축을 가능하게 한다. 3D 레이저 스캐너에 의한 측량 및 계측은 다음과 같은 특징이 있다.

- 공기를 대폭적으로 단축
- 인건비의 절감
- 위험 및 출입이 제한된 곳에 대해 안전한 장소에서 계측 가능

- 지형 및 구조물을 상세한 부분까지 재현 가능하여 고품질의 3D 데이터를 확보할 수 있음
- 계획 변경에 따른 재측이 필요 없음
- 밤낮에 상관없이 계측이 가능
- 재해 등 긴급 시에도 수시로 대응이 가능

[그림] 3D 레이저 스캐너와 기존 측량의 비교

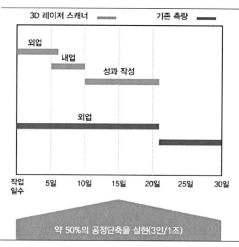

출처: http://www.toprise.jp/3d_laser.html

3D 레이저 스캐너의 활용 범위는 다음과 같다.

- 토공 구간의 종, 횡단 계측·토공량 관리 및 일반도 작성
- 건물·구조물의 노화 상황 조사
- 노면의 부분 침하, 오버레이 계측
- 농지조성공사, 포장 정비사업의 계측
- 터널과 교량, 댐 등의 구조물 형상 계측·준공 계측 및 일반도 작성
- 재해지, 암반 등의 급경사지, 직접 계측이 어려운 장소에서 안전한 비접촉 측정

- 도면이 없는 오래된 구조물의 3차원에 의한 데이터화 및 도면화
- 중요한 문화재·구조물을 디지털 데이터로 보존하여 차세대에 계승

3D 레이저 스캐너는 기존의 2차원 좌표인 X·Y에 Z좌표를 병행하여 관측하고 그 점을 모아(점군) 시각적으로 3차원의 공간을 표현할 수 있다. 3D 레이저 스캐너의 계측에 대하여 예를 들면 다음과 같은 것이 있다.

◪ 터널계측

지하 수로터널의 유지관리를 목적으로 현황의 상세도를 작성하려는 측량 업무에서 3차원 계측을 실시하여 도면을 작성할 수 있다. 그림에서 보면 왼쪽 사진이 터널 입구 부근의 점군데이터이며 중앙과 오른쪽 사진은 터널 전체의 점군데이터를 나타낸 것이다. 특히 야간이나 터널 안에 빛이 충분하지 않은 곳에 있어서도 3D 레이저 스캐너는 정확하게 계측할 수 있는 장점이 있다.

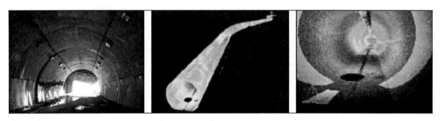

[사진] 3D 레이저 스캐너에 의한 터널계측
출처: http://www.toprise.jp/3d_laser.html

◪ 하천계측

하천을 3D 레이저 스캐너로 계측하여 점군데이터를 취득한다. 정확한 데이터를 얻기 위해서는 여러 곳에서 계측한다. 모아진 점군데이터에서 초목 등의 장애물을 제거한 뒤에 데이터를 3D 메시로 가공함으로써 각종 범용 CAD에서 간단한 마우스 조작만으로 빠르게 종, 횡단면, 지형도를 작성할 수 있다.

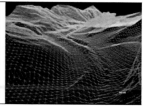

[사진] 3D 레이저 스캐너에 의한 하천계측
출처: http://www.toprise.jp/3d_laser.html

◪ 출입금지구역의 계측

재해현장, 출입금지구역, 급경사지 등 직접적인 계측이 어려운 곳에 수평 360°, 수직 270°, 반경 200m의 범위를 돔형으로 계측할 수 있는 3D 레이저 스캐너라면 안전한 장소에서 계측할 수 있다. 대상물을 향해 레이저를 쏘고 돌아오기까지의 시간을 계측하여 거리로 환산하므로 정확한 계측이 가능하다.

[사진] 출입금지구역의 3D 레이저 스캐너 계측
출처: http://www.toprise.jp/3d_laser.html

3D 레이저 스캐너 활용사례, 지하철터널의 비파괴시험

지하철과 관련된 다른 건설 프로젝트나, 원래의 지질학적 조건과 건설 자재의 경년 변화 등의 요인에 의한 지하철 터널은 노화되기 쉽기 때문에 완공 후에 정기적인 모니터링과 정비가 필요하다.

[사진] 3D 레이저 스캐너로 스캔하는 장면(왼쪽이 고정식 오른쪽이 이동식)
출처: Shanghai Geotechnical Investigations & Design Institute

[그림] 3D 스캐닝 데이터에서 추출한 터널의 종단면도와 횡단면도

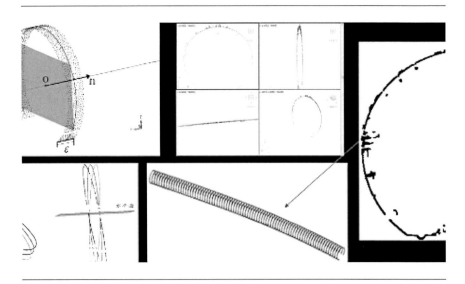

출처: Shanghai Geotechnical Investigations & Design Institute

누수나 균열 등 흔히 있는 문제가 발생할 수 있고, 심한 경우에서는 콘크리트의 박리도 발생한다. 터널 붕괴의 리스크를 줄이기 위하여 지하철 터널에 문제가 없는지 정기적으로 점검하여 결함이 발견되면 신속히 대응해야 한다.

지하철 터널 평가에 정통한 기업으로 평판이 좋은 중국의 지질공학 컨설팅 업체인 SGIDI^{Shanghai Geotechnical Investigations & Design Institute Co., Ltd.}이 있다. 2012년 이 회사는 평가 공정과 데이터처리 소프트웨어를 개발하고 특허를 취득하여 지하철 터널의 고정밀도 비파괴시험을 효율적으로 실시할 수 있게 되었다. 3D 레이저 스캐너를 사용하여 지하철 터널의 라이닝을 평가하기 위하여 치수계측, 레이저 이미지 처리, BIM모델링을 실시하였다. 개략적인 방법을 소개한다.

◪ 지하철 터널에 적용된 스캔 방법

SGIDI는 고정과 모바일이라는 2가지의 상태에서 터널을 스캔하는 방법으로 데이터를 취득하였다. 사용 기종은 FARO Laser Scanner Focus3D X 330으로 타깃 레스 스캔^{target-less scan}으로 등록할 수 있어 간단하게 스캔할 수 있으며, 지금보다 훨씬 효율적으로 데이터를 취득할 수 있다. FARO의 스캐너를 사용하여 고정된 상태에서 매시간 500m, 또는 모바일 스캔으로 매시간 1,500m의 속도로 스캔할 수 있으며, 2~3명의 작업자만으로 이 작업을 실시할 수 있다. Focus3D X 330의 휴대성, 쉬운 사용성, 매초 최대 976,000포인트라는 속도로 측정하므로 지하철 터널 특성상 프로젝트의 시간적 및 인력적인 제약을 해결하는 데 이상적인 도구이다.

◪ 고정밀도의 치수계측

Focus3D X 330은 스캔마다 터널 폭의 치수, 터널 변위량, 세그먼트 변위, 수직 클리어런스^{clearance}를 포함한 종합적인 치수 계측 결과를 취득한다. 이 회사가 수행한 어느 프로젝트에서는 Focus3D X 330을 사용하여 38km의 터널을 스캔한 결과, 터널 폭 치수의 공차는 ±3mm로 정확성을 입증하였다. 게

다가 스캔 데이터를 단면으로 분석할 수 있어 사용자는 메인 데이터 파일에서 종단면과 횡단면 데이터를 추출할 수 있다.

[그림] 터널 스캔 이미지

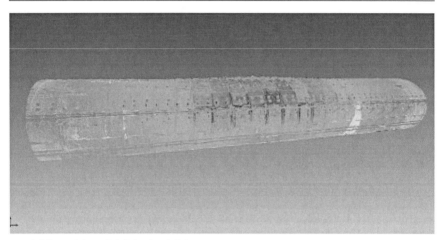

▲ 터널을 스캔한 오리지널의 점군데이터

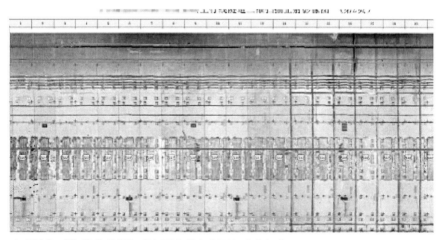

▲ 투영을 계산 후에 생성된 터널 3D스캐닝 오르토 이미지 맵

출처: Shanghai Geotechnical Investigations & Design Institute

◤ 고해상도의 레이저 반사 이미지

Focus3D X 330에 의해서 생성된 터널 벽의 이미지는 mm 단위로 정확하다. 실제로 정확도는 5mm 이하 수준으로 사용자는 직접 이미지에서 치수를 추출할 수 있다. 이와 같은 이미지에서 터널의 결함을 발견할 수 있으며, 부대시설을 조사하기도 한다.

[그림] 레이저 스캐너에 의한 터널 BIM모델링 예

출처: Shanghai Geotechnical Investigations & Design Institute

▶ 터널의 BIM모델 작성

Focus3D X 330에서 취득한 점군데이터와 이미지를 사용하여 어떤 터널에서도 실제 크기와 Texture를 반영하여 디지털데이터(BIM)로 구축할 수 있다. 이에 따른 지하철 운영회사는 자사의 터널 현황을 분석할 수 있어 품질관리와 운영의 안정성을 확보하기 위한 강력한 툴로서의 역할을 담당하고 있다.

이와 같이 3D 레이저 스캐너는 지하철뿐만이 아니라 다양한 구조물을 스캐닝 하여 여기서 추출된 대량의 풍부한 데이터를 운영 업체에 제공하여 구조물의 노화, 시설조사와 더불어 BIM 모델링을 구축하여 관련된 문제를 해결하고 다양한 ICT기술을 이용하고 모니터링 하는 것을 지원하게 될 것이다.

드론에 의한 3D 지형측량의 예

드론에 대해서는 앞에서 활용 예를 포함하여 상세하게 설명하였기 때문에 여기서는 드론에 의한 3D 지형측량을 하는 방법을 예를 들어 소개하기로 한다.

드론이 보급되면서 건설에 있어서 폭넓게 활용하려 하고 있는 요즘, 그러나 실제로 현장에서 어떻게 사용되고 있는지에 대해서는 잘 알려지지 않고 있다. 따라서 드론을 사용하여 3D 지형측량을 실시한 사례를 소개한다.

일본의 한 회사에서는 '드론으로 촬영한 사진으로 3D 지형측량'의 기술개발을 추진하고 있다. 2016년에는 류큐대학琉球大學과 공동으로 '3D CAD 및 드론을 활용한 지역방재연구'를 진행하고 있는데 일본에서는 드론을 건설에 이용하기 위한 연구가 활발히 진행되고 있으며, 일본의 국토교통성 정책에서도 반영되어 3차원 측량에 관한 법규가 2016년에 공포되어 실시되고 있다. 여기서는 드론으로 3D 지형측량을 어떻게 하는지에 대하여 간단하게 소개한다(출처: http://npo-ge.org).

(1) 촬영

먼저 드론으로 지형측량 대상지역을 촬영한다. 이 사례에서 촬영시간은 약 20분 정도 소요되었으며, 사진 매수는 현지 지형 및 촬영 범위에 따라서 차이가 있지만, 촬영한 사진 매수는 약 100장에 이른다.

[사진] 드론으로 대상지역의 현황 지형을 촬영
출처: http://npo-ge.org

(2) PhotoScan에 Import

PhotoScan은 Agisoft에서 개발한 프로그램으로 드론으로 촬영한 사진을 모아 정사사진^{ortho photograph} 제작과 3D 모델링을 하는 데 사용되고 있는 소프트

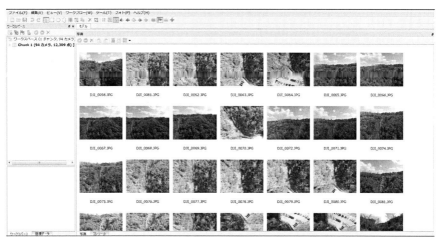

[사진] 드론으로 촬영한 사진을 PhotoScan Software에 Import
출처: http://npo-ge.org

웨어이다. 한국에서도 이 소프트웨어를 사용하여 드론과 함께 여러 분야에서
사용하고 있는 추세이다. 건설에서는 ReCap, ContextCapture라는 소프트웨
어를 많이 사용한다.

(3) 점군데이터의 구축

준비된 사진에서 PhotoScan의 명령에 의하여 사진들이 어느 좌표에서 찍
혔는지를 자체적으로 계산하여 점군데이터cloud point를 구축하는데, 구축된 점군
데이터를 기반으로 좀 더 조밀한 점군데이터를 생성한다. 이 점군데이터를 바
탕으로 메시 데이터mesh data를 구축한다.

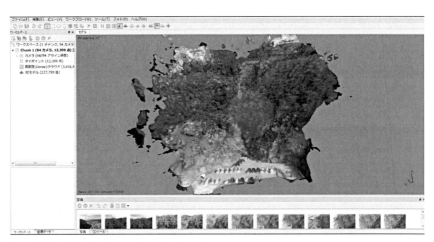

[사진] 촬영한 사진으로 점군데이터 구축
출처: http://npo-ge.org

(4) 불필요한 데이터의 자동분류 및 제거

생성된 점군데이터에서 지형도에 불필요한 수목이나 자동차 등 지상 장애물
을 자체 내장된 필터링 기능으로 자동 분류하여 제거하고 메시 데이터를 재구
축 한다. 현지 지형 및 성과 목적과 요구 정도에 따라서 다르지만 여기까지
PhotoScan에서의 작업 시간은 약 1시간 정도 소요된다.

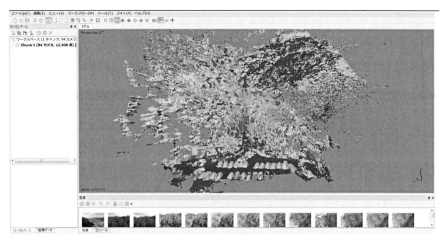

▲ 지형도에 불필요한 수목, 자동차 등을 제거한 상태

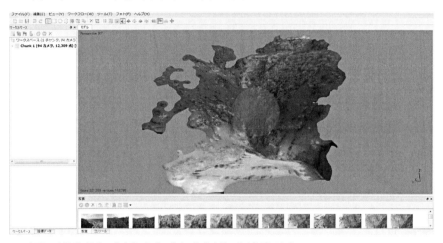

▲ 수목, 자동차 등을 제거한 후에 메시 데이터를 재구축한 상태

[사진] 수목, 자동차 등의 자동분류 및 제거
출처: http://npo-ge.org

(5) SketchUp에 Import

PhotoScan에서 만들어진 3D 지형데이터를 3D 모델링 프로그램의 하나인 SketchUp에서 불러들인다. SketchUp은 트림블Trimble사 제품으로 사용하기 쉽다는 장점을 가지고 있다. Make버전과 Pro버전으로 나뉘어 있는데, Make

는 무료로 사용할 수 있는 제품이다. 전문적인 3D지형을 작성하기 위해서는 유료인 Pro버전을 사용하는 것이 좋다. SketchUp에서는 불러들인 데이터에서 일부 튀는 부분의 메시를 수정하여 3차원 지형을 완성하면 된다. 완성된 3차원 모델에 PhotoScan의 사진을 다시 가져와서 붙이면 Texture의 3차원 지형도가 완성된다.

▲ 3D Model을 SketchUp에 Import

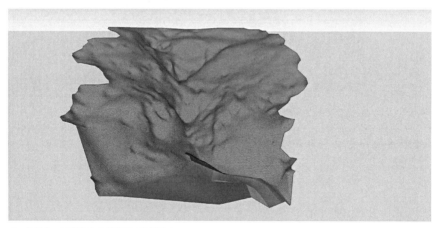

▲ 요철을 수정하여 3차원을 완성한다.

[사진] SketchUp에서 3차원 지형데이터를 완성

출처: http://npo-ge.org

(6) 다시 PhotoScan에서 사진을 붙여서 가져오기

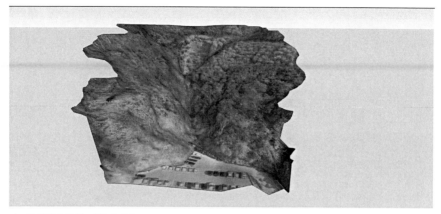

▲ 완성된 3차원 지형데이터

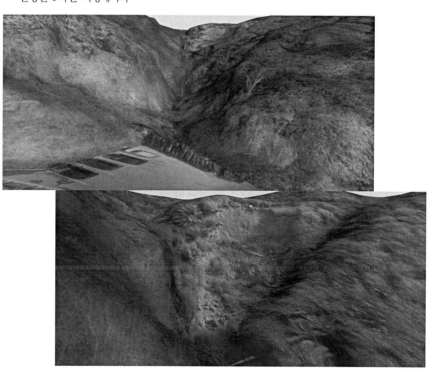

▲ 완성된 3차원 지형데이터의 확대 장면

[사진] 완성된 3차원 지형데이터
출처: http://npo-ge.org

(7) 다양한 기능

▲ 등고선 작성

▲ 정사이미지(orthomosaic image) 투영

[사진] 다양한 기능을 이용한 모델링 보기
출처: http://npo-ge.org

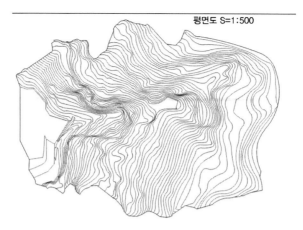

평면도 S=1:500

▲ 평면도 작성(DXF Data : Vector) 예

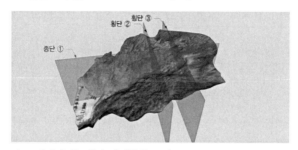

▲ 모델에서 종, 횡단 단면위치 표시

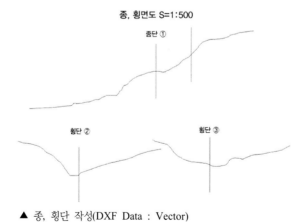

종, 횡면도 S=1:500

▲ 종, 횡단 작성(DXF Data : Vector)

[사진] 다양한 기능을 이용한 성과품 작성
출처: http://npo-ge.org

여기까지 SketchUp에서의 작업 시간은 약 하루 반(현지 지형 및 성과 목적 및 요구 정도에 따라서 다르다) 정도 소요된다. 드론촬영부터 3D 지형 작성까지 소요된 작업시간의 합은 약 2일(각 조건에 따라 다르다) 정도이다. 이 작업을 현재 방식으로 3D 지형을 만든다면 3일 이상이 소요될 것이다.

측량 업무에서 드론을 사용하는 장점은 우선, 측량비용을 낮출 수 있다는 이점이 있다. 특히 큰 부지에 대해서는 시간을 들이지 않고 측량할 수 있다. 정량적으로는 토털스테이션으로 측량하면 표고 값만을 측정한다 해도 계측하는 포인트 자체가 적어진다. 포인트 수는 하루 1,500점, 3일에 5,000점 정도가 표준이 된다. 한편 드론을 사용하면 사진측량과 측량 소프트웨어로 오서영상 등을 구사하여 상세하게 데이터를 취할 수 있다. 포인트의 수도 수천 만점이 된다.

또 하나의 이점으로는 작업자의 안전을 확보할 수 있다는 점과 또 사람이 출입할 수 없는 장소에서도 촬영할 수 있다는 것이다. 실제로 사람이 출입할 수 없는 상황에서는 드론이 필수적이다. 예를 들면 설계회사에서 무너진 산길 등의 개보수 방안을 제안할 때의 상황조사 용도이다. 이 프로젝트를 조사할 때는 드론을 사용한 측량과 촬영이 유효할 것이다. 또한 개보수 이전과 비교하여 낙석이 얼마나 떨어져 있는지 등 차이도 확인할 수 있다.

특히 산이 가파르고 절벽이 많은 산악지역에서도 드론이 유효하다. 지금까지는 사람이 오르내리며 스케치하거나 사진을 찍고, 그래도 그다지 효과적으로 측량하기가 어려웠다. 항공 레이저로 촬영하는 경우도 있다고 하지만 오히려 상세한 현황을 알 수 없다는 단점이 있다.

타깃이 필요 없는 새로운 드론측량

드론에 의한 측량은 지상에 반드시 타깃이 필요하다. 이번에 소개할 드론측량은 타깃이 필요 없는 측량에 관한 기

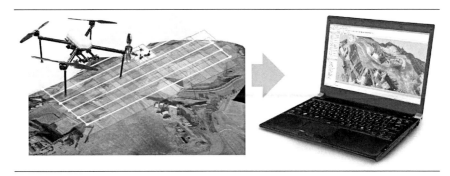

[사진] 드론을 사용하여 현장의 3D모델을 만드는 이미지
출처: 일본 TOPCON

술이다. 일본은 2016년도부터 국토교통성이 시작한 'i-Construction' 정책 가운데 3D데이터와 ICT 건설기계를 사용해서 시공하는 ICT 토공은 연간 1,000건 이상의 공사가 발주되어 전국으로 급속히 확산되고 있다.

그 시공관리에는 드론으로 현장을 촬영한 연속사진의 데이터를 컴퓨터로 처리하여 현장을 3D모델화하는 사진측량이 사용되고 있다. 다만, 고정밀도 3D모델을 만들기 위해서는 지표에 측정점(타깃)이라는 표시를 적절한 위치에 설치할 필요가 있는데 이것이 의외로 손이 많이 가는 작업이다. 그래서 일본의

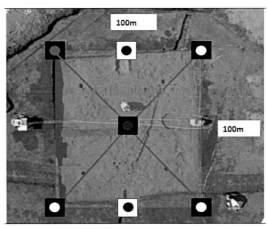

[사진] 측정점의 설치 예. 계측범위를 감싸도록 설치
출처: 일본 TOPCON

측량기기회사는 획기적인 드론에 의한 측량시스템을 개발하였는데 세계 최초로 측정점이 필요 없는 측량방법이다.

측정점은 촬영시의 카메라 위치와 자세, 사진과 지표의 3차원 좌표계의 대응을 구하기 위해서 필요한 것이다. 물론 적당한 위치에 두면 된다는 것이 아니라 계측 범위를 감싸듯이 설치한다. 또한 지형이 높은 곳과 낮은 곳에도 설치한다. 그래서 현장에 따라서는 중장비 작업에 방해가 되거나 중장비에 의해 파괴될 수도 있다. 모처럼 ICT 토공으로 '규준틀이 필요 없는' 시공이 가능하게 되었는데 '측정점'이라는 새로운 가설표지가 필요하게 되는 아이러니가 발생한 것이다. 그래서 이 회사는 측정점 대신에 도입한 것이 측량기기인 토털스테이션^{total station}이다.

토털스테이션이 드론을 자동으로 추적하여 사진을 찍을 때의 위치를 정확하게 계측하는 구조이다. 측량기기 제조사다운 아이디어이다. 이 회사에 의하면 세계 최초의 시스템이라고 한다. 이 시스템이라면 측정점의 설치와 철거의 반복 작업이 불필요하게 되므로 현장의 생산성은 더 향상될 것이다.

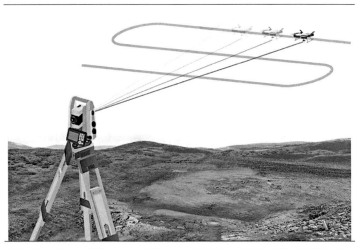

[사진] 토털스테이션으로 드론을 자동 추적하여 촬영 시의 위치를 계측
출처: 일본 TOPCON

멀티 빔 소나,
사이드 스캔 소나

하천이나 바다의 하상을 측량하는 방법으로 멀티 빔 소나와 사이드 스캔 소나에 대하여 소개한다.

멀티 빔 소나^{Multi Beam Sonar}는 해저의 깊이를 측정하는 데 사용된다. 배 밑바닥 부분에서 음파(음향 빔)를 발사하고 음파가 해저에 부딪쳐서 되돌아올 때까지의 시간을 재어 수심을 계산한다. 배는 좌우의 바다 속에 부채꼴로 복수의 음파를 발사하며 운항하기 때문에 육지의 항공사진측량처럼 상당한 폭을 가진 해저를 띠 모양으로 빈틈없이 측심할 수 있다.

멀티 빔 측심기는 해저 지형을 면적으로 파악할 수 있어 최근 항만측량에서 많이 이용하고 있다. 싱글 빔에서는 제대로 잡히지 않는 해저의 미세 지형을 상세히 기록할 수 있다는 점에서 항만의 깊이나 어초 분포 등의 확인을 효율적으로 고정밀도로 실시할 수 있는 것이 특징이다. 멀티 빔 소나를 사용하는 이점은 다음과 같다.

- 해저를 면적으로 측량하므로 작업 효율이 좋은 지형을 정확하게 파악할 수 있다.
- 음향 빔이 예민하여 세밀한 지형을 알 수 있다.
- 디지털 측량이므로 컴퓨터에 의한 고속으로 정확하게 자료처리가 가능하기 때문에 측량과 동시에 해저 지형도를 자동으로 작성할 수 있다.

이 때문에 최근 멀티 빔 측심기는 널리 쓰이게 되고 기술적으로 실용 면에서도 뚜렷한 발전을 거듭하고 있다.

사이드 스캔 소나^{side scan sonar}는 멀티 빔 측심기와 달리 수심을 측정하기 위한 기계는 아니지만, 해저의 상황을 멀티 빔보다 상세히 조사하는 기계이다. 소나는 조사선에서 예인된 상태에서 해저 면을 향해 음파를 발진한다. 이 음파의 반사파의 강약을 사진과 같은 이미지로 표현할 수 있다.

[그림] 멀티 빔 소나의 측량 이미지

출처: www.geocities.jp/jitan_on/multi/sokuryo-rei.html

　선박의 후부로부터 예항되는 예항체에서 초음파 빔을 진행 방향에 수직으로 부채꼴로 발사, 해저 면에서 반사 강도의 강약 분포를 농도차이 분포로 변환하여 이미지화 한다. 해저의 균열과 샌드웨이브(모래가 그리는 파장), 용암류 등 자연 현상 외에 해저의 파이프라인과 침몰선 등도 생생하게 그려낼 수 있다. 해면 부근(100m 이내)을 예항하는 타입과 해저 부근(해저에서 약 100m)까지 내려가는 심해예항 타입 2가지가 있다. 멀티 빔 소나와의 차이는 다음과 같다.

- 사이드 스캔 소나는 수심을 측정할 수 없다.
- 멀티 빔은 측심 점을 모아 해저 면의 기복을 표현하고 있지만, 사이드 스캔 소나는 음파의 펄스 폭Pulse Width을 이용하여 강약을 취득하기 때문에 아주 세세한 기복이나 해저 면의 저부 퇴적물을 표현할 수 있다.
- 사이드 스캔 소나는 해저의 물질(바위, 모래, 진흙 등)의 분포를 측정할 수 있다.

[그림] 사이드 스캔 소나의 측정개념도

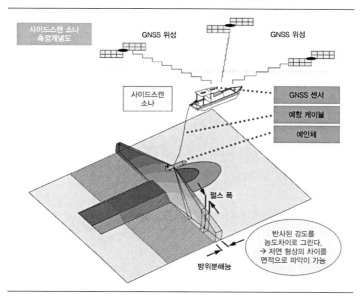

출처: www.cecnet.co.jp/service/narrowMulti.html

[그림] 멀티 빔 소나의 측정개념도

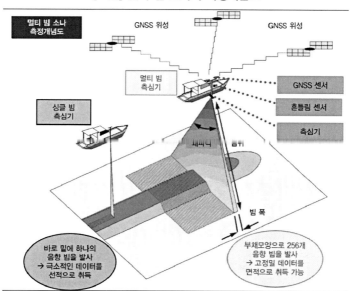

출처: www.cecnet.co.jp/service/narrowMulti.html

무인보트에 의한
수심측량

댐이나 하천, 해안 부근의 수심과 물밑의 지형을 측정하는 '수심측량'은 소형 보트를 현장까지 운반하거나, 보트를 사용할 수 없는 얕은 여울에서는 사람이 표척을 가지고 물속에서 작업하기 때문에 번거롭고 힘든 작업이다. 이 작업을 합리화하기 위하여 일본의 한 측량회사는 'RC-S3'이라는 자율주행 무인보트를 도입하였다. 길이 1.2m, 무게 16kg의 선체는 단순한 무선조종 보트처럼 보이기도 하지만 GPS와 수심계측 음파탐지기가 탑재된 하이테크 측량선이다.

[사진] 자율주행 무인보트(위). 측량 중인 모습(아래)
출처: APEO 기술연구소

**[사진] 계측한 수심데이터를 표시하는 현장용 PC(위)
와 추진기 주위의 얽힘 방지 시설(아래)**

출처: APEO 기술연구소

수심을 측량하는 '수심계측선'이나 장소를 자율주행시스템으로 입력하면 고
성능 세너스노스템에 의해서 수신으로부터 0.3m 이내의 위치를 유지하면서
자동으로 주행하여 깊이 80m까지를 1cm 정밀도로 측정할 수 있다. 동력은
직류모터를 사용하며, 전원에는 리튬이온충전지를 사용한다. 최대속도는 4.5
노트(약 8.3km/hr)로 210분간 연속주행이 가능하다.

원격조작에는 무선 LAN을 사용하고 있다. 그 전파는 800m까지 도달하지
만 만일 도중에 전파가 도달하지 않거나 배터리가 방전되면 전원을 넣는 지점
까지 자동으로 돌아오는 '자동 회귀' 기능을 갖추고 있다.

이 회사는 자율주행 무인보트로 계측한 결과를 3D로 모델화하여, 오토데스크의 Civil 3D에서 사용할 수 있도록 하였다. 또한 GPS를 수신할 수 없는 교량 아래나 암거, 물가의 수목이 우거져 있는 곳 등에서도 측량을 할 수 있도록 하기 위하여 보트에 '사방프리즘'을 달아 토털스테이션으로 자동으로 추적하는 방법도 적용하고 있다. 보트에서는 수심데이터와 측정한 시간을 기록하며, 토털스테이션에서는 보트의 위치와 시간을 기록한 다음에 시간을 단서로 하여 토털스테이션의 위치정보와 수심을 결합하는 구조로 되어 있다. GPS가 탑재된 자율주행 무인보트의 특징은 다음과 같다.

- GPS+sonar가 탑재되어 있어 위치와 수심을 연속으로 계측할 수 있다.
- 얕은 수심의 데이터를 취득할 수 있다(0.5~80m).
- 바다에서도 수심측량이 가능하다.
- VRS에 의한 고정밀도 위치정보를 취득할 수 있다.

[그림] 계측한 수심데이터 예

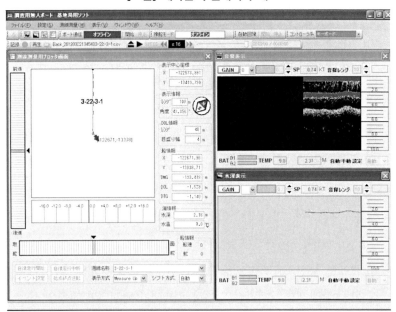

출처: www.cecnet.co.jp/service/narrowMulti.html

- 사전에 주행루트를 입력하여 자율프로그래밍 주행이 가능(정기적인 횡단 측량에 적용)
- 한사람으로 측량이 가능
- 선박운전의 면허가 필요 없음
- 자동회귀 기능탑재(전파가 도달하지 않아 운전이 곤란한 곳에 있어도 자동으로 출발지점으로 돌아옴)
- 준비시간을 크게 단축할 수 있음
- 작업자의 안전 확보(육상에서의 조작)
- 혼자서 운반이 가능

자율주행 무인보트는 많은 장점이 있는 반면 다음과 같은 단점도 있다.
- GPS통신이 불가능한 지역에서는 측정할 수 없음
- 유속이 빠른 유역에서의 측정은 곤란

[그림] 도면작성 예

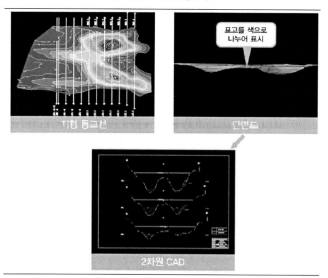

출처: http://www.toprise.jp/RC-S2.html

이동지도제작시스템, MMS

이번에 소개할 시스템은 이동지도제작시스템MMS : Mobile Mapping System으로 자동차에 레이저, 카메라를 탑재하고 주행하면서 도로 주변의 카메라 영상과 3차원 레이저 점군데이터를 중첩시키는 것으로 영상의 지면 및 물체의 3차원 위치 계측을 실시한다. 차량용 카메라와 레이저에 의하여 점군데이터 취득이 가능하다. 이동지도제작시스템으로 계측한 경우, 각 레이저 점군의 위도·경도·높이의 절대 정밀도는 10cm, 상대 정밀도는 1cm이다. 이 데이터를 이용함으로써 기존의 토털스테이션 측량에 의한 방법과 비교하여 현장작업을 대폭적으로 향상시킬 수 있으며, 점군데이터에 의한 주변의 구조물 및 지형 등의 현황 파악이 용이하다.

스마트시티smart city나 자율주행자동차 등 4차 산업혁명에서 기반데이터로 사용될 3차원 지형을 구축할 때에 필요한 지도제작시스템이며, 특히 도심지역의 3D 모델링 구축에 효과적으로 사용될 것으로 보인다.

[그림] 이동지도제작시스템으로 작성한 교량 예

출처: https://www.sam.biz/

파노라마영상과 레이저계측의 실내측량

360도 파노라마영상과 레이저 계측에 의한 고정밀도 실내 측량을 할 수 있다.

360° 카메라의 연속영상과 고정밀도 레이저의 계측 결과를 하이브리드로 조합하면 고정밀도의 3차원 데이터를 작성할 수 있어 이 기술을 이용하면 기존의 2차원 시설관리를 3차원에서 할 수 있게 된다.

특히 건설된 지 오래되었거나 도면이 없는 노후화된 시설을 3차원으로 모델링할 때 이 방법을 사용하면 빠르게 구축할 수 있다.

[그림] 고정밀도 3차원 데이터의 작성

출처: AISAN TECHNOLOGY

Visual SLAM

이번에 소개할 시스템은 모델작성에 탁월한 Visual SLAM^{Simultaneous Localization And Mapping}으로 자기위치 추정과 환경지도 작성을 동시에 실행하는 것으로 휴대 가능한 소형의 거리 이미지 센서(3차원 센서)와 태블릿 PC를 사용하여 센서에서 포착한 부분적인 3차원 데이터를 정확히 연결함으로써 비교적 넓은 공간이나 큰 구조물을 쉽게 모델화할 수 있다. 연결하는 데는 3차원의 점군데이터뿐만 아니라 면의 정보도 이용하기 때문에 실시간으로 모델화가 가능하다. GPS는 정확도가 떨어져 추정 오차가 커지는 것을 이 시스템을 이용하면 정확하게 자기위치를 측정할 수 있다.

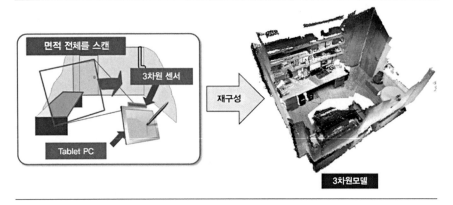

[그림] Visual SLAM을 사용한 3차원 모델

면적 전체를 스캔

3차원 센서

재구성

Tablet PC

3차원모델

출처: Mitsubishi Electric

3차원 측량 및 계측의 향후 방향성

3차원의 측량 및 계측 기술은 건설뿐만이 아니라 앞으로 전개될 4차 산업혁명의 각종 기술을 구현하기 위해서 필수적인 기반기술이다. 자율주행자동차를 위한 3차원 도로데이터 구축, 드론에 의한 물류 시스템에서의 3차원 지도 등 가장 기본이 되는 기술이므로 이에 대한 범정부 차원의 3차원 측량 및 계측의 표준이 제정되어야 할 것이다.

건설에서는 현장에서 생산성향상의 근본적인 개혁으로 연결될 것으로 기대된다. 특히 생산성향상이 더딘 시공 부분에 있어서 3차원의 측량기술과 3차원 데이터를 바탕으로 한 ICT 시공분야는 크게 발전해나갈 것으로 예상된다. 또 3차원 측량에 관한 관련제도의 문제에 대해서도 해결하는데 빠르게 진행될 가능성이 있다. 3차원을 다루는 기술자 양성과 3차원 데이터를 다루는 소프트웨어 편리성도 하루빨리 개발되어야 할 것이다. 우려가 되는 것은 건설이 아닌 IT기업에서 3차원 측량 및 계측분야에 눈독을 들이고 있으므로 건설에서 하루빨리 제도적인 법규가 마련되어야 할 것으로 보인다.

5.4

건설로봇

**건설시스템에서의
필요성**

최근에는 전자기술 및 제어기술, 측량
기술 등이 빠른 속도로 발전하고 있으
며, 제조업을 비롯한 많은 분야에서 첨
단의 로봇기술과 ICT를 도입하고 있다. 건설업에서도 건설생산시스템의 여러
과제를 해결하기 위한 다양한 방법이 연구되어 적용되고 있지만, 건설업이 안
고 있는 제반 문제점과 과제를 해결하기에는 아직 역부족이라 할 수 있다. 따
라서 건설 분야에서도 기존의 기계기술을 더욱 고도화하여 여러 문제에 대처
할 필요가 있다. 특히 건설시공의 문제 해결에 대해서 로봇기술의 가능성과
필요성을 정리하면 다음과 같다.

▶ 무인 및 원격조작으로 위험한 장소에서의 조사 및 시공

재해가 발생하면 대부분의 경우, 조사할 장소가 위험한 곳에 위치하거나 사
람이 접근할 수 없는 환경이 많아 무인 원격조작이 가능한 탐사로봇을 활용
하는 데 큰 기대를 모으고 있다. 또 신속한 복구 작업을 실시할 때에도 2차
피해의 위험 속에서 사람을 대신하여 시공할 수 있는 기술로 무인화 시공기
술이 필요하다.

▨ 반복 작업, 자동화 작업에 의한 시공의 효율화

같은 동작을 반복적으로 작업하는 것은 로봇기술이 가장 발달한 제조업에서 용접 로봇 등이 활용되고 있다. 이처럼 건설생산시스템에서도 반복 작업에 로봇기술의 활용을 도모하는 것은 효율화에 크게 기여할 것으로 기대된다.

▨ 새로운 기계도입과 자동화에 의한 위험작업의 경감

건설 분야는 이른바 3D(Dirty, Dangerous, Difficult) 업종에 속해 있을 정도로 위험한 작업이 많으며, 건설 근로자의 고령화와 맞물려서 노동환경 개선이 요구되고 있어 건설로봇의 도입이 시급한 실정이다.

▨ 조사결과의 통합관리와 시공의 트레이서빌리티에 의한 품질향상

조사와 시공의 경우 지금까지도 조사결과에 대한 정리가 문제되는 경우가 많은데, 특히 조사지점과 데이터의 연동이 되지 않아 유효성이 떨어지는 사례가 많다. 로봇기술에서는 그 기록을 GIS나 CAD와 연계하여 보존함으로써 후속 대책 등의 검토에 효과적인 데이터를 제공할 수 있어 정보화시공에 있어서의 트레이서빌리티traceability와 함께 조사와 시공의 품질향상에 크게 기여할 것으로 기대된다.

▨ 시가지 공사에서 인근 주민과 이용자의 불편을 경감

일반적인 공사는 물론이고 구조물의 해체나 철거, 청소 작업의 소음과 분진 발생의 방지 및 통행금지 기간의 단축 등 시민 생활과 건설 공사가 양립하기 위한 새로운 기계와 기술에 대한 기대가 크다.

이와 같이 건설을 둘러싼 사회적인 상황을 해결하기 위해서는 자동화와 정보화는 반드시 필요하며, 지금이 절호의 기회인 것은 분명하다. 따라서 현재 건설로봇기술은 어디까지 와있는지, 어떻게 변할 것인지에 대하여 소개한다.

[그림] 미래의 건설현장

출처: 일본국토교통성 홈페이지

건설로봇,
기술의 개요

미래에 각광받는 기술의 하나인 로봇은 인간의 꿈이기도 하다. 건설로봇기술의 개발 및 활용에 대해서는 기술적으로나 사회적으로 많은 측면이 있어 단기적, 장기적인 시점에 입각한 목표를 산학관이 공유하고 협력하여 기술개발에 임하는 것이 중요하나. 특히 '노동 생산성 향상', '시공현장의 안전 확보', '사회자본의 노후화', '다발하는 재해'에 대해서 로봇기술의 활용으로 문제를 해결할 가능성이 높을 것인가에 대한 방향과 목표가 확실해야 한다.

따라서 로봇을 건설에 적용하기 위한 기술의 활용 목적으로 ① 생산성 및 안전성 향상, ② 재해 대책, ③ 인프라 노후화 대책의 3가지를 설정하고, 각 목적 달성에 있어서의 과제와 그 해결의 방향성에 대해서 소개하도록 한다.

생산성, 안전성향상을 위한 건설로봇기술

우선 정보화 및 원격화·자동화에 따른 건설 작업에서의 노동생산성을 향상시키는 기술, 근로자의 고령화로 숙련기능공의 감소에 대응하는 기술, 현장의 안전성을 높이는 기술 등 현장의 생산성·안전성을 향상시키기 위한 기술이 요구된다. 특히 건설기계를 조작하는 근로자의 고령화와 더불어 젊은 층의 건설업 기피로 숙련 기능공의 부족이 문제가 될 것으로 예상하고 있다. 이것에 대한 해결 방안으로서는 다음과 같은 기술이 필요하다.

◪ 로봇화·기계화를 전제로 한 시공방법 개선과 이에 의한 자동화

로봇기술을 이용함으로써 성력화省力化를 실시하기 위해서는 기존의 설계방식 자체가 개선되어야 한다. 블록이나 배수로 등 콘크리트 2차 제품에 대하여 형상의 단순화와 대형화를 도모하는 로봇기술을 이용함으로써 효율화·공기단축을 목표로 해야 한다.

◪ 운전자 및 작업자의 지원기술 개발

정보화시공을 활용하기 위한 숙련 운전자에 대한 확보와 교육문제를 해결하여야 한다. 또한 일반 차량용이나 공작기계로 개발되어 보급하고 있는 기기·장치 등을 건설기계에 적용하여 효율화와 안전성 향상을 도모해야 한다. 또, 광산용 기계의 정보화기술 전용도 고려하여야 한다.

외골격형 로봇 정장, 생체공학에 근거하는 서포터 또는 고도의 균형자balancer 등의 기술에 의한 중량물 등을 취급하는 작업의 신체에 대한 부담을 경감하는 어시스트 기술개발도 추진해야 한다.

이들을 바탕으로 현장의 생산성·안전성 향상을 위한 건설로봇기술 활용의 미래상을 설정하여 추진하여야 한다.

첫 번째는 시공 자동화에 따른 시공 현장의 성인화^{省人化}이다. 건설로봇기술에 의한 자동 시공을 전제로 한 프리캐스트 제품의 표준화를 도모할 필요가 있다, 설계의 3차원 데이터를 기반으로 자동으로 시공하는 기계의 실현과 아울러 시공 현장의 성인화를 도모한다.

두 번째는 건설기계의 자동화 및 기존의 기술을 포함하여 유용한 기술의 활용·보급을 위한 정보화시공의 추진이다. 머신컨트롤^{machine control}, 머신가이던스 ^{machine guidance}의 발전·보급을 추진하면서 동시에 신기술로 등록된 유용한 기술과 다른 분야에서 활용되고 있는 ICT를 건설생산시스템에 활용·응용하는 것으로 한층 더 생산성과 안전성 향상을 도모한다.

재해대책을 위한 건설로봇기술

그동안 부분적으로 연구가 진행되고 있는 무인화시공과 향후 대규모 재해에 대비하여 필요로 하는 재해현장 상황파악과 정보 수집을 안전이 확보되면서 원격으로 실시할 수 있는 무인조사 기계 등, 재해 대책을 위한 기술이 필요하다. 그런데 한국에서 무인화 시공으로 개발된 기술은 사용되지 않아 발전하지 않는다는 것과 효율성 및 비용 면에서 필요성이 대두되지 못하고 있어, 사용하기 위한 검토가 필요하다. 이것에 대한 해결 방안으로서는 다음과 같은 것이 필요하다.

- 무인화 기계는 평소 사용하지 않아서 유사시에 사용할 수 없기 때문에 사용할 기회가 있으면 사용하는 환경을 정비해야 한다. 예를 들어 일반적인 조사에서도 사용할 수 있는 무인 조사기계를 개발해야 한다.
- 무인화 시공기계를 효율이 좋게 하여 숙련자가 아닌 사람도 조작이 용이하도록 원격조작 어시스트를 도입해야 한다.
- 일반적인 공사에서 사용하는 탑승 조작기계를 재해발생 시에는 원격 조작으로 신속하게 개조가 가능한 기술을 개발해야 한다. 또 그 기술의

적용 대상을 넓히기 위해서 건설기계의 조작반을 전자제어화로 교체하는 방안을 검토해야 한다.

• 3차원 좌표 데이터를 빠르게 취득하는 기술을 향상시켜 운전자에 제공해야 할 정보, 재해현장의 상황파악 등에 활용해야 한다.

이들을 바탕으로 재해 대책을 위한 건설로봇기술 활용의 미래상을 설정하여 추진하여야 한다.

첫 번째는 로봇기술에 의한 재해현장조사이다. 무인조사 로봇으로 산사태, 지진, 붕괴 등 사람이 출입할 수 없는 재해현장에 지상, 공중 및 수중 등 도처에서 접근하여 피해 상황을 확인할 수 있는 영상이나 지반정보, 3차원 지형정보를 취득한다. 또한 일반적인 조사에서도 사용되는 것을 목표로 한다.

두 번째는 무인화시공의 적용범위 확대와 효율향상 및 조작환경의 개선이다. 무인화시공에 대응하기 위한 작업 항목을 확대하는 동시에 누구나 짧은 시간의 훈련으로 무인화시공로봇의 조작이 가능하도록 어시스트 기능에 의한 조작의 간이화, 효율 향상을 도모한다. 또 훈련 환경, 기기 조달·수송 환경 체제를 정비한다.

인프라 노후화를 위한 건설로봇기술

인프라 노후화에 대해서는 비용을 절감하여 더 좋은 관리체제를 만드는 유용한 수단이 될 수 있는 로봇기술의 개발이 요구되고 있다. 인프라 노후화에 대한 해결 방안으로서는 다음과 같은 것이 필요하다.

• 사람이 들어갈 수 없는 장소에 대한 액세스를 가능하게 하는 로봇기술의 개발 및 활용

• 인프라 점검 로봇기술개발을 실현하기 위해 구조물의 노화에 관한 연구

등과 연계한 점검 대상의 정리

- 인프라 노후화에 대응하기 위해서는 적절한 유지관리가 중요하며, 점검 술과 더불어 터널이나 방음벽의 청소에 대해서도 작업비용과 사회적 손실을 막는 서비스 제공을 가능하게 하는 로봇기술 도입의 검토
- 사진 등을 촬영한 장소를 인식하는 기술도 개발되기 시작했으며 점검 기록의 매핑도 가능하기 때문에 계측, 영상 기록과 그 위치정보를 쉽게 관리·활용할 수 있는 기술을 검토해야 한다.

이것을 바탕으로 인프라 노후화에 대응하는 건설로봇기술 활용의 미래상을 설정하여 추진하여야 한다.

첫 번째는 로봇기술에 의한 무인점검, 보수, 보강의 고도화이다. 점검·보수, 보강용 로봇기술의 도입으로 작업의 신속화·비용 절감, 품질확보를 실현한다.

두 번째는 점검로봇기술의 개발과 활용이다. 사람이 들어갈 수 없는 곳에서의 점검이 가능한 점검로봇을 개발한다. 특히 수중에서 사람이 볼 수 없는 부분에 대한 점검과 일반적인 속도로 주행하면서 터널 안이나 노면의 점검, 교량과 같이 교통통재가 필요한 구조물에 대하여 통행 규제나 가설비계 설치 없이 점검이 가능한 로봇을 개발한다.

이상과 같이 건설로봇기술의 활용으로 생산성 및 안전성 향상, 재해 대책, 인프라 노후화 대책의 3가지에 대하여 알아보았다. 최근 한국의 건설업에서 가장 문제가 되는 것은 기업의 경영악화이나. 침침 풀이는 빌무물낭보 문세지만 건설업의 자구노력도 시급하다. 즉, 지금까지 방식으로 건설을 수행한다면 점점 더 경영악화로 이어질 것이므로 건설프로세스 전반에 걸쳐 생산성향상을 추진하여야 살아남을 것이다. 그러기 위해서는 첨단 ICT기술을 도입하여 생산성을 향상시킬 수 있는 부분에 대한 연구개발을 통하여 기업 경영환경을 개선해야 할 것이다.

건설로봇 사례, 건설기계 자동화시스템 A⁴CSEL®

일본의 한 건설회사는 건설기계 자동화 기술에 의한 차세대의 건설생산시스템 'A⁴CSEL^Quad Axcell'을 2015년에 개발하여 진동롤러^vibrating roller와 불도저^bulldozer 의 자동시공을 실현하였으며, 최근 건설현장에 자동 덤프트럭의 도입을 실험하여 덤프트럭의 '운반'과 '하역 작업' 자동화에 처음으로 성공하였다.

이 회사가 지향하는 차세대 건설생산시스템은 기존에 사용하는 리모컨에 의한 건설기계의 원격조작과 달리, 기술자가 미리 여러 개의 건설기계에 대하여 태블릿PC로 지시만 내리고 나머지는 기계가 자동적이고 자율적으로 운전·시공을 실시하는 것이다.

최근 건설업의 문제점으로 부각되는 장래에 숙련기능공의 감소와 인력 부족에 대응하고 토목공사 전반의 생산성 및 안전성 향상에 기여할 수 있는 시스템으로서 향후 적용 기종을 늘리면서 건설공사 전반에 대하여 한층 더 자동화를 추진할 계획이라고 한다.

[그림] 새로운 A⁴CSEL의 현장 적용 이미지 일러스트

출처: 日本鹿島建設株式会社

▶ A⁴CSEL의 개요

A⁴CSEL은 전용의 자동기계가 아닌 일반적인 건설기계에 GPS, 자이로gyro, 레이저 스캐너laser scanner 등의 계측기기 및 제어용 PC를 탑재함으로써 자동 기능을 부가하여 자동운전을 실현하고 있는 것이 가장 큰 특징이다. 또 시공 조건이 다른 수많은 작업에서 숙련 운전자의 조작 데이터를 수집·분석하여 자동운전의 제어 방법에 도입하고 있어 숙련 운전자와 동등한 품질을 제공한다. 더욱이 실시간으로 자기 위치, 자세, 주변 상황의 계측 결과로부터 사람과 장애물 기타 주로走路의 안전성 등을 인식하여 자동정지, 자동재개 등의 기능을 갖추는 등 안전성을 확보한 '자율운전'을 실현하고 있다.

[그림] 자동 불도저의 시스템 구성

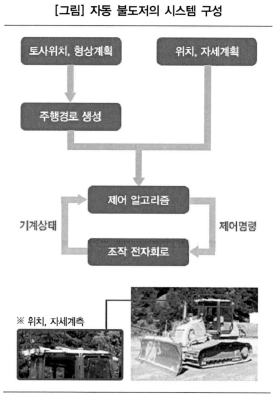

출처: 日本鹿島建設株式会社

A⁴CSEL로 적은 인원으로 다수의 건설기계를 다룰 수 있게 되었으며, 기계에 설치된 센서에서 수집된 기성 등의 시공 데이터를 3차원 설계·시공 모델에 반영시킴으로써 BIM의 추진에도 공헌하고 있다.

◨ A⁴CSEL에 의한 진동롤러의 자동운전

일반적인 진동롤러를 자동운전이 가능하게 개조하여 RCD콘크리트의 전압작업에 처음으로 적용하였다. 한사람의 오퍼레이터가 2대의 진동롤러를 조작하여 직선주행, 후진주행 모두 오차가 ±10cm 이하로 유지되고 있는 것이 확인되면서 숙련 운전자와 동등한 시공 정밀도를 확보하고 있다.

[사진] 자동화 장비를 장착한 진동롤러
출처: 日本鹿島建設株式会社

◨ A⁴CSEL에 의한 불도저의 자동운전

중장비회사인 일본 코마츠^{KOMATSU}의 불도저에 자동화기기·장치를 탑재하고 숙련 운전자의 실제 시공에 있어서의 조작 데이터를 분석하는 것과 동시에 주

[사진] 무인 자동진동롤러의 작업 장면
출처: 日本鹿島建設株式會社

행 경로, 삽날 높이의 차이에 따라 재료의 측면 형상을 예측하는 시뮬레이터
를 개발하여 자동 불도저의 제어 방법에 적용함으로써, 토사는 물론이고 조건
이 까다로운 RCD콘크리트의 평탄작업에도 적용할 수 있음을 확인하였다.

[사진] 무인 자동불도저의 작업 장면
출처: 日本鹿島建設株式會社

◪ A⁴CSEL에 의한 덤프트럭의 자동운전

진동롤러와 불도저의 자동화에 이어, 덤프트럭의 자동화를 실시하였다. 55TON 적재의 범용 덤프트럭에 GPS기기와 제어 PC, 자동화기기를 탑재하여 미리 지시된 위치까지 운반하고 지정 위치에서 덤프 업(하역 작업)의 자동화에 성공하였다. 중심코어형 사력 댐$^{rockfill\ dam}$ 시공에서 댐 코어재료인 다짐작업에 자동 덤프트럭과 자동 불도저의 도입을 실험하여 자동 덤프트럭과 자동 불도저를 연동시켜 코어재료운반 → 하역 → 평탄작업 → 다짐의 일련의 자동화의 흐름을 확인하였다.

이로서 토공현장에서는 운전자가 없는 진동롤러, 불도저, 덤프트럭의 무인 시공이 가능한 날이 멀지 않았다.

[사진] 55TON급 무인자동화 덤프트럭 작업 장면
출처: 日本鹿島建設株式会社

건설로봇 사례,
수중작업 로봇

일반적으로 백호우^{backhoe}는 육상에서 작업하는 건설기계이다. 하지만 강이나 바다 밑에서 작업하는 수중 백호우라는 건설기계가 있는데 일본의 기계회사와 건설회사가 공동으로 개발한 '수중작업 크롤러 로봇'이 그 주인공이다.

[사진] 수중 작업 크롤러 로봇. 해저 케이블을 조사하고 있다.
출처: 일본 東亞建設工業

수심 3,000m라는 대수심에서도 원격 조작에 의한 무인 작업을 할 수 있는데, 각 장비는 수심 3,000m의 압력에 견딜 수 있도록 제작되었으며, 해저 광물자원의 조사와 개발 등에 사용할 수 있다.

크기는 길이 2.25m×폭 1.65m×높이 2.20m로, 무게는 약 1TON(대기 중), 시속은 약 0.35km이다. 전원은 AC200V에서 약 40A의 전류를 소비한다.

타이어 대신에 4개의 무한궤도^{crawler}로 작동하며, 각각의 무한궤도는 단독으로 회전할 수 있는 '플리퍼^{flipper}'란 기구를 가지고 있어 요철이 있는 해저에서도 장애물을 피하면서 자유롭게 이동할 수 있다.

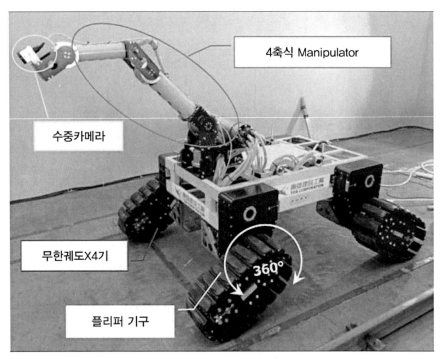

[사진] 타이어 대신 4개의 플리퍼가 달린 무한궤도를 장착하고 있다.
출처: 일본 東亞建設工業

[그림] 각종 부속장치의 장착 이미지

출처: 일본 東亞建設工業

[그림] 좁은 수로터널 내에서의 작업 이미지

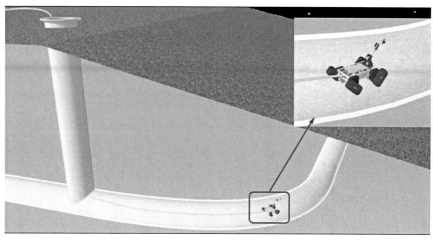

출처: 일본 東亞建設工業

본체 윗부분에 4개의 축을 가진 머니퓰레이터manipulator를 탑재하고 있어, 각종 부속장치attachment를 장착하여 물체를 잡거나 구멍을 뚫거나 덤프로 자재를 운반하는 등 다목적으로 사용할 수 있다. 해저를 무한궤도로 주행하기 때문에 조류나 파랑의 영향을 받지 않고 작업할 수 있으며, 여울에서부터 깊은 수심까지 폭넓은 해역에서 활용할 수 있다

특히 기존의 탐사로봇은 주로 조사업무용으로 개발된 것이 대부분이지만, 이 로봇을 사용하면 조사뿐만이 아니라 보수작업을 바로 실시할 수 있다는 점에서 유지관리에도 유용하게 사용될 것으로 보인다.

일반 백호우보다 훨씬 작기 때문에 현장에 운반과 반입하는 데 필요한 대형설비가 필요 없으며, 수로터널과 같이 좁은 곳에서도 사용할 수 있는 기동력을 가지고 있다.

이 로봇은 건설 분야에서 효율적으로 사용될 것으로 보이는데 특히 사람이 접근할 수 없는 협소한 공간 안이나 수심이 깊어 잠수사가 접근하기 어려운 곳 등에서의 생산성을 향상시키는 데 도움이 될 것으로 보인다.

건설로봇 사례,
인프라 점검로봇

일본의 한 건설회사는 댐이나 호안 등, 수중에 있는 인프라를 점검하기 위한 '수중 드론'의 일종인 점검로봇 '디아그 Diag'를 개발하였다. 크기는 폭 780mm×높이 711mm×길이 1,508mm이며, 무게는 약 130kg으로 4명으로 운반이 가능하다. 잠수가 불가능한 수심 100m까지 계측할 수 있다.

수중 인프라의 점검에서 중요한 것은 사진촬영 기능이다. 드론은 다소 바람이 있는 현장에서도 공중에 멈춰서 사진촬영을 할 수 있는데 그것과 마찬가지로 '디아그'는 물의 흐름이 있는 곳에서도 거의 정지된 상태에서 수중의 대상물을 촬영할 수 있다.

[사진] 수중 인프라 점검로봇 디아그
출처: 株式会社大林組

[그림] 디아그에 탑재된 여러 장치들

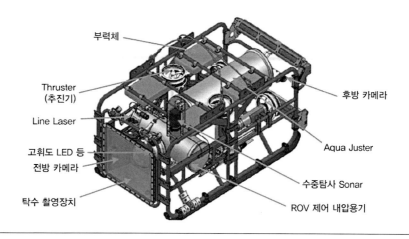

부력체

Thruster
(추진기)

Line Laser

고휘도 LED 등
전방 카메라

탁수 촬영장치

후방 카메라

Aqua Juster

수중탐사 Sonar

ROV 제어 내압용기

출처: 株式会社大林組

그 비밀은 디아그에 탑재된 '아쿠아 저스터aqua juster'라는 자이로 장치에 있다. 물체가 고속으로 회전하면 중심을 잡는 원리(일종의 팽이와 같은 원리)를 이용한 것이다.

이 회사는 도쿄의 스카이 트리Sky Tree 시공에서 타워 크레인에 매달린 자재가 바람에 흔들리지 않도록 같은 구조를 가진 '스카이 저스터sky juster'라는 자체기술을 사용하고 있었는데 이것을 수중의 점검로봇에 응용하였다.

또한 드론에서는 현재 위치의 계측에 GNSS(전지구 측위 시스템)를 사용하고 있는데 수중에서는 사용일 수 없다. 그 대신 도입한 것이 '트랜스폰더waappwwwa' 라는 위치계측 장치이다. 물 위에 작업선을 배치하고 거기에서 수중에 있는 디아그에 음파(응답신호)를 보낸다. 그러면 디아그는 답변신호를 보낸다. 그때 음파의 왕복시간으로 수중의 음속에서 작업선과 디아그의 거리를 계측할 수 있다.

전원은 작업선에 탑재된 발전기에서 전선으로 전원 공급을 받기 때문에 장시간에 걸쳐 연속으로 가동할 수 있다.

[그림] 디아그와 점검 부분의 위치확인 방법

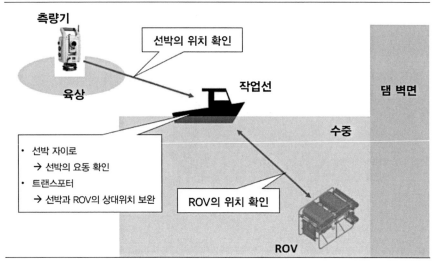

출처: 株式会社大林組

수중에서의 촬영은 물이 뿌옇고 시야가 나쁜 경우가 대부분이기 때문에 디아그에서는 탑재한 하이비전 카메라hivision camera로 촬영한 사진을 이미지해석에 의하여 부유물을 제거한 뒤 모니터에 표시하는 기능을 가지고 있다. 그래서 흐린 물속에서도 실시간으로 선명한 영상을 볼 수 있다.

사진 촬영 외에도 본체에서 레이저laser를 발사하여 균열 등의 치수를 계측하는 것과 동시에 위치정보를 활용하여 균열이 있는 위치를 기록할 수 있다.

[사진] 이미지해석 전(왼쪽)과 해석 후의 모습(오른쪽)
출처: 株式会社大林組

ICT를 활용한 미래의 토공현장

이번 사례는 드론, 로봇, BIM을 망라한 정보화시공이다. 중장비를 사용한 토공을 강점으로 해온 일본의 건설회사는 ICT 건설기계와 드론을 사용한 정보화시공 기술개발에 임하고 있다. 설계·시공의 중심이 되는 Tool은 오토데스크의 BIM용 솔루션이다. 이 회사가 추진하고 있는 BIM과 정보화시공에 대하여 소개한다.

대규모 택지조성 현장에서는 비가 왔을 때의 탁수처리가 필요하다. 이 회사는 조성현장에서 드론drone과 오토데스크autodesk의 클라우드 대응 BIM소프트웨어인 'InfraWorks360'을 사용하여 조성현장에 빗물이 유입되는 범위와 탁수의 '물길'을 정확히 찾아냈다.

[그림] 드론에 의한 촬영데이터를 토대로 작성한 택지조성현장의 3D모델

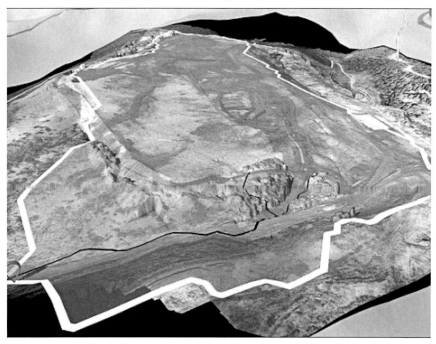

출처: 日本国土開発

드론으로 현장 상공에서 연속사진을 촬영하여 컴퓨터로 해석하여 지반의 점 군데이터cloud point를 산출. 이것으로 면面을 만든 3D모델을 InfraWorks360에 읽어 들여 조성현장을 둘러싼 '분수령'이 되는 능선과 '물길'이 되는 선을 3D 해석에 의하여 산출하였다.

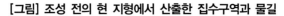

[그림] 조성 전의 현 지형에서 산출한 집수구역과 물길

[그림] 조성한 후의 집수구역과 물길

출처: 日本国土開発

이 회사의 토목사업본부 BIM/ICT 추진팀은 '예전에는 지형도의 등고선을 따라 시공시의 절토, 성토 데이터를 추가하여 집수구역과 물길을 찾아냈다. 드론의 촬영사진에 근거한 정확한 3D모델을 InfraWorks로 해석한 결과는 상당히 차이가 나타났다'고 한다.

또한 InfraWorks360에 단기간 확률강우 강도식과 유출계수를 입력하여 강우량과 강우지속시간에 의한 유량도 자동으로 산정하여 가설 방재계획을 최적화하는 방법을 확립하였다.

이 회사가 InfraWorks360와 AutoCAD Civil 3D 등 오토데스크의 BIM 솔루션을 도입한 것은 2014년 5월이었다. 처음에는 토목사업본부 4명의 토목기술자가 도입 시에 교육을 받고 BIM활용을 시작하였다.

[사진] 설계면의 LandXML데이터(왼쪽)와 머신컨트롤 백호우의 시공(오른쪽)

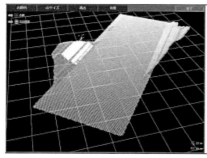

[사진] 소산늘 마쳐 시능한 현싱(왼쪽)과 오프셋 보링지의 획민 믹입(오른쪽)

출처: 日本国土開発

이후 드론과 3D 레이저 스캐너에 의한 현장의 3차원 측량에서부터 택지조성 현장과 태양광발전소 시설의 설계, 그리고 ICT 건설기계를 사용한 정보화시공, 또한 발포스티로폼의 블록을 쌓아 경량성토를 하는 EPS공법까지 이 회사의 BIM활용은 단기간에 급속히 확대되었다.

그중에서도 ICT토공에 사용되는 현장의 3D계측과 정보화시공의 정밀도 향상에는 적극적으로 대처하고 있다. 굴착이나 경사면 마무리 등을 작업할 때에 버킷의 움직임을 3D모델을 토대로 자동 제어하는 Komatsu사 제품의 스테레오 카메라를 탑재한 머신 컨트롤machine control 백호우인 'PC200i-10'의 제1호기를 도입한 것이 그 대표적이다.

이 백호우를 사용하여 절토의 설계 데이터를 머신 컨트롤 기능으로 시공할 때의 정밀도 검증을 실시하였다. 건설기계의 위치좌표를 취득하는 방법으로

[사진] ICT를 전면 활용한 도로토공의 현장
출처: 日本国土開発

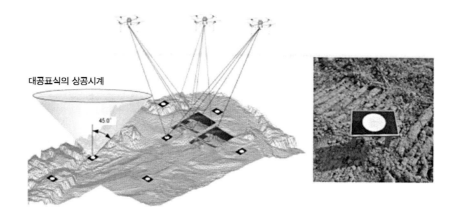

[그림] 드론에 의한 촬영 이미지(왼쪽)와 지상에 설치한 대공 표지(오른쪽)

출처: 日本国土開発

기준국을 설치하는 'RTK-GNSS방식'과 기준국 대신에 가상국을 설치하는 'VRS방식'의 2종류를 사용하여 각각 오프셋offset 보정 있음 / 없음 결과를 비교하였다.

이것은 산간부 등에서는 GNSS 위성으로부터의 전파를 수신하기 어려워질 수 있어 각 방식에 의한 정밀도를 검증하여 요구되는 시공품질을 얻을 수 있는지 확인하기 위함이다.

그 결과 RTK방식과 VRS방식 중에 어느 쪽도 기준점에서 오프셋offset 보정을 하는 것으로 도공시 기준높이의 시공관리기준치(−70 +70mm)이 시공 정밀도를 얻을 수 있는 것으로 나타났다.

드론으로 촬영한 현장의 연속사진을 컴퓨터로 해석하여 3D모델을 만들기는 쉽지만 중요한 것은 그 정밀도다. 사진 1픽셀당 지상 분해능resolving power, 分解能은 촬영고도와 초점거리, 카메라의 화상 분해능으로 결정된다. 이 회사는 일본 국토교통성의 기준을 충족하는 사진을 촬영하기 위하여 이 이론에 근거하여 현장에서 검증을 실시하였다.

촬영고도를 50m와 80m 2개의 케이스로 하여 임시 토공현장을 드론으로 촬영하여 3D모델을 작성하였다. 그 결과를 토털스테이션^{total station}에서 계측한 좌표와 비교하였다. 그 결과, 촬영고도 50m가 정밀도의 차이가 작았으며, 고도 80m의 경우에도 기성관리 검사요령을 만족하는 결과를 확인하였다.

또한 촬영고도의 차이가 토공 산출에 미치는 영향에 대해서도 검증하였다.

[그림] 성토 전의 현장모델

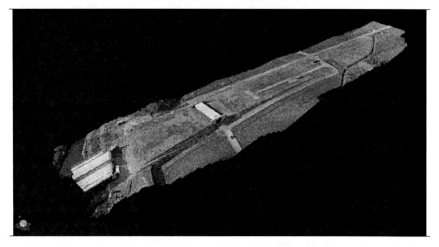

[그림] 성토 전의 모델과 비교로 토공을 산출

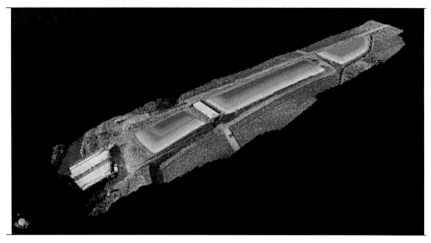

출처: 日本国土開発

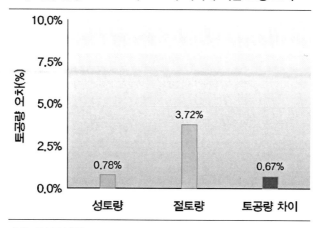

[그림] 촬영고도 50m와 80m의 차이에 의한 토공 오차

출처: 日本国土開発

촬영고도 50m와 80m의 차이에 의한 토공계산 결과의 오차는 최대 4% 정도에 지나지 않았는데, 성토량의 차이는 0.8% 정도에 불과한 것으로 나타났다. 즉, 매일매일 시공관리를 목적으로 한 토공의 파악에서는 고도의 차이는 별 영향을 주지 않는다. 이 성과에서 얻어진 것은 토공의 생산성향상에 연결될 것으로 보인다.

또한 이 회사가 시공 중인 태양광발전소 조성현장에서는 머신 컨트롤의 불도저 Komatsu 'D65PXi-18'을 전면적으로 활용하였다. 시공 시작 전에 드론에 의한 사진측량으로 3D현황 기반모델을 작성하고, 시공이 진행될 때마다 드론에 의한 측량을 실시하여 길, 밀도의 진척 상황과 토공간격를 관리하였다.

이 현장에서도 시공 정밀도를 확인하기 위하여 40m×20m 지역을 바둑판처럼 구분하여 각 교점의 높이를 설계 값, 토털스테이션에 의한 계측 값, 드론에 의한 3D측량으로 비교 검토를 하였다. 그 결과 토공 기준높이의 시공관리 기준치(±50mm)를 충분히 충족하는 정밀도로 나타났다. 드론에 의한 측량 정밀도도 거의 마찬가지였다.

한편 조성공사를 하지 않고 지형에 따라서 태양 전지판을 설치하는 태양광

[사진] 머신 컨트롤의 불도저에 의한 시공
출처: 日本国土開発

[사진] 머신컨트롤 불도저의 시공정밀도를 격자모양의 점으로 확인
출처: 日本国土開発

[그림] 시공 시작 전(왼쪽)과 시공 시작 2달 후(오른쪽)의 3D모델

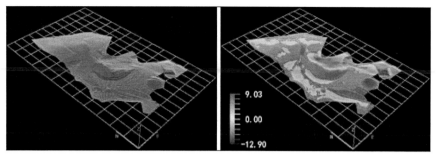

출처: 日本国土開発

발전소 공사현장도 있다. 이러한 현장에서는 현황지형을 3D모델화하여 AutoCAD와 AutoCAD Civil 3D의 스크립트 명령으로 지반면에 맞추어 태양 전지판을 자동으로 배치하고 각각의 패널을 지지하는 지주의 높이를 자동으로 산출하고 있다. 수작업이라면 꽤 많은 시간이 걸리는 작업이지만, BIM에 의한 자동설계에 의해서 수정작업 없이 효율적인 설계와 시공을 실현하고 있다.

이 회사는 그 밖에 스티로폼 블록을 쌓아 만드는 경량성토인 EPS공법에도

[그림] 자동배치 프로그램을 이용한 모델 작성의 개요

출처: 日本国土開発

BIM솔루션을 활용하여 시공계획과 시공관리를 실시하였다. EPS성토의 현장을 AutoCAD Civil 3D와 AutoCAD로 3D모델화하고, 현장에서 사용되는 EPS블록 하나하나에는 바코드를 부착하여 시공시에 GNSS에 의한 설치 위치정보와 바코드를 읽었다. 그리고 이렇게 취득한 정보를 속성정보로 하여 NavisWorks의 3D모델에 입력하여 어디에 어느 블록이 현장에 배치했는지를 나중에 추적할 수 있도록 시공관리를 한 것이다. 또 이 공사에서는 태블릿PC를 사용하여 현장의 영상과 3D모델을 중첩시켜보는 증강현실^{AR}의 시스템도 도입하였다.

[그림] 태블릿PC로 AR을 활용한 시공관리

출처: 日本国土開発

건설로봇의 향후 방향성

건설 현장에서 고정밀도의 로봇으로 시공을 하기 위해서는 센서^{sensor}나 액튜에이터^{actuator} 등의 요소기술에 대한 고도화와 함께 작업 전체를 관리할 수 있는 시스템화 기술도 필수적이다. 건설에서의 로봇 적용에 관한 과제는 다음과 같다.

① 로봇 요소기술(정밀위치 결정기술 등)의 향상
② BIM, 공정관리 시스템, 로봇제어 시스템의 연계
③ 계측 자동화와 준공자료$^{as\ built\ data}$의 로봇 제어에서의 활용
④ 로봇 활용을 전제로 한 건설공법의 재검토(유닛화, 모듈화 등)
⑤ 사람·로봇 혼재 작업에 관한 법제도의 재검토

[그림] 실외작업 로봇의 무선통신 이미지

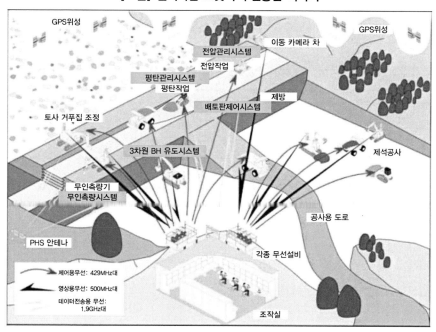

출처: IoT, CPSを活用したスマート建設生産システム, 一般社団法人 産業競争力懇談会

[그림] AI와 클라우드를 활용한 미래의 자동시공시스템

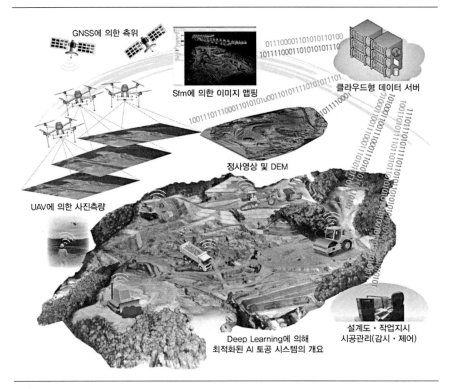

출처: 日本国土開発

　건설로봇은 무조건적인 무인화를 추진하여 인간의 일자리를 빼앗는 것이 아니라 위험한 장소의 작업이나 사람이 할 수 없는 작업과 같이 극한작업에 투입되어 작업하게 함으로써 생산성과 품질향상을 꾀할 수 있어야 하며, 공사로 하여금 인근주민과 이용시민의 불편을 해소할 수 있어야 한다. 그리고 사례에서도 보았듯이 건설기계의 자동화에는 기존의 데이터를 분석하여 활용할 수 있도록 기반데이터의 구축도 필요하다.

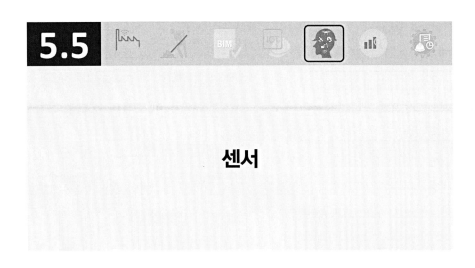

센서

건설시스템에서의 필요성

센서[sensor]는 직접 피측정 대상에 접촉하거나 그 가까이서 데이터를 알아내어 필요한 정보를 신호로 전달하는 장치를 총칭해서 센서(감지기)라 한다. 인간의 감각으로는 측정할 수 없는 수치도 잴 수 있어 위험이 따르는 기계에 부착하게 되었다. 산업용 로봇에는 없어서는 안 되는 장치로 응용 범위가 확대됨에 따라 최근에는 인텔리전트 센서 등 정보나 수치를 스스로 계산, 판단, 처리하는 보다 높은 기능의 센서도 개발되어 실용화되고 있는데, 가까운 예로 냉난방 기구의 온도 센서, 방범용 센서 등을 들 수 있다. 4차 산업혁명에서 구현될 IoT/CPS에는 반드시 센서가 장착되어야 하므로 스마트건설시스템에서도 다양한 데이터를 수집하는 데 없어서는 안 되는 필수 장치로, 앞에서 소개한 각종 사례에서 보듯이 대부분이 센서를 사용하고 있다. 건설에 사용하는 각종 부재, 건설기계의 상황, 환경 등의 관리·감시나 시공의 진척 상황에 대한 자동 가시화, 유지관리·점검의 성력화를 위해 사람을 거치지 않고 효율적으로 사람·사물·환경의 상태를 수집하는 센서의 활용은 시멘트, 골재만큼 필수품이 될 것이다. 특히 로봇에 의한 무인화 시공을 추진하는 데도 필수적이라 할 수 있다.

건설에 있어서
센서기술의 개요

센서는 사람이나 사물의 개체인식, 상태, 위치, 움직임, 이미지 등의 정보를 파악하기 위해서 사용된다. 범용적인 센서로서 아래 그림 '센서의 종류'와 같은 것이 있으며 목적과 용도에 따라서 단독 혹은 여러 개를 조합하여 사용한다.

센서는 크게 '물리적인 센서'와 '소프트웨어적인 센서'로 구분하는데, 물리적인 센서는 온도나 압력, 소리, 가스 등의 변화가 전기적인 값의 변화를 일으키는 소자로 구성된다. 반면, 가상 센서virtual sensor라 불리는 소프트웨어적인 센서는 물리적인 센서가 만들어낸 값들을 결합하여 새로운 값을 만들어내는 센서를 말한다. 예를 들면, 온도 센서와 습도 센서라는 물리적인 센서들의 값을 이용하여 불쾌지수 센서라는 소프트웨어적인 가상의 센서를 만드는 원리다.

센서의 종류는 그 센서가 어떤 값을 측정하느냐에 따라 구분되며, 물리적인 센서의 종류는 약 200여 가지가 된다고 한다. 일상생활 속에서 쉽게 접할 수 있는 센서로는 온도 센서, 습도 센서, 초음파 센서, 압력 센서, 가스 센서, 가속도 센서, 조도 센서 등이 있으며 맥박이나 혈압, 혈당, 산소포화도(SpO2) 등

[그림] 센서의 종류

출처: 日本産業競争力懇談会, 'IoT·CPS를 활용한 스마트 건설생산시스템(2016)'

을 측정하는 바이오센서들도 의료기기나 헬스케어 장치에 많이 이용된다. 최근에는 사람들의 얼굴이나 동작gesture을 인식하는 기술에서부터 뇌파, 즉 사람들의 생각 변화를 측정하는 쪽으로 센서 기술이 발전해나가고 있다.

센서는 사물인터넷 장치에는 기본적으로 들어간다. 스마트밴드의 경우에 가속도 센서를 포함하고 있어서 착용자의 걸음 수나 수면패턴을 분석하는 데 이용된다. 우리가 가장 많이 이용하는 스마트폰에는 가속도 센서, 지자기 센서, 자이로 센서, 온도 센서, 조도 센서, 근접 센서, 소리 센서, 이미지 센서, 지문 센서, 터치 화면 등 무려 10여 종의 20여 개 센서가 사용되고 있다.

산업 분야에서는 전자제품보다 더 많은 센서가 이용되고 있다. 스마트 자동

[그림] 스마트폰에 사용되는 다양한 센서의 종류

출처: 스마트과학관 - 사물인터넷 http://smart.science.go.kr

차의 경우는 자동차 한 대에 약 150에서 200개에 달하는 센서가 사용되고 있으며, 항공기 엔진의 경우는 2,000개에서 5,000개에 달하는 센서가 이용된다고 한다. 전체 부품 수를 기준으로 하면 센서의 비중이 약 10%에 달한다고 하니 얼마나 중요한 역할을 하는지 알 수 있다.

정보의 인식
RFID

RFID는 무선주파수^{RF, Radio Frequency}를 이용하여 사물이나 사람과 같은 대상을 식별^{IDentification}할 수 있도록 해주는 기술로, 안테나와 칩으로 구성된 RFID 태그에 정보를 저장하여 적용대상에 부착한 후, RFID 리더를 통하여 정보를 인식하는 방법으로 활용된다.

[그림] RFID 특징

| 장해물 투과 기능 | 비 접촉식 | 대용량 MEMORY | 이동 중 인식 기능 |

| Read/Write 기능 (재사용 기능) | RFID | 여러 개의 Tag를 동시에 인식 |

| 반영구적 사용 | 알고리즘에 의한 높은 보안성 | 데이터 처리의 높은 신뢰성 | 모든 환경에서 사용 가능 |

출처: 스마트과학관 – 사물인터넷 http://smart.science.go.kr

RFID는 기존의 바코드^{barcode}를 읽는 것과 비슷한 방식으로 이용된다. 그러나 바코드와는 달리 물체에 직접 접촉을 하거나 어떤 조준선을 사용하지 않고도 데이터를 인식할 수 있다. 또한, 여러 개의 정보를 동시에 인식하거나 수정할 수도 있으며, 태그와 리더 사이에 장애물이 있어도 정보를 인식하는 것이 가능하다.

RFID는 바코드에 비해 많은 양의 데이터를 허용한다. 그런데도 데이터를 읽는 속도 또한 매우 빠르며 데이터의 신뢰도 또한 높다. RFID 태그의 종류에 따라 반복적으로 데이터를 기록하는 것도 가능하며, 물리적인 손상이 없는 한 반영구적으로 이용할 수 있다.

RFID 시스템은 반도체 칩과 주변에 안테나를 결합한 RFID 태그^{tag}, 태그와 통신하기 위한 안테나 및 안테나와 연결된 RFID 리더^{reader}, 그리고 이러한 시스템을 제어하고 수신된 데이터를 처리하는 호스트^{host}로 이루어져 있다. 이렇게 구성된 RFID 시스템은 다음과 같은 방식으로 동작한다.

① 칩과 안테나로 구성된 RFID 태그에 활용 목적에 맞는 정보를 입력하고 대상에 부착
② 게이트, 계산대, 톨게이트 등에 부착된 리더에서 안테나를 통해 RFID 태그를 향해 무선 신호를 송출
③ 태그는 신호에 반응하여 태그에 저장된 데이터를 송출
④ 태그로부터의 신호를 수신한 안테나는 수신한 데이터를 디지털 신호로 변조하여 리더로 전달
⑤ 리더는 데이터를 해독하여 호스트 컴퓨터로 전달

센서기술, 현재의 동향

일반 센서의 활용사례에는 진동·음향·온도 센서를 사용한 설비 기계의 실시간 가동상태 파악·일상 점검, 막대한

데이터 해석 결과로부터 기기의 고장 예측, 진동 센서와 후술하는 이미지 센서 이미지를 조합한 건축 구조물의 점검 보수, 가속도·자이로·GPS 등의 센서나 비콘^{beacon}의 조합에 의한 사람 / 건설기계 / 로봇의 자세·전도 검지, 위치·동선 파악, 이동유도, 위험구역 출입제한, 행동 로그 취득 등이 있다.

RFID는 이미 우리들의 일상생활에서 다양하게 활용되고 있다. 매일 이용하는 교통카드는 대표적인 RFID 태그 중의 하나이며, 고속도로의 하이패스도 RFID 기술을 이용하고 있다. 도서관에서 빌려주는 책이나 의류 매장에서 판매되는 옷, 그리고 할인매장에서 판매되는 와인 등에도 RFID 태그가 부착되어 이용되고 있다.

[그림] RFID 적용사례

출처: 스마트과학관 – 사물인터넷 http://smart.science.go.kr/

이외에도 인건비 절감 및 관리 비용을 줄이기 위해 유통·물류·운송 분야에서 제품의 이동, 반입, 반출 정보의 확인 및 재고 파악 등을 위해 이용되기도 하며, 직원들의 근태 관리 및 출입통제 등의 수단으로 이용되기도 한다. 또한, 한우나 인삼 등의 농산물 이력관리나 약품관리 등 위변조를 방지하기 위한 목적으로도 이용된다.

사면관리도 IoT로
저비용 변위계측시스템

건설 분야에서도 이미 센서를 많이 사용하고 있는데, 근래에 들어 기상 이변으로 인한 폭우로 도로나 철도의 사면이 붕괴되는 일이 자주 발생한다. 다른 구조물과 마찬가지로 성토나 절토의 사면도 갱신 시기에 들어가는 것이 많아지면서 붕괴의 전조를 빠르게 검지하는 것이 필요하다.

[그림] 멀티 GNSS 지반변위계측 시스템의 운용 이미지

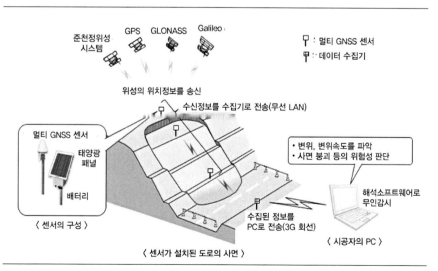

출처: 株式会社大林組

일본의 한 건설회사는 돌발적인 사면 붕괴의 위험성을 판단할 수 있는 '멀티 GNSS 지반변위계측 시스템'을 개발하였다. 인공위성의 전파를 수신하는 센서를 사면에 설치하여 위치를 상시 계측하는 것으로 산사태 등을 조기에 검지하는 것이다. 이것과 비슷한 시스템은 많지만 미국의 GPS 위성만 사용하기 때문에 위치측정의 빈도가 60분에 1번이었다.

그런데 이 시스템에서는 고감도 멀티 GNSS센서를 채용하면서 GPS 이외에 일본의 준천정위성과 러시아의 GLONASS, 유럽연합의 Galileo 등도 이용할 수 있게 되어 5분에 1번 빈도로 거의 실시간으로 사면의 변위를 관측하여 빠르게 전조 현상을 보고할 수 있게 되었다.

돌발적인 사면 붕괴 등의 전조를 판단하기 위한 새로운 해석 알고리즘도 개발되었다. 이들의 징조를 검지 할 수 있으므로 경보, 피난 지시, 차량의 통행 금지 조치를 더 빨리 내릴 수 있다.

특징으로는 센서의 설치부터 운용까지의 비용을 대폭 절감한 것이다. 센서 간의 통신에는 무선 LAN을 사용하고, 전원은 태양 전지판과 배터리를 활용하기 때문에 케이블 배선이 불필요하게 되었다. 또한 데이터의 점검은 기존에는 계측회사 직원이 방문하였지만, 이 시스템은 무인화 되어 있기 때문에 인건비가 필요 없어 접지 및 운용비용은 약 2년간 기존의 절반정도라고 한다. 이 시스템은 유지관리단계에서 유용하게 이용될 것으로 보인다.

이 시스템을 소개하는 이유는 유지관리 분야에서는 다양한 종류의 센서를 사용하여 계측과 관리를 하고 있지만, 유지관리에 필요한 비용이 많이 들어 활발하게 추진되지 못하는 것이 현실이다. 특히 인프라의 노후시설이 점점 늘어나는 시점에서 인프라 자산을 저비용으로 효율적으로 관리하기 위해서는 이러한 시스템이 필요할 것으로 보인다. 자연재해는 언제 어디서 어떻게 일어날지 모르는 상황에서 사전에 인지하여 조치를 취할 수 있다면 그 값어치는 무엇보다 클 것이다. 국민의 생명과 재산을 보호하는 재해예방에 IoT기술을 적용함으로써 보다 나은 환경을 만들 수 있을 것이다.

차단벽이 설치된 중장비, 작업원의 접근을 즉시 검지

백호우나 휠로더 등 중장비 주변에 작업자가 접근했을 때, 중장비 조작자가 발견하지 못하면 사고의 원인이 되기도 한다. 그래서 초음파나 전파를 사용하는 송수신기를 운영자나 작업자에게 알려주는 경보시스템이 개발되어 왔다. 그러나 이 방식의 결점은 초음파나 전파의 난반사로 중장비에서 멀리 떨어진 장소에 있는 작업원의 신호도 인식하는 것이었다. 또 터널 등 좁은 장소에서는 수신기와 인부 사이에 다른 중장비가 들어가 있으면 위험과 상관없이 검지가 되기도 하였다. 그래서 일본의 한 건설회사는 이러한 문제를 해결한 새로운 경보시스템 '어라운드 워처^{Around Watcher}'를 개발하였다.

중장비 주변에 '자계^{magnetic field} 차단벽^{burrier}'을 설치하여 작업자가 차단벽 안에 들어갔을 때는 작업원의 몸에 부착된 IC태그가 전파를 발신하여 그 존재를 알리는 방법이다. 자계 차단벽은 중장비 주변에만 있기 때문에 떨어진 곳의 IC태그는 전파를 발신하지 않는다. 또 중장비에는 어안카메라^{fish eye camera}가

[그림] 어라운드 워처의 개념도

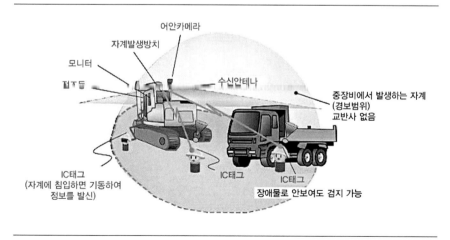

출처: 日本鹿島建設株式会社

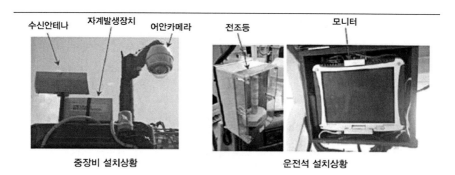

수신안테나 자계발생장치 어안카메라   전조등   모니터

중장비 설치상황   운전석 설치상황

IC태그

[사진] 중장비에 탑재된 기기(상단)와 작업원이 휴대하는 IC태그(하단)
출처: 日本鹿島建設株式会社

탑재되어 있어 운전석의 모니터로 주변의 상황을 볼 수 있어 작업자가 어디에 있는지 한눈에 알 수 있다.

그런데 현장에서는 여러 대의 중장비가 동시에 가동하고 있는 경우가 대부분이기 때문에 중장비의 자계 차단벽에 들어간 작업원의 IC태그 전파를 여러 대의 중장비가 동시에 인식하는 것이 아니냐는 의문이 생길 수 있는데, 이 문제에 대한 대책도 적용되고 있다. 각각의 중장비들이 발생하는 자계 차단벽에는 자계번호가 붙어 있으며, IC태그로부터는 자계번호와 태그 ID의 2가지 정보를 발신하게 되어 있다. 그렇기 때문에 각 중장비는 자기 장비에 접근한 작업원만 확실히 감지할 수 있다.

자계 차단벽과 IC태그를 조합한 안전대책은 앞으로 많은 현장에서 유용하게 사용될 것으로 보이는데, 사물인터넷과의 연계에 의하여 수집된 데이터로 근로자 및 중장비의 움직임에 대하여 빅 데이터 분석을 함으로써 장래 예방안전에 대한 대책수립에 유용하게 활용될 것으로 기대된다.

[그림] 기존 방법과 어라운드 워처의 비교

전파의 난반사로 설정한 검지범위 외에서도
검지되는 오류가 발생한다.

검지오류 · 수신안테나 · 일정한 크기의 자계 · 수신안테나

설정 검지범위 외의 휴대기기 · 비 검지 · 검지 · 검지 · 비 검지

檢知 · 檢知 · IC태그

전파발신 제어기기 · 전파발신 제어기기 · IC태그 자계에 침입할 때만
(항상 전파를 발신) · 자계발생장치 · 정보를 발신

종래 방식에 의한 작동원리 · 본 방식에 의한 작동원리
(항상 전파를 발신하는 휴대기기의 전파강도) · (일정한 자계에 침입했는지 안 했는지 판단)

구분	종래방식	본 방식
피검지기기	전파발신기기 피검지자 개인을 특정할 수 없음 전지수명(약 1개월~5개월)	semi-active IC태그 피검지자 개인을 특정할 수 있음 전지수명(약 3년)
검지방법	전파강도가 어느 크기가 되어야 검지 (난반사에 의해 검지오류 있음)	자계에 침입하면 검지 (난반사가 발생하지 않음)
검지범위	수신안테나에서의 거리를 선택(약 10m 이내로 설정 가능하지만 불규칙)	자계발생장치의 주위 10m 정도 (약 10m 이내에서 설정 가능)
피검지자 위치	확인 불가	중장비에 탑재된 모니터로 확인 가능 (어안카메라 영상)

출처: 日本鹿島建設株式会社

[사진] 좁은 터널 현장에서 활용 사례

출처: 日本鹿島建設株式会社

IoT시대의
센서 주택

사물이 인터넷으로 연결되어 서로 정보를 교환하면서 정보의 가시화와 자동 제어 등에 활용하는 'IoT^{Internet of Things}'라는 말은 일상이 되어 버린 듯 주위에서 흔히 듣고 있지만 아직은 피부로 느끼지 못하고 있는 것도 현실이다. 일본의 한 연구소에는 IoT에 의해서 사람·사물·집·사회가 정보로 맺어진 주거의 미래를 체감할 수 있는 연구시설인 'U²-Home(유 스퀘어 홈)'을 건설하는 연구를 실시하고 있어 소개한다.

IoT시대의 집인 만큼 내외에 여러 가지 정보를 수집하는 기능을 갖추고 있다. 대문과 외벽 외에 창문과 천장, 벽, 문, 부엌 수납, 수도꼭지, 욕조, 화장실

[사진] U²-Home의 내부 사진
출처: LIXIL綜合研究所

등 실내외에 200개 이상의 센서를 설치하여 네트워크화하고 있다. 이 센서 네트워크가 IoT 인프라인 것이다.

실내에서는 각 방별로 온도와 습도, 문 개폐, 거주자의 재실 상황 등, 날마다 주생활과 관련된 데이터를 수집하고 있다. 또한 실외의 센서에서는 날씨나 풍향, PM2.5(초미세먼지), 자외선 외에도 꽃가루가 날리는 상황 정보를 얻을 수 있다.

[표] 주택의 실내외에 설치된 네트워크 환경 센서

유비쿼터스 환경	• 정보화·네트워크화된 주거 공간
	  문, 정원, 통로, 현관, 거실, 화장실, 유틸리티, 욕실, 주방, 식당, 복도, 침실, 서재
	• 네트워크로 연결된 주택설비·건축자재·생활가전·정보기기
	  대문, 외벽, 현관문, 뒷문, 실내문, 창문, 퇴창, 천창, 덧문 셔터, 비데, 부엌 수납, 욕조, 실내창문, 수도꼭지, 지붕, 에어컨, 난방장치, 천장 등, 다운 라이트, 로봇 청소기, 소형 축전지, 스마트 미터(전기), 스마트 미터(가스) 외

유니버설 환경	• 유기 EL조명, 텔레비전, 스마트폰, 태블릿, 전자 종이, 커뮤니케이션, 로봇·카메라 외
주요 센싱 항목	• 실외 : 온도·습도, 밝기, 풍향·풍속, 자외선, 꽃가루, 먼지, PM2.5 • 실내 : 온도·습도·밝기·사람의 움직임·건재의 움직임

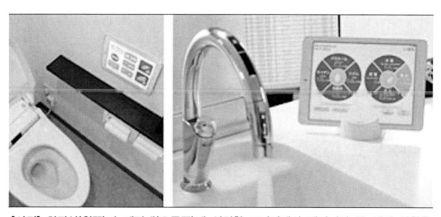

[사진] 화장실(왼쪽)과 세면대(오른쪽)에 설치한 모니터에서 에너지와 문 개폐 상황을 가시화
출처: LIXIL종합연구소

센서에서 수집된 정보는 3개의 레벨로 활용한다. 레벨 1은 '사람에게 전달', 레벨 2는 '주거 환경을 제어' 그리고 레벨 3은 '고도의 이용'이다. 현재는 레벨 1과 2에 대해서 안심·안전·건강·에너지 절약 등 토털 생활 가치를 높이는 것을 목표로 한 실험을 실시하고 있다.

구체적으로는 '레벨 1'에서 센서 정보를 '가시화'하여 터치스크린과 스피커로 사람에게 전달하는 것이다.

이것에 이어 '레벨 2'에서는 센서 정보를 바탕으로 주택 건축 자재나 가전을 자동으로 제어한다. 여기에는 CPS의 사물과 사물과의 '연계'가 곳곳에 활용되고 있다. 예를 들면 문과 현관, 외벽의 카메라, 덧문 셔터, 마당의 사람 감지 센서를 연계시켜 방범 제어를 하거나, 창문 셔터와 차양, 천장 조명을 연계시켜 일사광선과 숙면 제어를 실시한다.

[사진] 풍향에 맞춘 전동 창문의 제어
출처: LIXIL종합연구소

또한 건축 자재와 공조의 연계로 전동 창문, 실내 문, 에어컨을 연계시켜 환기 및 통풍, 열 충격heat shock 예방의 온도 조절까지 실시한다.

재미있는 것은 주택의 지붕과 주위를 상공에서 바라본 '주택 어라운드 모니터'도 갖추고 있다는 것이다. 여러 대의 외벽 카메라 영상을 실시간으로 합성함으로써 자동차와 같은 영상을 볼 수 있게 된다.

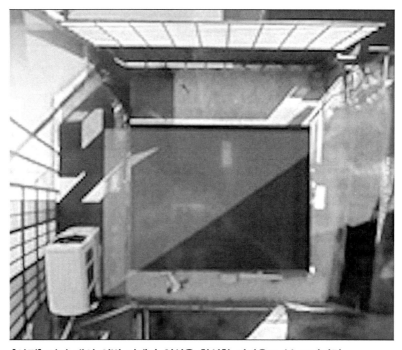

「사진」 여러 대의 외벽 카메라 영상을 합성한 어라운드 뷰 모니터링
출처: LIXIL종합연구소

마지막으로 '레벨 3'은 클라우드나 빅 데이터, 인공지능AI을 활용하여 외부 정보와 연계하여 간호, 의료, 방범, 에너지, 생활 서비스, 교육, 미디어 등의 분야에서 보다 고도의 정보·서비스를 제공한다. IoT시대의 주택과 생활을 선점한 실험시설로 향후의 성과가 더욱 기대된다.

진동센서만으로
사면붕괴를 예측

하절기는 태풍과 폭우 등에 의한 토사 재해가 일어나기 쉬운 계절이다. 재해에 대한 대피방송이나 지시를 발령할 때의 판단사항으로서 기상청, 지방자치단체는 '재해경계정보'를 발령하고 있다. 일부 지자체는 사면에 감시 카메라나 센서 등을 설치하여 재해의 조기 발견에 힘쓰고 있다.

이러한 배경 아래, 일본의 전자회사는 토사 사면의 위험도를 계측할 수 있는 데이터 분석 기술을 개발하였다. 세계 최초로 땅속의 수분만으로 실시간 고정밀도의 토사사면 붕괴위험도를 산출하는 것이다. 그리고 이 회사는 적용을 위한 이 시스템의 실증 실험을 시작하였다.

토질역학을 배운 기술자라면 사면붕괴 위험도를 예측하기 위해서는 토사의 점착력, 마찰력과 토사 입자 사이의 간극수압, 중량을 바탕으로 사면안정해석

[사진] 실증 실험 현장
출처: NEC

이론으로 안정 계산을 한다고 대부분 생각할 것이다. 해석에 필요한 데이터를 얻기 위해서 사면붕괴 위험이 있는 현장에서는 땅속의 수분계, 간극수압계, 변위계 등 다양한 센서를 설치하게 된다.

한편, 이 회사가 개발한 방법은 '토사의 중량', '수압', '토사의 점착력', '토사의 마찰' 등 강우량에 의하여 변하는 다양한 지표데이터를 '토사에 함유된 수분의 양'만으로 산출하게 하였다.

'정말 이것이 가능할까?'라고 생각하는 지반전문가가 있을지 모르겠지만 이 회사가 인공사면에서 강우 실험을 한 결과 '위험 있음'으로 판정한 지 10~40

[사진] 계측 데이터의 중계 설비
출처: NEC

분 후에 실제로 사면붕괴가 발생했다고 한다.

이 방법을 사용하면 현장에서는 '땅속 수분계'만 설치하면 되며, 설치에 필요한 센서 수는 기존에 비해서 약 3분의 1로 줄어든다. 다만 땅속의 수분계는 전극의 노후화와 땅속에서 이온 이동에 의한 토질 변성이 발생하기 때문에 정기적인 교환 및 측정 장소의 변경 등 장기간의 측정은 과제로 남아 있다.

실증 실험에서는 이 문제를 해결하기 위하여 시험을 하고 있는데, 그 내용은 '토사의 중량', '땅속의 수압', '토사의 점성', '토사의 마찰'과 '진동특성의 상관관계'를 검증하는 것이다. 이것도 이 회사가 세계 최초로 개발한 것으로 이 시험이 성공하면 땅속의 수분계를 장기간의 측정에 적합한 진동센서로 교체할 수 있다.

고전적인 토질역학을 살리면서 그 계산에 필요한 데이터는 땅속의 수분과 진동특성 등 간단한 데이터로부터 취득하는 아이디어가 뛰어난 것으로 장래 사면뿐만이 아니라 도심지의 제방 등에도 유용하게 사용될 것으로 보인다. 4차 산업혁명 시대는 무엇을 계측하고 진단하는 유지관리가 아니라 사전에 파악하여 국민의 생명과 재산을 지킬 수 있는 예방안전이 실현될 것이다.

콘크리트 품질관리에 IC태그를 활용

이번에는 콘크리트 품질관리에 관한 사례이다. 일본의 한 건설회사는 레미콘 회사가 개발한 IC태그와 IC카드를 이용한 품질관리 시스템의 시범시공을 실시하였다. 이 시스템은 레미콘 제조 기록, 운송시간 기록, 수입 검사, 압축강도시험 데이터 등의 품질정보관리를 레미콘에 삽입된 IC태그에 축적하여 언제든지 인출할 수 있는 시스템이다.

근래의 건설공사에서는 콘크리트의 품질보증을 위한 트레이서빌리티traceability의 중요성이 주목받고 있다. 건설구조물에 대한 장수명화의 필요성이 대두되면서 유지관리에 필요한 정보로서 건설구조물에 사용된 콘크리트의 현재 품질

뿐만 아니라 제조에서 타설, 양생에 이르기까지의 모든 품질관리 데이터가 필요하며 이러한 데이터를 수집하고 분석하여 간편하게 확인할 수 있는 것이 요구되고 있다.

[사진] IC태그로 콘크리트 품질관리
출처: 日本錢高組

[그림] 레미콘 제조에서 타설, 유지관리까지 품질정보의 트레이서빌리티를 확립

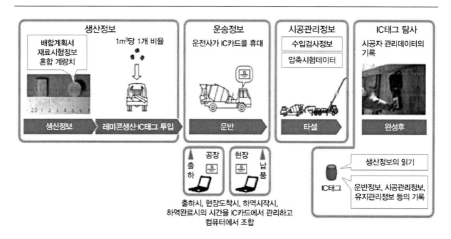

출처: 日本錢高組

◥ 생산정보의 트레이서빌리티

배처 플랜트batcher plant에서 콘크리트를 제조할 때에 콘크리트의 배합, 재료의 계량치 등 제조 데이터가 기록된 IC태그(약 15mm의 원통형)가 레미콘 $1m^3$당 1개꼴로 자동으로 투입된다.

[사진] 콘크리트 제조상황과 투입되는 IC태그
출처: 日本錢高組

◥ 운송정보의 트레이서빌리티

레미콘 차량의 운송시간 관리로서 운전자가 휴대하는 IC카드에 출하 시, 현장 도착 시, 하역 시작 시, 하역 완료 시에 자동으로 입력하는 것으로 지침 등에서 정해진 시간 내에서의 타설이 확실히 기록된다.

[사진] 레미콘 출하 시, 현장 도착 시 등의 IC카드 기록
출처: 日本錢高組

▶ 시공관리 정보의 트레이서빌리티

타설 후의 구체 콘크리트에 대해서는 전용의 리더 라이터로 IC태그의 탐사와 태그에 기록된 레미콘 제조시의 품질정보를 읽어 인수검사와 압축강도 시험결과를 기록한다.

[사진] IC태그의 탐사와 품질정보의 읽기, 쓰기
출처: 日本錢高組

▶ 기술의 특징

- 투입하는 IC태그는 골재와 같은 크기·강도를 가져 품질에 영향을 주지 않는다.
- IC태그의 레미콘 제조정보는 자동으로 기록되기 때문에 인위적인 조작이나 오류가 없어 제품 정보의 동일성을 담보할 수 있다.
- 특수한 시공기계를 이용하지 않고 일반적인 기계로 시공이 가능하다.
- 제조정보와 시각 이력정보를 기록하는 IC카드에 의해 레미콘 차량이 오류 반입방지와 시간 관리를 확인할 수 있다.
- IC카드에 의한 운송관리 데이터는 네트워크 통신에 의해서 공사 현장과 현장사무실이 떨어진 경우에도 실시간으로 확인할 수 있다.
- 구체 콘크리트에 묻힌 IC태그에 제조정보 이후의 품질정보(수입검사 결과, 압축강도 시험 결과 등)를 쓸 수 있어 구체 콘크리트의 품질을 보증할 수 있다.

• IC태그 메모리 영역의 절반씩을 유저(건설회사, 발주처)와 제조자(레미콘회사)가 이용할 수 있어, 필요한 정보를 효율적으로 관리할 수 있다.

센서기술의 향후 방향성

앞에서 몇 개의 사례를 소개하였지만 건설에서의 센서이용은 무궁무진하기 때문에 센서이용 기술에 대한 체계적인 연구가 필요한 시점이다.

특히 건설에서의 센서이용은 한번 설치하면 장기간 유지보수^{maintenance free}가 필요 없이 이용이 가능해야 한다. 따라서 각 센서에는 에너지절약·배터리 리스를 추진하는 것과 동시에 설치 후에 번거롭지 않은 운용관리 기법을 확립하는 것이 바람직하다. 또 각종 센서를 조합하여 기존에 취득할 수 없었던 현장의 다양한 상황을 실시간으로 고정밀도로 검출하는 알고리즘의 기술개발이 필요하다. 하지만 한국의 건설 분야 소프트웨어 개발은 타 산업에 비하여 영세하며 낙후되어 있어 이에 대한 투자가 시급한 실정이다.

'건설업'이라고 하면 먼저 '부정적인 이미지'를 떠올리는 것이 일반인들의 시각이다. 이것을 타파하기 위해서는 건설 자체의 자구노력이 필요하다. 그러기 위해서는 센서 기술을 이용한 '투명한 품질관리'와 '종사자들의 안전관리' 및 기존시설에 대한 '예방안전'으로 국민의 생명과 재산을 지키는 건설로 거듭날 수 있는 것을 기대한다.

5.6

Wearable 기기

**건설시스템에서의
필요성**

웨어러블Wearable이란 옷, 안경, 시계, 헬멧 등과 같이 사용자의 신체에 착용할 수 있는 전자장치를 말한다. 노트북이나 스마트폰 등 단순히 들고 다니는 컴퓨터와 달리 주로 옷이나 손목시계, 안경 모양으로 신체에 착용하여 사용하는 것을 말하는데 웨어러블 디바이스, 웨어러블 단말기라고 부르기도 한다. 손목시계타입, 안경타입, 반지타입, 구두타입, 포켓타입, 목걸이타입 등 다양한 유형이 있다. 과거에는 몸에 착용하여 이용하는 전자 기기의 단말기는 '웨어러블 컴퓨터'로 불렸으나 최근에는 웨어러블 디바이스로 불리는 것이 많아지고 있다. 웨어러블 디바이스와 웨어러블 컴퓨터는 실질적으로 같시만 디바이스를 무선 기기의 의미로 사용하는 것도 있어 아키텍처 등에서 호칭을 구별하여 사용하는 경우도 있다.

웨어러블 기기는 몸에 부착 또는 착용하여 사람과 주위의 상태를 자동으로 감지sensing하거나 수집하여, 작업에 필요한 정보를 적절히 참조할 수 있어 작업효율 향상 및 작업자의 안전 확보에 큰 효과를 기대할 수 있는 주변기기로 기술발전과 이용 면에서 가장 빠르게 건설에 적용이 예상된다. 특히 핸즈프리hands-free 이용은 토목·건축 현장에서의 작업에 있어서 큰 장점이 될 수 있다.

웨어러블 기기의
기술 개요

컴퓨터는 '황의 법칙Hwang's Law' 효과 등으로 형상은 작아지고 값은 저렴해졌다. 전기통신 기기도 가정이나 기업에서 고정되어 있던 것이 모바일 화되어 휴대하기 편해졌다. 그리고 인터넷이 출현하면서 업무방식과 생활양식도 크게 달라졌는데, 바로 컴퓨터와 인터넷이 웨어러블의 기본 뿌리인 것이다. 이제부터는 웨어러블을 하나의 기술로 보지 말고 산업으로 삼아 나가야 하지만, 현재는 다양한 디바이스device의 데이터가 묶음으로 산재되어 있는 사일로silo화하고 있다. 2020년에는 수천억 개의 디바이스가 인터넷에서 접속하게 될 것이라는 예측이 있다. 막대한 데이터와 정보가 생성되지만 그것들이 사일로silo화 되어있으면 의미가 없다. 하지만 기존의 기술을 활용함으로써 웨어러블을 산업으로 만들 수 있기 때문에 그 가능성에 기대를 걸고 있다.

웨어러블이 산업으로서 자리 잡기 위해서는 3가지 요소가 필요한데, 첫 번째는 인터넷이 보편화 되어 있어 어디서나 접속할 수 있을 것. 두 번째는 가상화virtualization 기술의 발전으로 이것에 의해 컴퓨터의 저장장치storage는 오프로드off-road되어 웹에서 무한한 용량을 가져야 한다. 컴퓨터의 파워가 가상화되는 것의 의미는 매우 크다. CPU의 파워도 클라우드cloud화함으로써 단말기의 배터리 구동시간을 연장할 수 있기 때문이다. 세 번째는 대량의 데이터 해석이다. 비 구조화 데이터를 분석함으로써 새로운 통찰洞察을 얻을 수 있고, 기업들은 이것을 활용할 수 있게 된다. 과거에 이런 분석된 데이터를 이용하는 것은 기업이 중심이었지만, 향후 개인도 사용할 수 있게 됨으로써 개인이 정보의 주축이 될 것이며 한 사람 한 사람이 데이터 분석을 활용할 수 있게 될 것이다.

제품이라는 발상이 아니라 산업 차원에서 웨어러블을 파악하는 것이 무엇보다도 중요한데, 웨어러블 기술은 이것을 사용하는 사람에게 가치를 낳지 않으면 안 된다. 다양한 센서를 내장한 장치는 최종 사용자의 애로사항을 해결해야 한다. 스마트 센서는 자료를 수집하고 소프트웨어가 그것을 클라우드에 보낸다. 웨어러블 기술, 센서, 소프트웨어의 3가지 기반이 변혁을 촉진한다. 앞으로는 여기에 환경이 요구된다. 환경이 바로 건설업이 제공해야 할 부분이다. 위치정보 등 다양하지만 이를 활용하기 위해서는 많은 사용자의 경험이 필요하며, 이것이 방정식의 값이 될 것이다.

디바이스를 제조하는 경우에 기초가 되는 것은 센서, 애플리케이션, 처리성능, 상호운용성 등 정보 고리로 불리는 것으로 뛰어난 웨어러블은 단독의 업체가 제공할 수 있는 것이 아니라 복수의 디바이스가 여러 기업에서 나올 수밖에 없기 때문에 공유에 의한 방식이 필요하다. 즉, 건설업만으로는 할 수 없기 때문에 IT를 제조하는 회사, 애플리케이션을 개발하는 소프트웨어회사, 클라우드를 담당하는 회사 등 여러 회사가 컨소시엄을 구성하여야 웨어러블은 비로써 그 가치를 발휘할 수 있다.

또한 이 정보 고리에서 중요한 것은 사생활이다. 가령 어떤 웨어러블 기기가 강우량, 습도 등을 계측할 수 있다고 하자. 이 데이터는 공공 웹사이트에서 공개해도 좋지만 그 장치가 사용자의 심박 수나 땀 배출량 등도 계측할 수 있다면 이는 개인정보로 본인이 관리하지 않으면 안 된다. 웨어러블 기술에서는 데이터가 어디에 있든 누가 그것을 소유하나에 대한 사생활의 고려가 매우 중요하다. 또 처리 성능에서는 배터리 구동시간, 소비전력의 억제가 주안점이 됨과 동시에 상호운용성과 접속성을 지탱하는 표준규격 없이는 M2M^{Machine to Machine}과 웨어러블 기기의 진세는 이더울 핏이다.

이들 외에도 어떤 장치^{device}를 만들 때 간과하기 쉬운 것은 인간공학^{ergonomics}이다. 아무리 편리성을 갖춘 디바이스라도 사용하기 어려우면 아무것도 할 수 없다. 예를 들면 헤드셋을 만들 때에 귀에 밀착되도록 여러 사람의 귀형을 뽑아 표준 편차를 산출하여 90%의 사람들의 귀에 밀착되도록 해야 한다. 클라우드에 있는 정보를 활용하기 위한 중요한 지침으로 디바이스는 상호 연동해야 하며, 디바이스는 클라우드에 연결되어 있어야 한다.

웨어러블의 솔루션은 정보오락infotainment, 의료, 산업 분야에서 보다 안전한 작업이 가능한 구조 혹은 멀리 살고 있는 혈육의 안전 확인에도 응용할 수 있다. 비즈니스의 현장에서도 웨어러블의 활용은 엄청난 파급효과를 가져올 것으로 기대한다.

웨어러블 기기의 현재 동향

최근 몇 년 동안 세계적으로 보면 웨어러블 기기의 장착에 위화감이 없는 디바이스device의 개발과 보급이 시작되었고, 작업 현장에서의 도입 장벽이 낮아지고 있다.

구체적인 적용 예로는 매뉴얼·작업순서 등을 표시하여 그것을 보면서 작업하는 시스템, 경험이 적은 작업자가 보고 있는 현장의 정보를 원격지의 숙련자가 공유하여 적절한 원격 작업지시·지원을 실시하는 시스템, 영상인식이나 증강현실Augmented Reality 기술과 시스루See-through 타입의 표시 기능을 가진 안경타입 디바이스를 이용하여 실제 사물과 중첩시켜 그것과 관련된 정보를 표시하거나 실제로는 보이지 않는 숨겨진 부분의 물체·구조와 앞으로 시공해야 할 부분의 구조를 중첩시켜 표시하는 시스템도 개발되어 있어 작업효율향상이나 작업오류 감소 목적으로 이용 확대가 기대된다. 또 반지타입 등의 입력 디바이스에서의 지시와 조합한 이용도 있다.

건설에서는 웨어러블 기기를 착용한다는 특징 때문에 사람의 일하는 방법을 지원하는 ICT의 활용사례도 많다. 명찰이나 배지모양에 의한 작업자의 출퇴근 정보와 현재위치정보를 확인하는 기술은 많이 사용되고 있으며, 밴드·시계·작업복에 생체 센서를 이용한 작업자의 몸 상태 모니터도 가능하다. 더욱이 환경 센서(온도, 습도, 기압, 음향 등)와 조합해서 열사병 위험도를 파악한다거나, 작업자의 건강관리와 작업자의 자세, 전도 검지, 위치 파악, 행동 분석 등을 실시한 사례도 있다. 특히 웨어러블 기기 중에서 많이 사용하고 있는 것은 안경타입으로 다양한 기술이 개발되어 있어 생산성향상과 작업의 효율적인 측면에서 많은 시도를 하고 있다.

활용사례 1,
활동량으로 근로자
안전관리

매일의 컨디션 관리에 신경을 써서 운동선수들 사이에서 주목받고 있는 건강관리 기구 중에 활동량계가 있다.

손목시계처럼 밴드로 손목에 차는 콤팩트한 형태를 띠고 있어 이 안에 내장된 센서가 걸을 때의 걸음 수, 맥박, 체온, 자외선량 등 컨디션과 관련된 여러 데이터를 24시간 수집한다. 일본의 전자회사와 건설회사는 이 용품으로 건설 작업원의 안전관리와 건강을 관리하는 실증 실험에 착수하였다.

건설 현장에서 일하는 70명의 근로자에게 1년간 리스트 밴드타입 활동량계

[사진] 실증 실험에 사용한 활동량계 Silmee W20
출처: 일본 도시바

(생체센서)인 'Silmee W20'와 'Actiband'를 장착하고 컨디션을 24시간 지켜보자는 실험이다.

근로자들은 우선 출근할 때 전날까지의 수면, 식사, 활동량 등의 로그 데이터를 스마트폰으로 각자가 자신의 상태를 파악한다. 이 데이터는 현장 관리자의 태블릿PC나 현장사무실 컴퓨터에 수집되어 관리·열람할 수 있도록 되어 있어 현장 관리자는 근로자별로 몸 상태에 맞추어 작업량의 조정과 배치 등을 실시한다. 활동량계는 1회 충전으로 2주간 연속으로 사용할 수 있다.

이러한 상세한 컨디션 관리를 하는 이유의 하나는 여름의 야외작업 현장에서 일하는 근로자의 열중증heat congestion을 예방하기 위해서이다. 건설회사는 근로자에게 장착된 계측기에서 현장의 온도와 습도를 계속적으로 측정하여 열중증 위험도 계측기술을 이미 도입하고 있지만, 리스트 밴드타입 활동량계에 의한 데이터를 관리함으로써 일상생활의 상황을 감안한 근로자 개개인의 건강관리와 현장의 안전성 향상을 추구하고 있다.

[표] 밴드타입 활동량계의 사양

품명	Silmee W20
센서	가속도 센서, 맥박 센서, 자외선 센서, 온도 센서(피부 온도)
GPS	없음
통신	Bluetooth
대응 OS	Android 4.4 이상, iOS 7.0 이상
연속 가동시간	14일간(이용 조건에 따라 변동)
내장 전지	Li-ion 충전지
충전 방식	전용 부속장치에 의한 USB충전
방수/방진	IPX5/IPX7 해당
컬러	블랙
본체 크기	약 20.5mm×65mm×12.5mm
중량	약 29.5g

출처: 일본 도시바

"어제 과음했다.", "어젯밤은 너무 늦게 자서" 등의 이유로 컨디션이 나쁜 경우는 누구에게나 있지만 그동안은 참고 작업하는 것이 대부분이었다. 활동량계 로그 자료에 의해서 이러한 몸 상태가 나쁜 것을 토대로 한 작업계획이 세워지면 무리해서 긱업히는 것이 없이길 것이다.

그리고 이 기기를 개발한 가장 중요한 이유는 생활 습관을 로그 데이터로 파악함으로써 근로자 개개인이 일상생활의 P[계획] → D[실행] → C[검토] → A[처치]의 사이클로 건강관리를 실천하는 것에 있다고 한다.

활용사례 2, AR을 이용한 보수점검 작업지원

이번 사례는 웨어러블 단말기와 증강현실AR을 사용한 수(水)처리 플랜트와 빌딩의 전기설비 등의 점검 시스템이 기업에서 개발되었다. 작업원이 설비에 접근하면 기기 화면에 점검해야 할 기기 등의 사진이나 도면 등을 표시하고

[그림] 설비의 3D모델을 작성하고 점검 항목 등을 AR로 표시하는 구조

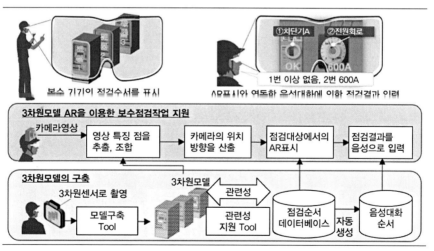

출처: 일본 미쓰비시전기

[표] 개발기능 및 성능

구분	기능	성능
개선	3차원 모델을 바탕으로 AR 표시	60cm 앞에서 표시오차 1.2cm 이내
	음향 사전 학습에 deep learning을 사용	85dbA의 소음 속에서 인식률 95%
기존	2차원 이미지를 바탕으로 AR표시	60cm 앞에서 표시오차 4.0cm 이내
	음향 사전 학습에 단순한 확률 모델 (숨겨진 마르코프 모델(Hidden Markov Model)) 을 사용	85dbA의 소음 속에서 인식률 90%

출처: 일본 미쓰비시전기

안내하는 것이다. 그러나 사진으로 안내할 경우 사진의 방향과 다른 위치에서는 정확한 증강현실을 표시하지 못하기 때문에 기기의 위치를 알기 어렵다는 문제가 있었다. 따라서 이와 같은 단점을 보완한 새로운 보수점검 작업지원 기술이 개발되었다.

이 기술을 개발한 회사는 웨어러블 단말기를 활용하여 증강현실 표시에 의한 점검 절차의 확인과 핸즈프리에서 점검결과를 음성으로 입력을 할 수 있는 '3차원 모델 AR을 이용한 보수점검 작업지원 기술'을 개발하였다. '고 소음 중의 음성인식 기술'에 의해 소음이 심한 작업 현장에서도 정확하게 음성으로 점검결과를 기록할 수 있어서, 수처리 플랜트와 빌딩의 전기설비 등 다양한 현장 작업원의 업무 경감 및 점검 실수를 방지할 수 있다. 이 기기의 특징을 정리하면 다음과 같다.

↘ **AR표시로 점검절차를 직감적으로 이해할 수 있어 작업부하를 경감**
- 작업자(카메라)와 점검대상의 거리에 따라서 복수기기의 점검 순서와 각 기기 점검 항목의 AR표시를 자동으로 전환하여 직감적인 점검 작업을 실현
- 3차원 모델을 활용하여 위치와 방향을 산출함으로써 점검 대상의 위치에 상관없이 정확히 AR을 표시

- 3차원 센서 탑재 태블릿 PC에 의한 촬영만으로 점검 대상 3차원 모델을 구축하여 점검 절차와의 관련성도 일괄로 실행

■ AR표시외 연등한 음성대회로 점검결괴를 정확히 입력하여 실수를 억제

- 3차원 모델과 관련한 점검 절차 데이터베이스에서 음성 대화 순서를 자동으로 생성함으로써 AR표시와 연동한 음성 대화가 가능하므로 정확한 점검 결과의 입력을 실현
- 불명확한 입력이나 점검 누락에 대해서 시스템이 다시 입력을 재촉하는 것으로 점검 실수를 억제
- '고 소음중의 음성인식 기술'에 의해 소음이 심한 작업 현장에서도 높은 인식 정밀도를 확보

[그림] 3D모델을 AR로 표시하여 점검순서를 안내하는 이미지 (위), 점검결과는 소리로 하는데 음성입력이 가능(아래)

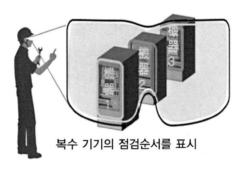

복수 기기의 점검순서를 표시

출처: 일본 미쓰비시전기

활용사례 3,
스마트안경의
원격지원 시스템

IT기반 시스템의 보수 운용 작업에서는 하나의 실수가 시스템 장애를 크게 일으킬 수 있기 때문에 작업자와 작업 확인자가 현장에 나가 주의에 주의를 기울이면서 작업을 실시한다. 하지만 베테랑의 작업 확인자는 인원이 한정되어 있어 작업 확인을 위해서 일부러 현장에 나가는 것은 비용 면이나 시간적으로 손실이 많을 것이다.

그래서 일본의 한 통신회사는 사내 IT기반의 보수 업무에 인부와 작업 확인자가 동행하지 않고도 동등한 품질 이상의 작업을 하는 원격작업 지원시스템의 이용을 시작하였다. 이를 가능하게 한 비밀병기는 안경타입 웨어러블 디바이스wearable device인 '스마트안경smart glass'이다.

현장에서 작업자는 스마트 글라스를 장착하고 작업을 실시한다. 스마트안경 전면에 카메라와 마이크가 붙어 있으며, 작업자의 눈앞에는 초소형 디스플레

[그림] 작업자는 스마트안경을 착용하고 현장 상황을 실시간으로 중계

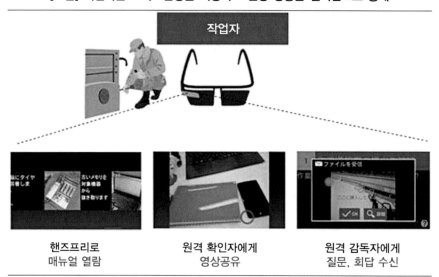

| 핸즈프리로
매뉴얼 열람 | 원격 확인자에게
영상공유 | 원격 감독자에게
질문, 회답 수신 |

출처: NTT데이터

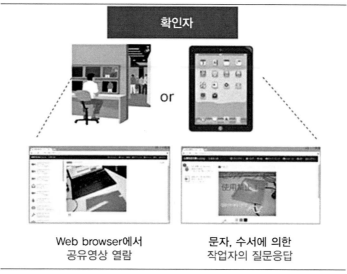

[그림] 원격지에 있는 작업 확인자는 화면을 보면서 작업자에게 지시

확인자

or

Web browser에서
공유영상 열람

문자, 수서에 의한
작업자의 질문응답

출처: NTT데이터

이가 부착되어 있어 작업 지시서 및 매뉴얼 등을 표시할 수 있다.

이 스마트안경으로 이미지, 영상, 음성을 기록하면 원격지에 있는 베테랑 작업 확인자는 웹 브라우저에서 작업자의 시점에서 현장을 볼 수 있어 실시간으로 작업자에게 지시나 조언을 할 수 있다. 이러한 지시는 작업자가 보고 있는 디스플레이상에 코멘트나 도면상에 표시하여 보낸다.

지금까지 작업 확인자는 한 번에 하나의 현장 밖에 담당하지 못했지만, 이 시스템에 의해서 동시에 여러 작업자를 지원할 수 있으며, 한명의 작업자가 여러 작업 확인자로부터 지원을 받을 수도 있기 때문에 복잡한 문제도 그 자리에서 쉽게 해결할 수 있다. 작업자에게는 보고, 연락, 상담을 온라인에서 실시간으로 실시할 수 있는 시스템인 것이다.

스마트안경의 조작방법도 연구가 진행되고 있는데 예를 들면 음성 인식과 고개를 끄덕임으로써 마우스를 조작할 수 있는 자이로 조작이나 제스처 조작 기능을 탑재하고 있어, 양손을 사용할 수 없는 상태에서도 직감적이고 확실하게 조작할 수 있다.

이 회사는 앞으로 이 시스템을 사내 이용뿐 아니라 건물과 사회간접자본(가스, 수도, 전기 통신, 도로 등)의 운용, 보수, 점검 업무 등을 하는 기업에 대해서 실증 실험 제안을 하고 있다.

한국의 건설업에서 근래 들어 문제가 되는 것은 현장 근로자 중에서 상당수가 고령자라는 것이다. 이 고령자들은 대부분이 각 분야의 숙련공인데 그 기술을 전수 받을 젊은 층이 적다는 것이다. 따라서 아직 일할 수 있는 숙련공들이 고령이라는 이유로 현장에 근무하지 못하는 문제를 해결할 수 있는 것이 바로 스마트안경을 사용한 원격지원일 것이다. 이 기술이 사용되면 고령자에게는 취업의 기회와 젊은 근로자에게는 기술을 전수 받을 수 있는 기회가 늘어날 것으로 보이며, 현장의 품질 및 안전관리에도 많은 도움이 될 것으로 예상할 수 있다.

활용사례 4, 안경타입 카메라의 원격작업 지원시스템

건설업은 그동안 현장 최전선에서 일을 해온 고령의 기술자가 서서히 은퇴시기를 맞이하고 있어 신진 기술자의 조기 육성 및 기술 계승이 과제가 되어 있다. 그래서 필요한 것이 소형의 헤드 마운트 디스플레이head mounted display 등 웨어러블 단말기를 사용한 원격작업 지원시스템이다.

일본의 한 회사는 '웨어러블 원격작업 지원 패키지'를 출시하였다. 현장에서 준비하는 것은 안경형태의 웨어러블 단말기와 Wi-Fi 무선라우터뿐이며, 인터넷에 접속 가능한 컴퓨터만 있으면 영상 전송 등의 기능은 이 회사의 클라우드 서버가 담당한다.

안경형태의 웨어러블 단말기에는 안경 장착형 카메라와 디스플레이가 적용됐으며, Android OS와 이 회사의 소프트웨어가 설치되어 있다.

[사진] 웨어러블 원격작업 지원 패키지를 사용한 현장과 사무실의 작업지원 모습
출처: 일본 후지전기

젊은 기술자가 이것을 장착하고 현장 최전선에서 작업하면 현장의 영상을 원로 기술자가 있는 사무실에 보내고, 사무실로부터 지시나 조언을 편집된 카메라 사진과 코멘트로 받으며 작업할 수 있다.

이상은 '스탠더드 판'의 기능이지만, 상위의 '프리미엄판'에서는 미리 등록

[그림] 현장에서 준비하는 것은 안경형태 웨어러블 단말기와 Wi-Fi 라우터

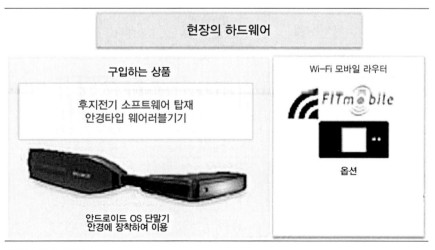

출처: 일본 후지전기

한 작업 순서를 현장 작업자에 투영 표시하는 기능과 음성 인식을 바탕으로 작업 내용을 기록하고 클라우드 서버 내에서 작업 보고서를 자동 작성하는 기능, 그리고 작업 내용을 동영상이나 정지 화면으로 기록하는 기능이 추가된다.

최근 건설업에서는 시공시의 데이터 위조나 유용 등에 대한 비판이 높아지고 있으므로 중요한 작업에는 이러한 영상 데이터 등으로 증빙(증거)을 만들어 놓는 것도 전략적으로 중요하게 될 것으로 보인다.

옵션 구성으로 태블릿PC나 스마트폰에서도 사용할 수 있도록 할 예정이다. 또 유저 측의 시스템과 연계하여 기존 점검 리스트와 양식 포맷을 살린 주문 제작도 가능하다.

[그림] 원격 작업지원 패키지 구성

출처: 일본 후지전기

활용사례 5, 제2의 현장에서 원격지원시스템

재해복구나 인프라 정비 등에 원로 기술자와 숙련 작업자의 부족현상이 우려되는 가운데 상대적으로 적은 인원의 전문 인력이 수많은 현장에서 뛰는 것을 가능하게 하는 'Optimal Second Sight'가 개발되었다.

지금까지는 전문적 지식을 가진 사람이 각 현장에 상주하고 있었지만, 이제 현장사무실이나 집이 '제2의 현장'으로 이곳에 출근하여 실제 현장에 원격으로 기술을 지도하는 시대가 열린 것이다.

[사진] 현장과 제2의 현장을 잇는 Optimal Second Sight
출처: OFF TEAM

그 근간에 있는 기술은 '제2의 현장'에 설치한 컴퓨터와 실제 현장에서 근로자와 중장비 운전자 등이 가지고 있는 스마트폰의 연계이다. 현장의 작업원은 뭔가 곤란한 일이 있을 때 휴대하고 있는 스마트폰으로 현장의 영상이나 구두로 '제2의 현장'에 있는 숙련기술자에게 질문을 보낸다.

그러면 숙련기술자는 컴퓨터에 표시된 스마트폰 화면에 빨간 글씨로 쓰거나, 도면 등을 첨부하여 실제 현장에 조언이나 지시를 보낸다.

출처: OFF TEAM

[사진] 순서 1 : 조작 패널을 스마트폰으로 촬영하여 제2의 현장에 송신
출처: OFF TEAM

현장의 근로자는 보내온 조언 등을 토대로 문제를 해결하면서 원활하게 작업을 할 수 있다는 것이다. 예를 들어 설명하면 ICT 건설기계에 탑승한 운전자가 건설기계 터치패널의 사용법을 모르는 경우의 흐름은 사진과 같다.

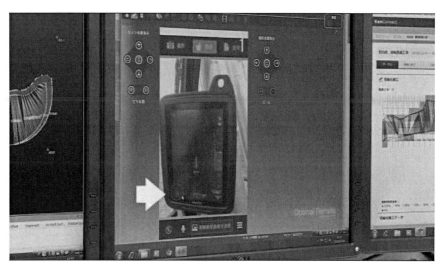

[사진] 순서 2 : 제2의 현장에서는 전송되어 온 스마트폰의 화면에 조작할 사항을 기록하여 지시
출처: OFF TEAM

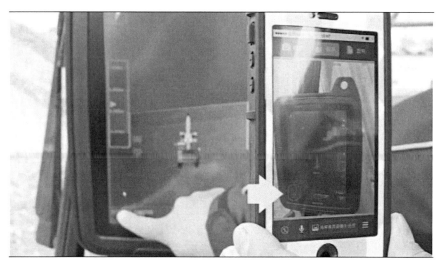

[사진] 순서 3 : 스마트폰에도 같은 주서가 실시간으로 도착하여 문제 해결
출처: OFF TEAM

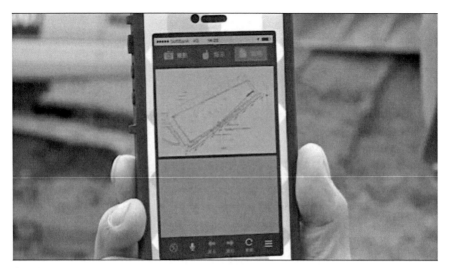

[사진] 스마트폰에 도면을 보내서 시공 부분 등을 지시할 수도 있다.

출처: OFF TEAM

[사진] 중장비 운전자에게 장착한 웨어러블 단말기. 안경에는 초소형 모니터가 탑재되어 있다.

출처: OFF TEAM

이 기술은 해외 현장에서도 활용할 수 있을 것이다. 또한 실제 현장에 가는 것이 어려운 은퇴한 시니어 원로 기술자도 집을 '제2의 현장'으로 만들어 전국 각지의 현장을 지도하는 것도 가능할 것이다.

이 Optimal Second Sight는 일본의 건설기계 제작회사인 코마츠^{KOMATSU}의 ICT솔루션인 '스마트 컨스트럭션^{smart construction}'의 메뉴로 도입되었다.

그리고 장래에는 스마트폰뿐만이 아니라 웨어러블 단말기와도 연계하여 중장비 운전석에 장착된 모니터 안경에 작업을 지시하여 '제2의 현장'에서 보낼 수도 있게 될 것으로 보인다. 이 회사는 'Optimal Second Sight'의 기초가 되고 있는 'Optimal One Platform'을 공개하고 화면 공유, VoIP, 차트, 접속 관리, ID관리 등을 하는 핵심 코어 라이브러리 'Communication SDK'를 무료로 공개하였다. 현장의 최전선과 연계한 클라우드 시스템이 이 SDK로 빠르게 개발할 수 있게 될 것으로 보인다.

[사진] 중장비 운전자의 관점에서 본 현장. 제2의 현장의 전문가와 대화하면서 다음 작업 범위를 확인할 수 있다.
출처: OFF TEAM

활용사례 6,
안경타입의
위치검출시스템

현장에서 도면의 위치를 현장에 표시하는 먹줄 작업을 하기 위해서는 지금까지 토털스테이션 1명, 현장에 측정 위치를 표시하는 1명, 2명이 1조로 작업하는 것이 일반적이었다.

토털스테이션 쪽 기술자가 "더 뒤로", "조금 오른쪽으로" 등 측정 위치 기술자에게 지시하면서 딱 맞는 위치를 찾으면 "좋아, 거기"라고 하듯이 조금씩 위치를 조정하는 작업이 필요하였다. 이 먹줄 작업을 효율화하기 위하여 일본의 한 건설회사는 먹줄측량 내비게이션 시스템인 'T-Mark Navi'를 개발하였다. 재미있는 것은 측정 점을 찾는 기술자의 장비다. 안경타입의 웨어러블 단말기를 장착하고 먹줄 위치를 시각적으로 빠르게 찾아낼 수 있다.

[그림] 안경타입 웨어러블 단말기의 장착 이미지

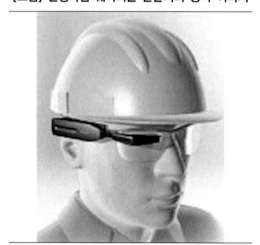

출처: 日本大成建設

이 단말기를 장착하면 찾고자 하는 먹줄 점이 1m이상 떨어진 경우에 측정 점 측의 사람 눈에는 붉은 화살표와 '측점까지 오른쪽으로 1.931m 이동'이라는 표시가 나오기 때문에 현재 위치에서 얼마나 이동하면 좋을지 신속하게 알 수 있다. 측점까지 10cm 이내로 다가갔을 때는 십자선 모양의 타깃 화면으로 전환 되어 '오른쪽으로 0.021m 이동'이라는 더 상세한 지시가 나온다. 그리고 드디어 측점과 일치하였을 때는 타깃의 색이 빨강에서 녹색으로 바뀌는 것과 동시에 음성으로 측점이 결정된 것을 알린다. 마치 영화 '터미네이터'의 주인공이 된 것과 같은 기분으로 즐거운 측량을 할 수 있을 것이다. 여기서 한마디, "위치 결정"이라고 외치면 그것을 신호로 측점 위치가 기록된다.

[그림] 안경타입 웨어러블 단말기에서 보이는 측점 유도용 화면

원거리 시(1m 이상)
측점까지 우로 1.931m 이동

근거리 시(10cm 이내)
측점까지 우로 0.021m 이동

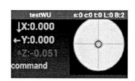
측점일치 시
소리로 측점결정을 지시

안경타입 웨어러블 단말기 화면의 정보표시 예

출처: 日本大成建設

한편 토털스테이션 쪽에서는 무인의 먹줄 전용 측량기기를 사용한다. 측점을 찾는 기술자가 가지고 있는 스마트폰과 무선 LAN으로 접속하여 원격 조작을 하므로 그동안 2명이 하던 작업을 혼자서 할 수 있게 되었다.

이 회사는 측점 약 30곳의 측량 실증 시험에서 이 시스템을 사용한 결과, 직원 2명이서 1시간 걸리던 작업을 1명으로 40분이라는 짧은 시간에 완료하였다. 그리고 현재는 이 회사 몇 곳의 현장에서 운용을 하고 있다. 앞으로 곡면으로 이루어진 복잡한 부재 조립의 정밀도 향상이나, 측량 기록 데이터의 자동장부작성 등의 기능 확장을 도모하는 것 외에 다른 측량 작업의 효율화와 에너지 절약을 목표로 하고 있다.

[그림] 2명 1조로 하던 작업을 혼자서 할 수 있다

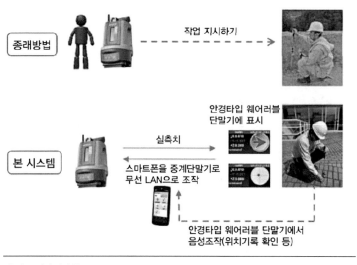

출처: 日本大成建設

    BIM과의 연계도 충분히 예상되는데, 예를 들면 BIM 모델에서 설치하고자 하는 측점을 미리 표시해 두면 작업은 한층 더 편리하게 될 것이다. 이 시스템을 사용하면 정확도는 물론이고 일손 부족에 시달리는 현장에 큰 도움이 될 것으로 보인다.

활용사례 7, HMD를 활용한 증강현실로 시공

이번 사례는 머리에 착용하는 디스플레이와 증강현실을 이용한 시공사례이다. 미국 텍사스에서 열린 3D계측 이벤트인 'SPAR 3D EXPO & CONFERE NCE 2017'에서 화제가 된 것 중에 하나인 '홀로그램hologram'이라는 것이 있다. 이것은 증강현실Augmented Reality기술을 응용한 것으로 머리에 착용하는 디스플레이Head Mounted Display, HMD를 착용하면 현실의 공간상에 가상의 BIM모델을

[사진] HoloLens를 착용하고 경량 철골을 시공 중인 모습
출처: MARTIN BROS사

중첩시켜 표시할 수 있다.

2017년 4월에 열린 이 행사에서 미국의 MARTIN BROS사는 HMD에 '마이크로 소프트 홀로렌즈^Microsoft HoloLens'(이하 HoloLens)를 사용하여 건물 화장실의 골조를 도면 없이 시공하는 비디오를 선보였다.

HoloLens를 통해서 현장을 보면 바닥의 영상 위에 앞으로 시공할 경량 철골의 위치가 엑스레이 사진처럼 보인다. 인부들은 종이 도면이나 줄자를 사용하지 않고 HoloLens의 영상만으로 부재를 배치하고 공구로 조립해나갔다. 그 결과 흠름하게 화장실이 골조가 완성되었다. 이들은 행사장에 시스템을 바이하여 실제로 시범을 보였다.

우선 종이도면을 행사장 바닥에 펼쳐놓고 핸디 스캐너^handy scanner로 스캔하여 HoloLens에 넣는다. 그것을 HoloLens 상에서 보면 바닥 위에 도면이 표시되는데 설치할 위치의 부재가 실체 크기의 3D로 표시된다.

이 행사장에서는 시범으로 선보인 것이지만, 이 기술을 활용하면 시공의 준공검사와 유지관리 분야에 유용하게 사용될 것으로 보인다.

[사진] 이미 시공된 부재와 미설치 부재
출처: MARTIN BROS사

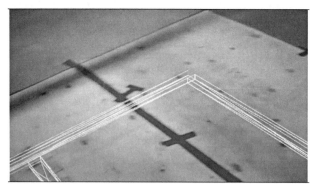

[사진] HoloLens을 통해서 바닥을 보면 배치하는 부재의 위치가 3D로 보인다.
출처: MARTIN BROS사

[사진] 실제 시공 장면
출처: MARTIN BROS사

웨어러블 기술의 향후 방향성

웨어러블 기기는 소형 경량화·저전력화가 진행되고 있지만 장착에 저항감을 느끼고 있으며, 배터리 교환이나 충전하는 것이 귀찮다는 의견도 있다. 오랜 시간 작동과 함께 현장 작업에 방해가 안 되고, 조작이 쉽고, 장시간 사용해도 피곤하지 않은 것으로 진화할 것으로 기대한다. 또한 이를 활용하여 BIM이나 다른 센서 데이터와 연계한 3차원 실시간 시공 상황표시나, 현장에서 보고 있는 것을 원격으로 공유·지원하는 시스템이 보다 고도화할 것으로 기대한다. 또한 퇴직한 고령자의 전문기술자를 다시 현장업무에 활용할 수 있는 기술의 발전으로 생산성향상과 현장업무개선에 많은 도움이 될 것으로 보인다.

[그림] 웨어러블 이용의 구체적인 예

출처: 日本産業競争力懇談会, 'IoT·CPS를 활용한 스마트 건설생산시스템(2016)'

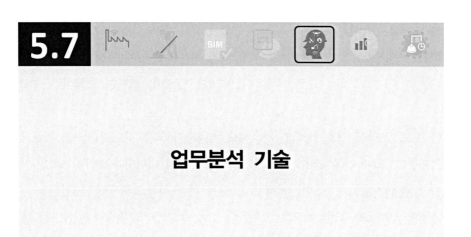

업무분석 기술

건설시스템에서의 필요성

한국의 건설업에서 가장 문제가 되고 있는 것은 그동안 수집된 데이터가 공유되지 않는다는 것이다. 문제점을 해결하기 위해서는 수집된 데이터를 바탕으로 원인을 분석하고 그에 따른 대책이 수립되어야 하나, 지금까지는 이러한 데이터가 공유되지 않고 있다는 것이다. 특히 끝임 없이 반복되는 현장의 안전사고와 품질문제는 아직도 후진적인 원인이 대부분인 것도 지금까지 데이터에 의한 정보의 축적에 소홀했던 것이 원인의 하나일 것이다. 모처럼 건설업이 도약할 수 있는 4차 산업혁명을 기회로 삼아 업무를 수집하고 분석할 수 있는 기술의 필요성에 대하여 인식하고 검토하여야 한다. 르네상스시대부터 이어져온 2차원 도면이라는 툴을 통하여 정보를 교환하는 방식으로는 더 이상 건설 산업이 발전할 수 없다는 당위성과 현재 처해 있는 건설업의 문제점을 바탕으로 4차 산업혁명으로 부각되는 전술한 각 기술과 BIM 등에서 수집된 다양한 정보로부터 인공지능artificial intelligence과 빅 데이터Big Data 분석을 활용한 해석 기술로 기존에 표면화되지 못한 현장 작업의 낭비와 개선점, 작업안전 대책의 추출에 의한 노무관리, 품질관리, 사무관리 업무 흐름을 발본하여 재검토가 필요하다.

건설시스템에서의 업무분석 기술의 개요

설계나 시공의 진척상황을 포함한 BIM이나 시공계획, 작업원의 활동량이나 작업영상 등의 실제 공사의 작업 상황을 나타내는 데이터로부터 공사의 생산성이나 안전성에 관한 핵심성과지표[KPI: Key Performance Indicators]와의 상관을 찾아서 그 상관으로부터 개선방안을 시공 시에 실시간으로 제시할 필요가 있다. 또한 데이터와 개선방안의 적용 결과를 축적하여 설계 및 계획 단계에서부터 생산성·안전성에 관한 리스크와 대응책을 공사착공 전에 제시하여야 한다.

하지만 한국 건설업의 업무분석 기술에 대해서는 특별히 정해진 것이나 로드맵이 아직은 존재하지 않는다. 따라서 현재의 기술로 가능한 업무분석 기술을 살펴보면 다음과 같다.

ICT를 활용한 업무개선의 방법으로는 비즈니스 프로세스 관리[BPM: Business Process Management], 비즈니스 활동 모니터링[BAM: Business Activity Monitoring]이라고 불리는 ICT에서 Work-flow화된 업무의 병목현상[bottleneck] 및 진척을 가시화하는 방법이 있다. ICT화 되지 않은 업무에 대해서는 민족지[ethnography]처럼 사람이 업무 현장을 실제로 관찰하여 과제를 추출하여 낭비와 개선점을 추출하는 방법이 이루어지고 있다.

또한 소형화·고성능화된 센서나 카메라로 사물이나 사람의 위치와 개체의 인식, 시계열에서의 움직임을 파악함으로써 증강현실[AR]을 이용한 현장 작업의 가이드, 진척상황을 실시간으로 확인, 수치 데이터고 작업의 기록이 가능하게 되어 있다. 또한 빅 데이터나 인공지능에 의한 데이터 분석, 시뮬레이션 기술의 발전으로 이것을 기록한 데이터의 분석을 통하여 생산성 등의 개선책을 도출하는 사례가 나타나기 시작하였다.

건설생산 현장에서는 시공계획, 차세대 BIM, 현장의 작업 상황을 나타내는 센서·카메라 데이터를 조합한 분석으로 생산성, 안전성, 품질의 개선방안 도출 가능성이 높아지고 있다.

[그림] 유지보수 업무 개선의 구체적인 예

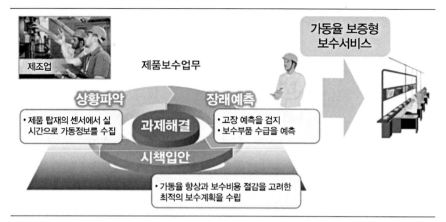

출처: 日本産業競争力懇談会, 'IoT·CPS를 활용한 스마트 건설생산시스템(2016)'

업무분석 기술, 왜? 필요한가!

수집한 데이터를 분석하는 것은 더 나은 건설발전을 위해서이다. 업무분석 기술이 왜 필요한지 예를 들어 설명하도록 한다.

ICT 요소기술 중에서 앞에서 소개한 '드론'이 있다. 앞으로 3차원 현황정보나 시공 및 유지관리에 다양한 정보를 수집하는 ICT기기로서 각광을 받을 것으로 보이는데 '드론' 자체는 하드웨어로 원하는 위치로 비행하면서 정보를 수집하는 것은 건설업이 관여할 수 있는 분야가 아니지만, 드론이 수집한 데이터를 이용하는 것은 건설이다.

드론이 수집한 데이터를 분석하여 건설에 유용하게 이용하는 것이 바로 '업무분석 기술'인데, 건설 업무를 분석하는 것은 건설이 해야 할 고유의 업무이기도 하다. 하지만 이러한 ICT 요소기술이 우리가 무관심 속에 지나친다면 건설이 아닌 IT분야에 이 시장을 빼앗길지도 모른다. 지금도 IT분야는 건설분야에 빠르게 침투하여 각종 솔루션solution을 쏟아내고 있다.

[그림] 드론시장의 구성

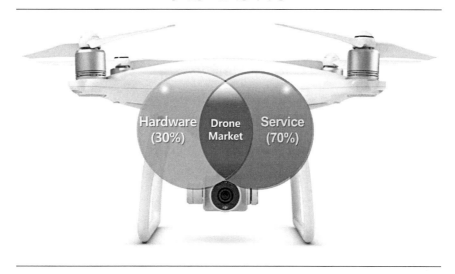

드론시장의 구성을 보면 하드웨어(드론 자체)와 서비스(촬영 및 분석)의 구성비가 3:7로 서비스분야가 월등히 높은 편이다. 이것은 컴퓨터의 예로 들어 보면 컴퓨터 자체(하드웨어)보다는 응용소프트웨어 시장이 훨씬 큰 것을 알 수 있다. 2025년 전체 드론시장의 규모를 127억 달러(13조 원)로 예측하고 있는데, 그 중에서 서비스분야가 87억 달러에 이를 것으로 보고 있다.

우리가 주목해야 할 것은 서비스분야이다. 서비스분야에서 단순하게 드론으로 촬영하는 시장도 크겠지만 촬영한 데이터를 목적에 맞게 분석하여 활용하는 기술은 엄청나게 커질 것이라고 한다.

앞에서 드론측량기업인 '스카이캐치SKYCATCH'라는 미국회사를 소개한 것도 같은 맥락이다. 이 회사는 드론으로 취득한 데이터를 분석하여 제공하는 '서비스회사'이다. 앞으로 눈여겨볼 만한 회사로 데이터분석 시장에서 큰 자리를 차지할 것이다. 그리고 드론의 활용사례에서 소개하였지만 토공 및 시공관리에 사용한 소프트웨어가 '업무분석 기술'인 것이다. 한국의 건설이 '원천기술'에서 선진국에 비하여 뒤처져 있지만 앞으로 전개될 4차 산업혁명에서는 얼마든지 리드가 될 수 있는 여건이 충분하기 때문에 우리의 기술력을 끌어 올릴 수 있는 업무분석 기술을 집중하여 육성할 필요가 있다.

[그림] 드론시장의 구성 비율

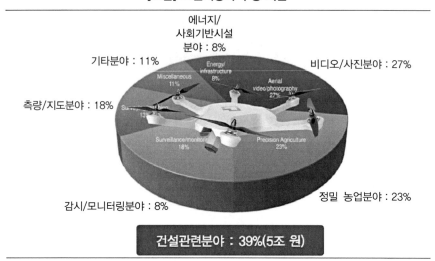

출처: 여러 자료를 조합하여 구성

업무분석 기술로 도약할 수 있는 기회를 자칫하면 IT회사에 빼앗길 수 있기 때문에 지금부터라도 관련데이터의 수집과 분석을 할 수 있는 인재를 육성하여야 한다.

드론으로 예를 들어 설명하였지만 앞에서 설명한 ICT 요소기술에 따른 업무분석 기술은 무궁무진하다. 각 사례에서 보듯이 작은 기술이지만 이것들이 쌓이면 건설업도 제조업과 같은 생산성향상은 물론이고 건설업이 안고 있는 제반 문제를 해결할 수 있는 기술이 개발될 것으로 보인다.

한국의 건설은 지금까지 시공분야(hardware)에 집중하였다면 이제는 등한시 해왔던 업무분석 기술(software)에 집중하여 부가가치가 높은 엔지니어링 기술을 구사함으로써 세계시장에서 살아남을 수 있을 것이다.

활용사례 1,
데이터마이닝 기술의
유지관리 활용

'빅 데이터Big Data'와 대표적인 데이터 활용 기술인 '데이터 마이닝Data mining'기술에 대한 것과 인프라 유지관리에서의 활용에 대해서 소개한다.

비즈니스나 생활 속에서 유통되는 전자데이터의 양은 폭발적으로 증가하고 있다. 미국 IDC는 2009년 0.8제타 바이트(8,000억 GB)인 생성데이터의 양이 2020년에는 35제타 바이트까지 달할 것으로 예측하고 있다. 또 일본의 야노 경제연구소大野経済研究所는 2020년에는 빅 데이터 시장 규모가 10조 원을 넘을 것으로 추산하고 있다.

사회 인프라의 유지관리 데이터는 물론, 스마트 그리드Smart Grid 및 디지털 전자 게시판Electronic bulletin board, 프로브 카 시스템probe car system(자동차에 센서를 장착하여 정보를 수집하는 시스템) 등 새로운 시도에 의하여 도시 속에서 유통되는 데이터가 폭발적으로 증가할 것으로 예상되고 있는데, 빅 데이터 기술은 스마트 시티Smart City의 인프라에 활용될 것이다.

↘ 빅 데이터의 활용기술, 데이터마이닝

엄청난 양의 데이터를 기존의 분석방법으로 활용하기에는 한계가 있다. 그래서 활용이 기대되는 방법 중에 하나가 '데이터마이닝data mining'이다. 데이터마이닝 방법은 한마디로 통계해석과 기계학습의 방법을 사용한 '가설발견형仮説発見型'의 분석 기법이다. 기존의 집계분석이나 경험칙에 기초한 '가설검증형仮説検証型'의 분석 접근과 비교해서 가설발견형에는 다음과 같은 이점이 있다.

기존의 '가설검증형'은 예컨대 소비 전력량을 예측할 경우에 외부온도·습도·기상 정보(예측 포함) 등의 요인(parameter)을 축으로 요일·시간대, 이벤트, 지역, 인구(낮·밤) 등의 요인과의 관계성을 크로스 집계 등으로 파악한다. 이 방식으로 했을 때에 어느 단면(축의 설정 등)에서 좋은 결과를 얻지 못한 경우는 분석의 단면을 변경하여 다시 같은 작업을 되풀이해야 하는데, 소비 전력

[표] 데이터마이닝 기법의 특징

확률예측	장래 발생하는 확률(구입하는 확률이나 금액 등)을 과거의 실적데이터에서 예측 주요 방법 : 중회귀분석, 결정트리, 로지스틱회귀 등 예 : 내월의 DM에 반응하는 고객의 확률을 산출한다.
분류	고객을 몇 가지 특징이 비슷한 그룹으로 분류 주요 방법 : 계층cluster법, K-mean법 등
패턴 분석	상품 A를 구매한 후에 상품 B를 구입하는 구매 조합패턴을 발견 주요 방법 : 강조 필터링, association, 파이그램 등
장래예측	날마다 매상과 고객 수와 같은 시계열의 추이를 예측 주요 방법 : ARIMA 등
텍스트 마이닝	법비/반정형 텍스트 데이터에서 자연어처리 기술에 기반하여 유용한 정보를 추출, 가공하는 것을 목적으로 하는 방법이다.

량의 예측처럼 요인이 많은 경우는 특히 분석자의 부하負荷는 커지게 된다. 또 분석하는 단면의 설정은 분석자에게 의존하기 때문에 분석자에 의하여 결과에 불균형이 발생할 우려가 있다.

한편 '가설발견형'은 대상 데이터를 분석자의 시점에서 먼저 분류하는 것이 아니라 예컨대 '어느 소비 전력량을 넘는 경우'와 같이 분석 목표를 설정하고, 그 목표를 만족하기 위한 요인 데이터 간의 상관을 찾아 나가는 이른바 역순으로 처리를 하는 방법이다. 데이터 상호 관계성을 상관 규칙으로 추출하는 데이터 분석 기술이며, 방대한 상관관계의 정보 중에서 중요한 정보만을 추출할 수 있다. 동시에 분석 시간의 단축과 분석자의 스킬skill에 의존하지 않고 언제나 안정적인 결과를 얻을 수 있다는 장점이 있다.

데이터마이닝 방법은 크게 '확률 예측', '분류', '패턴 분석', '장래 예측' 및 '텍스트마이닝'으로 분류된다. 이 방법은 전술한 대로 다종·대량의 데이터 분석에 적합한 방법이며 효과적인 홍보 전략이나 기상정보에 의한 예측 등 빅데이터가 비즈니스에 활용되면서 널리 이용되고 있다.

■ 인프라 유지관리의 현장 데이터 활용

인프라 시설관리자가 보유하고 있는 시설점검 데이터의 양은 상당히 방대하

[표] 인프라 기업 3곳에서 제공 받은 데이터의 종류

기업명	데이터 종류	데이터 수	데이터 항목	제공 내용
인프라 A	교량의 점검데이터	1.5만	66	수도권 과거 5년간의 손상 데이터
인프라 B	교량의 조사데이터	6.5만	71	도쿄 내의 교량점검 데이터
인프라 C	맨홀의 점검데이터	4.5만	63	동일본 지역의 맨홀점검 데이터

출처: 도쿄대학 '사회연계강좌의 활동성과 개요 2009-2011'에서 발췌

다. 원래, 인프라 손상과 관련된 요인은 건설한 지 오래 되거나 구조 형식·부위, 설치 지역과 기후 등의 환경에 따라 다양하기 때문에 필요한 요인을 추출하여 분석하는 시점을 찾기가 상당히 어렵다.

가설발견형 데이터마이닝은 예를 들면, 구조물의 손상이 나타나기 쉬운 구조·부위, 손상을 받기 쉬운 조건 등을 파악하는 데 유효할 것이다. 일본 도쿄대학東京大学의 사회연계강좌社会連携講座의 대처 사례로 인프라의 유지관리에 대한 데이터마이닝 기법의 적용 가능성에 대해서 알아보기로 한다.

◪ 현장 데이터의 활용에 관한 연구사례, 데이터마이닝 기법의 활용

도쿄대학의 사회연계강좌에서는 여러 인프라 기업으로부터 제공 받은 실제의 유지관리 데이터를 대상으로 Sensing으로 얻는 환경 정보와 점검 관련 정보 등의 관련성 분석을 데이터마이닝 기법을 활용하였다(도쿄대학 '사회연계강좌의 활동성과 개요 2009-2011'). 누하에 영향을 미치는 외연extension 요인(예를 들어 교통량이나 기상 조건, 설치 위치 등)의 추정 등 일반적인 통계 분석과는 달리 새로운 지식(규칙성, 이유, 관련성)의 추출 가능성을 검증하는 연구를 진행하고 있다. 데이터마이닝에 사용하는 항목은 인프라 기업 3곳에서 제공 받은 교량, 맨홀의 점검 데이터이다.

데이터 수는 1.5~6.5만, 데이터 항목은 66~71항목. 소비자(수요자)consume 전용 서비스처럼 시시각각 발생하는 데이터에 비하면 그 양은 적지만 인프라 유지관리를 위한 데이터도 기존의 방법으로는 분석이 곤란한 정도의 양이다.

[표] 데이터마이닝 분석 항목

No.	A	B	C
1	경과연수	형식/재질	불량경험 있음(ALL)
2	구조물	지간	불량경험 있음(뚜껑)
3	노선 명	구조종별	불량경험 있음(받침틀)
4	횡단부	중점·일반 검사 지점	불량경험 있음(주변포장)
5	거더 단부	변위 부위	지점 명
6	부위 1	좌우	도로종별 ①
7	손상 타입	시점종점	도로종별 ②
8	전회 판정 2	X방향	표준 특수 변형구분
9	2차 판정	Y방향	MH형
10	고가 형하 조건	표리	호수
11	주형 최대높이	변위 내용	MH 건설년도 규격
12	주형 본수	순위	MH 구조종별
13	주형 경간 길이	전면적	머리부 구조
14	누적 대형차 교통량	주형 면적	머리부 길이 집계
15	누적 강우량	외측주형 면적	주철뚜껑 건설년도
16	누적 일조시간	경과연수 그룹	주철뚜껑 종류
17	기온 0°C 이하 합계일수	보수이력	주철뚜껑 형상

출처: 도쿄대학 '사회연계강좌의 활동성과 개요 2009-2011'에서 발췌

연구에서는 이러한 데이터 가운데, 분명히 관련성이 있다고 생각되는 항목을 정리하고, 각 기업과 함께 17항목을 대상으로 데이터마이닝에 의한 관련성 분석을 실시하였다.

데이터마이닝은 우선 (1) 분석목표를 설정한 다음에, (2) 데이터베이스 등록 항목, 위치, 건설년도, 환경정보 등 데이터마이닝의 대상이 되는 정보를 파라미터를 추출하고, (3) 분석에 걸리는 데이터에 대하여 가공 처리를 하였다. 그 뒤에 파라미터의 상호 관계성을 데이터마이닝에 의해 분석하고, 무슨 요인이 어떻게 손상에 관계가 있는지를 추정하였다. 이렇게 '가설을 발견'하여 가는 것이다.

분석 결과, 어떤 기업의 데이터에서는 경과연수가 오래 된 구조물의 노화가 반드시 심한 것은 아닌 것으로 밝혀졌다. 이는 손상의 진행에 경과연수 외의

요인이 관계하고 있음을 나타내고 있다. 또 구조 제원 및 설치 환경에 의한 손상의 경향이 다르다는 것도 나타났다. 이러한 결과에서 보면 구조물의 노화에 외연 요인이 관계하고 있는 것을 나타내고 있다.

◪ 인프라 유지관리 데이터의 활용 가능성

전술한 연구 사례는 인프라 유지관리에서 대량의 현장 데이터(점검 데이터)에 대해서 데이터마이닝을 적용함으로써 점검 방법의 합리화와 기술 전승 등에 관한 유용한 가설을 발견할 가능성을 나타내고 있다. 예를 들면, 점검 방법의 합리화에 대해서는 데이터마이닝에 의하여 특정 조건에서 손상이 발생하기 가장 쉬운 부분과 중요 손상의 전조가 되는 것을 추출하는 것으로 손상의 진행 정도에 따라서 강약을 조절한 점검을 실시하는 것이 가능할 것으로 보인다.

또한 기술의 전승에 대해서는 점검 결과와 Sensing 정보, 외연 요인을 마이닝 하여, 외연 요인과 손상 및 노화의 관계성을 밝힘으로써 구조 형식과 제원

[표] 기업별 분석 결과에 대한 주된 고찰

순서	내용	소요시간
① 분석목표의 설정	• 교량의 손상평가마다의 영향요인을 안다. • 맨홀 뚜껑의 불량이다·아니다 원인(규칙성)을 안다.	(사전준비) 10~20시간/1기업
② 파라미터정보의 추출	DB의 등록항목, 위치, 건설년도, 환경정보 (대상지역·기간의 강수량, 기온 등)	
③ 데이터 가공처리 방법의 정리	손상평가능 순위를 그대로 사용 (손상평가 순위에는 노하우가 포함되어 있음)	
④ 가공처리 프로그램 작성 및 실행	가공처리 프로그램을 작성, 가공처리를 실행하여 분석에 필요한 데이터 작성	
⑤ 분석 실시	가공처리 프로그램이 출력한 가공완료 데이터를 입력하여 분석프로그램을 실행한다. 상관이 높은 항목은 매뉴얼 등의 손상평가 기준에 포함되어 있는 가능성이 있지만, 노하우와 같은 것도 포함되어 있을 가능성이 있다.	(실제 운영) ~1시간/1케이스
⑥ 고찰	분석결과에 있어 기업의 상황을 가미하여 실시	

출처: 도쿄대학 '사회연계강좌의 활동성과 개요 2009-2011'에서 발췌

및 설치 환경 등 점검 시나 손상판단 시에 경험이 많은 숙련자가 말로 설명할 수 없는 노하우를 가시화하여 그 기술을 전승하는 커리큘럼^{curriculum}을 작성할 수 있을 것이다.

활용사례 2, 이미지해석 기술의 유지관리 활용

앞에서 '빅 데이터'와 대표적인 데이터 활용 기술인 '데이터마이닝' 기술의 개념과 함께 인프라 유지관리의 빅 데이터 활용에 대해서 설명하였다.

이번에는 시설의 손상을 기록하는 중요한 정보인 사진 등의 이미지정보를 활용하기 위한 이미지해석 기술과 인프라 유지관리에서의 활용에 대해서 알아보기로 한다.

초고속 인터넷이 보급되면서 데이터 스토리지^{Data storage} 장비의 가격이 저렴해지고, 디지털 카메라의 성능 향상과 함께 대량의 이미지와 동영상 데이터를 축적하고 활용할 수 있게 되었다.

인프라 유지관리 분야에서도 다종·다양한 이미지와 동영상 데이터의 활용에 대한 기대는 높아지고 있지만, 다종·다양이기 때문에 필요한 정보를 추출하여 이용하고 활용하는 것이 상당히 어렵다. 이 상황을 피하려면 중요한 데이터를 쉽게 가려내는 기술이 필수적이다.

▶ 이미지·동영상에서의 정보 추출

일본의 홋카이도대학 대학원^{北海道大学大学院} 하세야마 연구실^{長谷山研究室}에서는 이미지·동영상을 수학적으로 처리함으로써 필요한 데이터를 인식하는 기술을 개발하고 있다.

다음 그림의 오른쪽 사진은 차량 내부에 소형 디지털 비디오카메라를 설치하고 찍은 동영상에서 노면표시^{lane mark}와 전방의 차량을 추적 하였다. 도로의 선형 정보를 입력하면 나머지는 컴퓨터가 동영상 중의 레인 마크와 전방 차량을 자동으로 추적한다. 또, 도로에 설치된 CCTV카메라에서 촬영한 영상 속의 자동차를 검출하여 차량의 크기까지 자동으로 판별할 수 있다.

미친가지로 왼쪽 위 사진은 안개가 자욱한 도로에서 촬영한 동영상에서 분석 엔진으로 안개를 제거하고 화면을 선명하게 한 것이다. 아래 사진은 디지털 비디오카메라의 동영상에 대하여 측방에서 오는 차량을 자동으로 추적하는 기술이다. 동영상에서 보행자를 검출할 수도 있다. 이 기술에서는 인물의 일부가 도로 위의 사물 및 자전거 등에 숨어 있을 때도 인간이 보일 때 어떤 자세로 걷고 있는지를 인간의 모델에 매핑 시키는 것에 의해서 숨어 있는 부분의 자세 등도 추적이 가능하게 되어 있다. 이들의 이미지·동영상 처리는 모두 수동처리에서는 할 수 없고 수학적 처리에서만 자동으로 할 수 있다.

이들의 기술에 의하여 인프라 유지관리에서는 감시 카메라에 의한 감시 업무의 효율화가 가능할 것으로 보인다. 도로관리 등의 현장에서 다수 설치된

[그림] 수학적 처리기술만으로 필요한 정보를 추출할 수 있다

출처: 제9회 인프라·이노베이션 연구회(北海道大学大学院 長谷山美紀)

CCTV 카메라에 차량 검출 기술과 안개 제거 기술 등을 적용하면 날씨 상황에 상관없이 차량 크기를 고려한 교통량 파악의 활용을 기대할 수 있으며, 실시간 감시 영상에서 출입금지 지역으로 사람의 침입이나 폐기물 투기 등의 모습을 추출하여 감시자에게 경보 하면, 현장관리 업무의 효율화와 함께 도로 이용자의 안전 확보 및 주변 환경의 보전 등에도 도움이 될 것이다.

◪ 유사 이미지 검색 기술

또한 이 하세야마 연구실에서는 유사 이미지를 검색하는 기술을 개발하고 있다. 이미지에 붙여진 텍스트 태그 정보를 바탕으로 검색하는 기존 이미지 검색에 대하여 이 기술에서는 이미지의 특징에 근거한 검색이 가능하다.

예를 들면, '클라크Clark동상'으로 비슷한 사진을 검색하려면 클라크동상의

[그림] 클라크동상 사진을 입력하고 검색하면 같은 사진이 검색된다.

출처: 제9회 인프라 · 이노베이션 연구회(北海道大学大学院 長谷山美紀)

사진을 투입하면 그것을 바탕으로 유사 사진을 인터넷에서 검색하여 표시한다. 이용자가 화면에 대해서 명확한 요구(텍스트로 설명)가 어려운 경우에도 이미지를 바탕으로 인간의 감각에 기초한 검색이 가능하게 되어 이미지 인식성·발견성은 비약적으로 향상된다. 방대한 이미지를 축적·유통하는 시대에서 데이터를 유효하게 활용하는 데 매우 유용한 기술이라고 말할 수 있다.

▶ 유사 이미지 검색 기술의 인프라 유지관리에 활용

이 유사 이미지 검색 기술을 응용하여 인프라 유지관리에 활용하는 작업이 시작되었다. '동일본고속도로東日本高速道路'가 개발 중인 '구조물 손상평가 지원 시스템'이다. 지금까지 점검을 할 때에 기록된 손상의 판정(손상의 종류·손상 정도 등)은 주로 사람의 눈으로 얻은 정보를 기본으로 판단하고 있어 기술자의

[그림] 동일본고속도로에서 개발 중인 시스템의 UI화면

출처: 도쿄대학 '관련 연구의 개요' 자료

기술력에 크게 의존하고 있었다. 이 때문에 점검기술자의 스킬 차이에 의한 판단의 불균형을 줄이고 고정밀의 판정을 하기 위하여 '동일본고속도로'에서는 '구조물 손상평가 지원 시스템'의 개발에 착수하였다.

이 시스템에서는 점검기술자가 촬영한 사진이나 점검 부분의 장소, 구조물 제원 및 날짜 등의 데이터를 입력하면 이미지의 특징과 태그 정보 등을 해석하여 과거에 유사한 손상 기록을 DB에서 자동으로 추출한다. 지금까지는 자신의 경험 등을 토대로 참고사례를 찾아낼 필요가 있었지만 앞으로 점검 시에 촬영된 손상 이미지를 바탕으로 이용자(점검기술자)는 쉽게 과거 기록에 있는 다량의 유사 손상사진과의 비교를 할 수 있게 된 것이다.

회사는 이 시스템을 활용하여 점검의 손상 판정 회의에서 손상 판단 지원이나, 숙달된 기술자의 노하우의 효과적인 가시화에 임하고 있으며, 향후 개개의 손상에 대응하는 학습 기능을 탑재하면 추가 사례 추출 정밀도의 향상 등을 추진할 예정이다.

↘ 인프라 유지관리에 대한 이미지 데이터의 활용 방향성

점검기술자는 손상을 눈으로 보고 그 색깔, 크기와 위치 등 다양한 정보를 읽어 손상의 판정을 실시하고 있지만, 이미지는 이들의 정보를 객관적으로 기록할 수 있다. 동일본고속도로의 대처는 어느 손상 이미지를 바탕으로 유사한 손상 이미지의 판정 결과 등을 함께 추출하는 것으로 업무의 효율화와 손상 판정의 고정밀도화는 물론, 숙련자의 판정 사례의 공유 등으로 기술자의 기술 향상도 기대하고 있다.

이번에 소개한 이미지 해석기술은 도로 관리뿐만 아니라 육안 점검을 중심으로 하고 있는 기타 인프라 분야에도 응용 가능한 기술이며, 이러한 추진은 업무의 효율화와 기술자의 육성과 같은 과제를 안고 있는 인프라 분야에서도 향후 데이터 활용 방향성을 고려하는 데 참고가 될 것이다.

업무분석 기술의
향후 방향성

극히 일부분이지만 활용사례에서 보듯이 업무분석 기술은 건설 분야에 종사하는 사람들이 만들어야 할 부분이다. 첨단 IT기술은 건설이 가져다 쓰는 것이기 때문에 건설이 해야 할 일인 업무분석 기술에 많은 연구가 필요할 것이다.

중요한 것은 데이터 분석에 의한 개선방안 도출을 위한 계획 및 BIM 데이터의 모델화와 이들과 실제 작업 상황의 데이터와의 관련 모델화가 필요하다. 이 모델은 Supply Chain 전체에서의 개선을 위해 업계 전체에서 표준화되어야 한다. 이들 모델화한 데이터에서 목표에 대한 상관을 자동으로 추출하는 분석 기술 및 분석 방법을 예상한 모델화도 필요하다. 또 과거의 공사 안건에서 자료를 추출하기 위한 대량의 데이터의 축적·분석하는 기반기술, 얻은 자료를 효율이 좋게 표현할 수 있는 지식 모델도 필요할 것이다.

특히 건설업에 종사하는 대부분이 이러한 업무분석 기술에 관심이 없거나 등한시하는 것이 지금의 문제이다. 건설업이 지금보다 발전하기 위해서는 필요한 것이 과거의 데이터이다. 그러나 현실은 프로젝트에 관여했던 일부만이 과거의 데이터를 공유하고 있어 건설의 발전을 건설인 스스로가 막고 있는지도 모를 일이다. 실패한 과거의 데이터도 미래에는 좋은 데이터지만, 지금까지 공개되지 않아 같은 문제점이 계속해서 반복되고 있는 실정이다. 지금까지 건설업 스스로가 위기를 자초하고 있었다면 도약할 수 있는 4차 산업혁명을 발판으로 삼아 데이터를 축적하고 분석될 수 있도록 공유하는 자세가 필요할 것으로 보인다. 그래야만 업무분석기술을 통하여 보다 나은 건설의 부가가치를 창출할 수 있으며, 이로 인하여 밝은 미래가 보장될 것이다.

제6장
건설공법의 합리화

토목구조물,
토목건설현장의 특징

앞에서 다룬 건설생산시스템과 필요한 ICT 요소기술을 건설 산업에 효과적으로 적용하기 위해서는 무엇보다도 현재의 건설공법에 대한 합리화가 필요하기 때문에 이에 대하여 살펴보기로 한다. 토목구조물은 건축과 비교하면 다음과 같은 특징을 가지고 있다.

- 공사 장소와 작업 항목이 다양하고 시공 범위가 평면적으로 넓다.
- 공공발주에서 조사 설계, 시공, 유지관리가 분업인 경우가 많다. 설계기준 및 시공시방서가 발주 기관마다 다르다.
- 건축구조물이 막대한 종류의 부품과 집합체인 것에 비해서 토목구조물은 비교적 단순한 RC구조가 많으며, 현장에서 성형하는 현장치기콘크리트 시공이 우세이나.
- 지하공사 등에서는 자연(토압이나 물)을 상대하는 경우가 많아 시공시에는 모니터링 등으로 안전성을 확인해야 한다. 또 시공 중에 설계와 다른 자연조건이 판명되면 구조물의 사양이 시공 중에 변경되는 경우도 있다. 품질 면에서는 지하수에 대한 지수·방수 성능이 요구된다.
- 작업원의 실외 작업이 많고 날씨 등 자연조건에 기인하는 노동재해 위험이 높다.

토목공사 합리화의 현재 상황

외국에서는 중장비의 대형화·자동화, 측량·계측기술의 자동화, 공사 관리의 ICT화 등을 중심으로 합리화가 시도되고 있는 추세이며, 최근에는 ICT를 활용한 사회 인프라의 합리적인 모니터링과 평가가 검토되고 있는 데 반해 한국에서는 BIM에 대해서 국토교통부는 물론이고 각 공공기관에서 시범업무가 시작되어 그 가능성이 열리고 있는 시점이다. 건설공사의 합리화에는 ICT의 활용이 필수적이기 때문에 여기에서는 합리화의 현황 및 향후 기대되는 기술에 대해서 ICT의 관점에서 기술한다.

▶ 조사·계획단계에서는 현재 지형과 기존구조물의 형상·치수를 조사하는 방법으로 카메라나 레이저 스캐너가 활용되고 있다. 앞으로는 조사의 간이화와 고정밀도, 조사 데이터의 신속한 3D모델화가 기대된다.

▶ 시공단계에서는 TS$^{Total\ Station}$나 GNSS 등을 이용한 건설기계 MC$^{Machine\ Control}$이나 MG$^{Machine\ Guidance}$, 재해지 등 위험한 곳에서의 원격조작에 의한 무인화 시공 등이 기대되고 있다. 건설 기계에 대해서는 더욱더 품질확보와 생산성향상을 위해서 기계의 상세한 움직임의 고정밀도의 제어가 요구된다. 또한 터널, 성토, 흙막이 굴착 등에서는 시공 중의 지반 거동을 계측하여 시공에 반영하는 '정보화시공(관측시공)'이 기대되고 있으며, 각종 센서의 자동화와 더불어 데이터에 대하여 WEB에서의 '가시화' 등이 기대되고 있다.

▶ 시공 시에 생산관리로서의 작업공정관리, 인력관리는 매일 작업일보를 수작업으로 입력 데이터를 저장하고 있는 실정이다. 앞으로는 센서나 영상처리 등에 의해 작업내용이나 근로자 수를 자동으로 파악·관리하여 생산성 향상에 연결하는 시스템이 기대된다. 또 각종 검사에서도 ICT에 의한 성

인화가 연구되고 있어 ICT 기술의 발전에 대응한 검사 · 감리 요령의 확립도 요망된다.

▶ 시공 시에 작업원의 안전관리로서는 센서를 이용하여 중장비에 사람이 다가갔을 때 경보를 울리는 시스템, IC태그를 이용한 터널 입갱관리 시스템 등이 기대되고 있으며, 최근에는 손목시계나 옷에 부착하는 Wearable 기기에 의한 작업원의 심박 수와 혈압 등의 정보를 통합하여 안전관리에 연결하는 시도가 이루어지고 있다. 과거의 노동재해 정보를 빅 데이터로 해석하여 재해 리스크가 큰 시기와 장소를 추출하는 기술이 개발되면 안전성은 더욱 향상될 것이다.

▶ 유지관리단계에서는 구조물의 균열이나 변위를 영상이나 레이저로 탐지하는 시스템이 연구되고 있으며, 향후는 좁은 공간과 높은 장소 등 사람이 다가갈 수 없는 장소에 대해 공용에 지장을 주지 않고 조사하는 방법과 조사 결과의 분석 · 평가 방법 · 의사 결정 시스템 개발이 진행될 것이다.

▶ 건설공정 전체의 생산성향상 및 품질확보, 합리적인 유지관리의 관점에서 설계나 유지관리를 통해서 BIM을 이용한 새로운 건설관리시스템의 구축 시도가 이루어지고 있다. 앞으로는 조사, 계획단계에서 3차원 모델을 활용하여 Front-loading을 포함한 각 단계에서 고도의 업무수행이 기대된다.

▶ 토목 공사는 장소가 넓고 대규모 구조물을 구축하기 때문에 한층 더 합리화를 실현시키기 위해서는 3차원의 측위 및 계측 기술, 이동통신 기술, 기계제어 기술 등에서 수준 높은 기술이 필요하다. 그러기 위해서는 시공 현장에서 실내외 Seamless로 고속 · 대용량의 보안을 확보할 수 있는 범용적인 통신기술 · 시스템의 개발이 기대된다. 또 ICT기술을 부분적으로 도

입하는 것이 아니라 조사·설계에서부터 시공·검사, 또한 유지관리·갱신 까지 모든 프로세스에서 도입하여 프로세스 전체를 최적화하는 것이 중요하며 이것을 실현하기 위한 제도의 확립도 시급하다.

프리캐스트공법과 ICT에 의한 생산시스템의 합리화

토목공사의 ICT를 활용한 합리화는 일부 토공 분야에서는 연구가 진행되고 있지만, 콘크리트 분야에서는 늦어지고 있다. 이것은 현재도 철근, 거푸집, 현장치기콘크리트를 주체로 한 '숙련 근로자'와 '현장 맞추기' 시공이 공사의 대부분을 차지하고 있는 것이 가장 큰 요인이라고 생각된다. 앞으로는 콘크리트 구조물의 프리캐스트 화를 보급시킴으로써 작업의 표준화, 시공의 기계화를

[그림] 프리캐스트공법과 ICT에 의한 건설프로세스 전체의 합리화 이미지 1

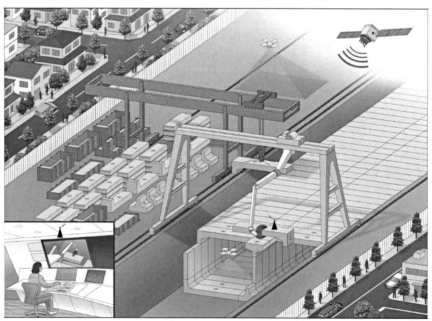

출처: 日本産業競争力懇談会, 'IoT·CPS를 활용한 스마트 건설생산시스템(2016)'

촉진하고 이에 ICT와 연계함으로써 건설프로세스 전체를 합리화하여 품질, 안전, 생산성을 크게 향상시키는 '스마트생산'이 실현될 수 있을 것이다.

[그림] 프리캐스트공법과 ICT에 의한 건설프로세스 전체의 합리화 이미지 2

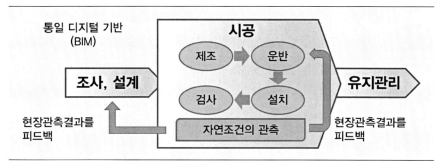

출처: 日本産業競争力懇談会, 'IoT·CPS를 활용한 스마트 건설생산시스템(2016)'

현재 토목공사에서는 암거나 측구, U형 옹벽 등 소형구조물 위주로 프리캐스트 제품화가 진행되고 있다. 지하공사에서는 실드 터널의 세그먼트가 꼽힌다. 향후 프리캐스트공법을 보급시키기 위해서는 도시지역의 개착공사 등 각종 제약조건이 까다로운 공사에서도 적용이 가능한 프리캐스트 기술이 요구된다. 또 도시지역에서는 프리캐스트 부재의 운반에 있어서 다양한 제약 조건을 받기 때문에 이는 생산성 저하, 비용 증대의 요인이 되므로 현장에서 프리캐

[표] 공장제작과 현장제작(사이트 프리캐스트)의 비교

구분	공장제작	현장제작(사이트 프리캐스트)
장점	관리된 공장에서의 일괄 품질관리가 가능 현장 타설이 어려운 특수 재료의 취급이 가능	프리캐스트 부재의 운반비용이 저렴하다. 제작할 수 있는 프리캐스트 부재의 치수 및 중량을 크게 할 수 있다.
과제	운반비용 많이 든다. 제작할 수 있는 부재의 치수 및 중량이 한정된다. 프리캐스트 공장의 번한(繁閑)으로 코스트나 납기에 영향을 받는다.	제작, 야적장, 설비가 필요 각 제작 공정에서 제작상 노하우가 필요 현장에서의 시공, 품질관리가 필요

출처: 日本産業競争力懇談会, 'IoT·CPS를 활용한 스마트 건설생산시스템(2016)'

스트 부재를 제작하는 사이트 프리캐스트에 대한 검토도 필요하다. 아울러 프리캐스트공법을 적용하기 쉬운 시스템·제도 마련도 필요하다.

프리캐스트 화와 ICT의 조합에 의해서 숙련 작업자에 의한 현장시공 세계에서 벗어날 수 있어 구조물의 사양, 재료, 물류, 시공순서 등 많은 항목에 대해서 설계단계에서의 의사결정(Front-loading)이 가능해진다. 다만 아무리 설계단계에서 상세하게 결정하더라도 시공단계에서의 기상이나 지하수, 토압 등 자연조건의 영향이 불가피하고, 이들 자연조건에 즉각 대응할 수 있는 시공기술이 스마트 건설생산의 성공 열쇠가 될 것이다. 또한 현재의 시공법을 프리캐스트화하여 ICT를 적용하는 것이 아니라 프리캐스트화에 적합한 구조물의 사양, ICT화를 최대한 활용할 수 있는 시공법 등 기존 방식 자체를 바꿀 필요가 있으며, 이 때문에 구조나 제도의 구축도 매우 중요하다.

다만 우려가 되는 것은 한국에서의 프리캐스트화는 '조립식'이라는 편견을 가지고 있는데, 조립식이라는 의미를 '임시구조물'이라는 의식이 강해 외국에 비하여 프리캐스트 제품의 발달이 뒤쳐져 있는 것이 현실이다. 따라서 우리가 가지고 있는 '편견'과 '의식'을 바꿔 모처럼 주어진 환경변화의 길목에서 선진국을 뛰어넘어 세계 제일의 건설강국으로 도약할 수 있는 기회를 놓치지 말아야 할 것이다.

스마트건설생산 실현을 위한
연구개발의 필요성

프리캐스트와 ICT를 연계시킨 스마트건설생산의 실현을 위해서는 많은 부분에서 연구개발이 필요하다. 특히 한국에서는 프리캐스트에 대한 인식을 좋지 않아서 이 부분에 대한 '의식변화'가 필요하다. 다음 표는 향후 연구개발의 필요성과 방향성에 대해서 정리한 것이다.

[표] 프리캐스트와 ICT를 연계시킨 스마트건설생산 실현을 위한 연구개발

재료, 구조, 설계	① RC를 대체하는 구조 ② 3D모델이나 AR을 구사한 정밀도가 높은 설계
프리캐스트 부재 제작	① 거푸집 제작의 합리화와 3D프린터의 활용 ② ICT기술을 활용한 프리캐스트 부재의 품질관리
물류	① Just-in time으로 조달·반입하기 위한 정보통신
시공기술 및 관리	① 프리캐스트 부재를 고정밀로 신속하게 설치하기 위한 기술 ② 시공 상황 실시간 모니터링 ③ 자연조건의 관측과 대응 기술 ④ 센서 및 영상처리 기술을 이용한 생산성 분석 기술 ⑤ Paperless 시공관리·검사 ⑥ 안심·안전한 정보통신 기반 ⑦ 빅 데이터를 이용한 재해 리스크 분석
유지관리 및 보수, 보강	① 접속부의 누수 검지와 차단 대책 기술 ② 내구성에 관한 품질 데이터의 데이터베이스화

출처: 日本産業競争力懇談会, 'IoT·CPS를 활용한 스마트 건설생산시스템(2016)'

연구개발 방향성 1, 재료, 구조, 설계

건설공법 합리화를 위한 연구개발의 필요성과 그 방향성에 대하여 첫 번째로 가장 기본이 되는 재료, 구조, 설계에 대하여 알아보도록 한다.

◪ RC를 대체하는 구조

현재는 건설에서 사용하는 대부분은 RC구조가 주체여서 부재마다의 중량이 무거워 운반, 설치에 어려움이 많은 것이 현실이다. 또 부재 간의 접합도 철근 이음 구조로 되어 있어 시공성과 지수성 등의 품질확보 면에서도 과제로 남아 있는 부분이다. 앞으로는 RC를 대체하는 구조로 S구조Steel Structure, SC구조Steel plate Concrete Structure의 적용이 기대되고 있으며, 이에 대한 설계방법의 확립·정비가 요구된다. 이음에 대해서는 기존에 사용하는 기계식이음의 시공성향상, 비용절감, 적용범위의 확대가 요구되지만, 향후에는 접착제의 적용도 기대된다. 또한 접합부에서 중요한 지수에 대해서도 설계방법의 확립이 요망된다.

◪ 3D모델이나 AR을 구사한 정밀도가 높은 설계

시공 프로세스의 최적화는 설계단계에서 얼마나 정밀도가 높은 시공계획을 입안할 수 있느냐가 관건이다. 그러기 위해서는 현장의 시공조건을 상세하게 반영한 3D모델링에 의한 시공 시뮬레이션이 필요하다. 여기에 증강현실AR기술을 이용해서 탁상 위가 아닌 현지에서 시공 상황을 시뮬레이션 하여 관계자끼리 업무를 조정하면서 설계를 진행하면 상당히 완성도가 높은 설계가 이루어질 것이며, 설계변경이 대폭적으로 줄어들 것이다. 또한 프리캐스트 부재를 운반할 경우, 운반경로에 있는 장애물의 사전확인이 필요하다. MMSMobile Mapping System 등을 이용하여 운반경로를 3D모델화하면 운반에 지장이 없는 최적의 프리캐스트 치수 결정이 가능하다. 따라서 시공단계의 최적화를 위해서는 3D모델 작성을 위한 BIM설계가 선행되어야 할 것이다.

연구개발 방향성 2, 프리캐스트부재 제작

4차 산업혁명에서의 공장자동화를 적용하기 가장 좋은 건설 산업 중에 하나가 프리캐스트를 제작하는 공장이다. 각종 ICT기술을 적용하면 품질관리는 물론이고 생산성향상으로 이어져 좋은 품질의 프리캐스트제품을 저렴하게 사용할 수 있을 것이다.

◢ 거푸집 제작의 합리화와 3D프린터의 활용

프리캐스트 부재를 제작하는 데 있어 품질, 비용 모두를 좌우하는 것이 거푸집이다. 이 거푸집의 합리화 기술에 대해서는 재료와 거푸집 제작 등 모든 관점에서의 검토가 필요하다. 프리캐스트 부재의 형상이 복잡하게 되면 거푸집의 제작단가 상승과 제작 자체에 어려움이 많아진다. 따라서 거푸집에 사용하는 재료(나무, 강재 등)에 대한 연구와 다양한 프리캐스트 형상에 대응이 가능한 거푸집제작 툴의 개발도 필요하다. 또한 수작업으로 진행되는 강재거푸집 제작을 자동화·로봇화 할 수 있는 기술개발도 필요하다. 장래에는 3D프린터 기술 이용이 기대된다. 또한 가볍고 강도가 좋은 재료와 내구성이 있는 접착제가 개발되면 프리캐스트 부재 자체를 3D프린터로 작성할 수 있을 것이다.

◢ ICT기술을 활용한 프리캐스트 부재의 품질관리

프리캐스트 부재는 같은 장소에서 같은 순서를 반복하면서 제작된다. 그러므로 각 제작 단계에서 필요한 품질관리에 각종 센서를 활용함으로써 프리캐스트 부재를 제작할 때의 품질관리를 고정밀, 효율화할 수 있다. 예를 들면 영상분석 기술이나 레이저 스캐너 기술은 배근검사나 품질검사에 유효한 ICT기술이다. 또한 품질관리 데이터를 데이터베이스화하여 프리캐스트 부재에 부여하는 ID와 IC태그로 관리하면 추적traceability이나 향후 유지관리의 향상에도 기여할 수 있다. ICT기술로 수집된 각종 품질관리 데이터를 분석하면 더욱더 효율화를 꾀할 수 있어 공사비 절감이라는 효과로 이어질 것으로 기대하고 있다.

연구개발 방향성 3, 물류

4차 산업혁명을 맞이하면서 제조, 물류, 유통이 하나의 영역으로 융합되고 온라인에서는 IT, 오프라인에서는 물류 Logistics가 합쳐진 O2O$^{Online \, to \, Offline}$기반 라스트마일$^{last \, mile}$ 서비스 확대로 물류가 새로운 플랫폼으로 급부상할 전망이라고 예측하고 있다. 이렇듯 제조업에서의 물류는 새로운 전환기를 맞이하고 있는데, 건설에서의 '물류'는 현장 위주의 작업이 대부분이기 때문에 그동안 등한시해온 분야이기도 하다. 하지만 생산성과 품질향상을 위한 부재의 프리캐스트화를 진행하기 위해서는 '건설물류'에 대한 연구개발의 필요성과 방향성을 검토해야 할 것이다. 특히 도심지의 건설현장에 대한 '건설물류'는 적기생산방식$^{Just \, in \, time}$과 더불어 중점적으로 검토해야 할 사항이다.

◪ 드론에 의한 물류

건설에 필요한 ICT 요소기술에서 소개한 '드론'이라는 무인비행기의 특징 중에 하나인 '나르다'에 주목하여 '드론에 의한 물류'의 연구는 건설프로세스에 획기적인 변화를 가져올 것으로 기대하고 있다. 특히 산악지역에서의 건설은 자재반입에 제약이 많기 때문에 이에 대한 물류방법의 검토와 재해지역에서의 신속한 자재 투입에 대한 물류, 교통체증이 심한 도심에서의 물류 등, 비행체를 이용하여 적기적소에 건자재를 투입할 수 있는 '건설물류'에 대한 체계적인 연구가 필요하다.

◪ Just In Time으로 조달·반입하기 위한 자재관리시스템

현장의 야드가 좁고 임시저장 공간에 한계가 있는 경우는 프리캐스트 부재를 시기적절하게 반입해야 한다. 제조단계에서부터 프리캐스트 부재에 ID를 붙여 프리캐스트 부재가 지금 어느 상태에 있는지 실시간으로 관리하기 위한 자재관리시스템 기술이 필요하다. 이를 활용하면 현장에 자재를 반입한 후에 돌아가는 편을 활용하는 방법 등 현장 외부에 대한 반출 합리화도 실현할 수 있는 등 향후 관련 기술의 발전에 기대가 크다.

연구개발 방향성 4, 시공기술 및 관리

프리캐스트 부재의 장점 중에 하나는 공기단축이다. 예를 들면, 콘크리트 작업 현장에서는 거푸집 설치, 철근조립, 콘크리트 타설, 양생 등과 일정한 공정에 따른 시간을 요하지만 프리캐스트 제품은 위의 과정을 전부 생략할 수 있어 그만큼 공기를 단축할 수 있다.

▶ 프리캐스트 부재를 고정밀로 신속하게 설치하기 위한 기술

프리캐스트 부재를 효율적으로 설치하려면 설치하기 위한 좌표를 자동으로 현지에 표시하는 기술이 필요하다. 또 절대좌표에 자동으로 프리캐스트 부재를 설치할 수 있는 건설 중장비들이 개발되면 대폭적인 성인화가 달성될 수 있을 것이다. 그러기 위해서는 정밀도가 좋은 위치탐지 기술과 중장비의 제어기술이 필요하다. 중장비에 대해서는 연구개선이라고 하는 기존 기술의 연장만이 아니라 프리캐스트 부재를 제대로 검지할 수 있는 특수기계 등 새로운 기구를 가진 중장비도 검토할 필요가 있다. 위치검지에 대해서는 프리캐스트 부재 자신의 위치 검지만이 아니라 소정의 위치에 설치한 후에 맞춰야 하는 2점이 동일 지점에 있음을 센서로 정확하게 확인하는 기술도 중요하다.

▶ 시공 상황 실시간 모니터링

시공 상황을 실시간으로 가시화하는 것은 작업이 계획대로 진행되고 있는지를 신속히 확인하여 개선방안을 빠르게 강구할 수 있다. 마찬가지로 안전 확인과 대책도 시기적절하게 실시할 수 있다. 또 BIM모델과 연동시킴으로써 재료관리, 구조물의 기성관리도 가능하게 되어 부가가치를 기대할 수 있다.

■ 자연조건의 관측과 대응 기술

도심에서의 굴착이나 터널공사에 주변지반 침하나 굴착 시 흙막이의 변형 등 광범위한 관측에 대해서는 드론과 레이저 스캐너, 사진측량 기술의 활용이 기대된다. 또 토목의 건설 현장은 실외 공간이 많아 바람의 영향을 받으므로 풍속, 주위의 상황, 흔들림 등을 검지하여 자동으로 어시스트하는 크레인 개발 등, 바람의 영향에 유연하게 대처하는 프리캐스트 부재의 설치기술 개발이 요구된다. 또 프리캐스트 부재에 작용하는 토압, 수압, 풍압 등의 외적 작용과 응력, 변형 등의 내적 응답을 부재에 내장된 센서로 상시 모니터링하여 설계의 가정조건에서 벗어나지 않았음을 확인하는 기술도 품질을 확실히 확보하는 데 필요하다. 아울러 고정밀도로 비나 바람의 예측정보를 제공할 수 있는 시스템도 요망된다.

■ 센서 및 영상처리 기술을 이용한 생산성 분석 기술

건설기계와 로봇에 대해서는 자신의 가동 데이터를 수집·분석함으로써 생산성 평가를 할 수 있지만, 사람이 하는 작업에 대해서는 지금도 작업 내용과 작업 시간을 일일이 기록하고 있는 것이 현실이다. 앞으로는 영상처리나 센서를 이용하여 사람의 작업 내용·작업 시간을 정량적으로 파악하여 생산성 분석을 함으로써 작업의 효율화와 안전성향상을 도모할 수 있을 것이다.

■ Paperless 시공관리·검사

현장에서의 시공관리 및 검사업무는 입회에 의한 도면과의 비교나 시공 데이터의 기록이 주체가 된다. 레이저 스캐너와 디지털 카메라를 이용한 측량, IoT를 이용한 원격 현장점검 등의 ICT기술을 이용해서 이들 작업을 페이퍼리스Paperless화·성인화하는 것은 생산성 향상에 크게 기여할 수 있을 것이다. 태블릿 PC의 활용은 물론 장래는 웨어러블 모니터 및 스마트 글라스 적용도 기대된다.

↘ 안심·안전한 정보통신 기반

ICT기술이 건설 현장의 모든 곳에서 이용되려면 정보통신 기반의 확충이 필요하다. 구체적으로는 광대한 시공 현장에서 실내외 심리스^{Seamless}로 고속·대용량의 보안을 확보할 수 있는 범용적인 통신기술·시스템의 구축이 요망된다.

↘ 빅 데이터를 이용한 재해 리스크 분석

현장 작업의 안전성향상은 매우 중요하며 ICT의 활용이 기대된다. 예를 들면 과거의 노동재해 정보(빅 데이터)로부터 재해 리스크가 높은 시기, 장소를 추출하는 기술과 작업원의 이동 궤적에 관한 데이터 분석에 의하여 안전성이 높은 도선과 안전표시 배치 계획을 지원하는 기술 등이 기대된다. 또한 작업원의 위치, 맥박 등을 모니터링하여 작업자의 건강상태를 관리하는 기술이 개발되면 이들의 관리기술은 '현장의 가시화'의 일부로서 보급할 수 있다.

연구개발 방향성 5, 유지관리 및 보수, 보강

건설공법의 합리화를 추진할 때에 고려해야 할 사항 중에서 놓치기 쉬운 것이 자산관리다. 건설은 공공시설이 많기 때문에 자산관리 측면에서의 유지관리를 염두에 둔 방향성을 고려해야 한다.

↘ 접속부의 누수 검지와 차단 대책 기술

프리캐스트 구조는 그 접속부의 품질관리가 중요하다. 특히 지하구조물에서는 누수에 주의해야 하고, 누수검지 기술 및 누수검지 후의 차단 대책 기술이 필요하다. 미리 프리캐스트 부재에 센서를 매입해 두는 등 다양한 대책이 필요하다.

◪ 내구성에 관한 품질 데이터의 데이터베이스화

프리캐스트 부재는 콘크리트 타설 후에 충분한 양생 기간이 경과한 후에 가설하는 것이 기본이다. 그 때문에 양생 후의 내구성에 관한 품질데이터를 현장 가설 전에 동일한 시험 조건에서 취득할 수 있다. 예를 들면 표층의 압축 강도나 투수 계수, 균열 여부 등을 현장 가설 전에 취득하여 데이터베이스화하는 것으로 공용 후의 유지관리 초기 데이터로서 활용할 수 있다. 또한 공용 후의 점검 결과를 같은 데이터베이스로 관리함으로써 경년에 의한 노화, 변상을 평가할 수도 있다.

6.3

실용화를 위한
규격과 표준화, 제도의 지원

신기술을 신속하게 보급하여 스마트건설생산을 실현시키기 위해서는 무엇보다 규격·표준화·제도상의 지원 등이 필요한데, 그 내용을 정리하면 다음 표와 같다.

[표] 실용화를 위한 규격, 표준화, 제도상의 지원 항목

No.	지원 항목
1	구조물부재, 치수에 대한 통일화
2	시공을 고려한 설계의 표준화
3	설계, 시공 일괄발주 등 시공자가 상류 단계에 관여할 수 있는 계약의 적용 확대
4	발주자마다 다른 지침, 사양서의 통일, 간소화
5	통시세닥 후의 생산성향상을 목적으로 한 일체 변경을 추간하기 위한 기스템 구취
6	현장에서의 공기단축 및 성력화 활동에 대한 발주자 측의 평가
7	조사, 설계, 시공, 유지관리 등 관련자의 정보공유 플랫폼의 통일화
8	대형 프리캐스트 부재를 도로에서 운반할 때의 제약 완화
9	ICT를 활용한 승인, 검사기법의 표준화
10	자동화 로봇 도입을 촉진하는 안전규칙 제정 및 개정
11	건설기계의 통신·제어 프로토콜의 오픈 및 표준화
12	파일럿 프로젝트의 실시

구조물 부재, 치수의 통일화

현재 각 구조물은 예상되는 작용과 요구 성능에 대해서 개별적으로 최적화되어 있으므로 개개의 부재 치수, 제원이 현장마다 다르다. 또 같은 용도인 구조물이어도 발주자마다 지침과 기준이 다른 경우가 많아 같은 구조형식이라도 현장마다 다른 시공방법을 적용할 수밖에 없다. 이에 대해서 구조 부재가 형식별로 몇 가지 패턴으로 통일되면 패턴에 따른 시공방법과 자재를 표준화함으로써 프리캐스트 제조를 위한 부재의 유용과 장인에게 요구되는 기술의 표준화가 가능해져 생산성과 품질, 안전성을 높일 수 있다.

시공을 고려한 설계의 표준화

공공 공사는 일부 턴키가 발주되고 있으나 설계·시공 분리가 원칙이며, 설계에서는 재료 수량이 최소가 되는 개념이 도입되어 구조물의 형상과 배근이 복잡해지는 경향이 있다. 결과적으로 시공에서는 많은 품과 숙련공을 필요로 하여 생산성이 저하되고 있는 실정이다. 따라서 현장의 생산성을 보다 중시한 설계방식을 채택하는 것은 설계·시공 전체를 합리화하여 생산성을 향상시킬 뿐만 아니라 품질, 안전 면에서도 크게 향상시킬 수 있다.

시공자가 상류단계에 관여할 수 있는 계약의 적용 확대

현행 공공공사의 계약 형태는 설계와 시공을 분리하여 발주하는 것이 기본이며, 사업의 상류(설계)단계에서 시공의 리스크 관리 실시 Front-loading는 한정적이어서 결과적으로 시공단계에서의 도면 수정 및 시공 방법 변경 등에 의한 재

작업이나 작업대기 등이 발생하였다. 앞으로는 측량회사, 설계회사, 시공회사 사이의 담장을 허물고 설계·시공 일괄계약design build을 기초로 한 계약 형태를 적용하여 BIM을 활용함으로써 사업의 상류단계에서 리스크의 대부분을 도출하여 구체적인 대책을 설계에 포함시킬 수 있도록 하여 사업 전체의 프로세스 합리화를 기대할 수 있다. 미국에서 적용되고 있는 조달방법의 하나인 프로젝트 통합발주방식IPD, Integrated Project Delivery는 건축가, 엔지니어, 시공회사, 발주자 등의 이해 관계자가 계획의 초기 단계에서부터 협력하여 최적인 구조물을 건설하기 위한 가장 효과적인 결정을 공동으로 하는 조달방법이다. 아직은 민간 건축공사에 적용이 많지만 향후 토목도 사례가 나올 것으로 보인다.

지침, 시방서의 통일 및 간소화

현재는 용도, 목적이 같은 구조물도 발주자에 따라서 지침과 시방서가 다른 것이 존재한다. 이들을 통일화함으로써 관리 자료의 양식도 통일화가 가능해져 ICT의 적용 가능성이 넓어진다. 또한 BIM을 효과적으로 추진하기 위해서도 통일화는 필요하며, 앞으로 전개될 드론이나 웨어러블, 로봇, 시공기계 등 타 분야에서 개발되는 기기를 효율적으로 건설에 적용하기 위해서는 반드시 통일된 지침과 시방서가 필요하다.

생산성향상을 위한 설계변경 시스템 구축

공사 계약 후에 생산성향상을 목적으로 한 설계변경을 추진하기 위한 시스템 구축이 필요하다. 가시설이나 본체 구조물의 배근, 치수 등을 변경함으로써 프리캐스트precast화와 기계화로 공기 단축이 가능하게 되는 경우가 있지만, 현재는 이러한 변경은 곤란하다. 기준이나 지침의 틀에서 벗어나 자유로운 아이디어를 공사 계약 후에 적극적으로 제안·적용할 수 있는 시스템이 있으면 건설 현장 전체적으로 생산성향상으로 이어질 것이다.

공기단축 및 성력화 활동에 대한 평가

현재의 제도에서는 공기단축 요청이 없는 한 시공자의 노력으로 공기를 단축해도 평가되지 않는다. 그러나 공기를 단축함으로써 시공자와 근로자들은 다음 프로젝트로 이동할 할 수 있어 건설 산업 전체의 생산성은 틀림없이 향상된다. 또, 하나는 프로젝트의 환경 영향 부담이라는 측면에서도 공기 단축의 기여는 크다. 발주자가 공기 단축에 대해서 적극적으로 평가하는 제도가 생기면 기업의 생산성향상에 대한 대처가 가속되어 각종 기술 개발이 촉진될 것이다.

정보공유 플랫폼의 통일화

조사에서 유지관리까지 전체 프로세스를 합리화하기 위해서는 이들 일련의 정보를 공유하는 기반이 필요하다. 이

[그림] 일련의 프로세스에 있어서 정보공유 이미지

출처: 日本産業競爭力懇談會, 'IoT·CPS를 활용한 스마트 건설생산시스템(2016)'

러한 정보공유 기반의 표준화, 통일화에 의해 건설업의 ICT에 의한 합리화는 가속화할 것이다.

프리캐스트 운반의 제약 완화

토목 구조물은 부재가 크기 때문에 대형 프리캐스트 부재를 도로에서 운반하는 것을 예상할 수 있다. 현재는 중량물 운반에 다양한 제약이 있어 이들을 완화하면 조달에 따른 손실을 줄일 수 있다. 또 운반할 때는 운반차에 설치한 위치 탐지기와 신호기를 연동시킨 운반 교통관제 시스템에 의하여 좀 더 쉽게 운반할 수 있게 되면 생산성은 더욱 향상될 것이다.

[표] 제약을 받는 차량제한의 예(「도로법」)

차량의 제원	일반적인 제한치(최고 한도)
폭	2.5m
길이	16.7m
높이	4.0m~4.2m
총 중량	40.0ton
최소회전반경	12.0m

[표] 제약의 예(「도로법」 제47조의2 제1항의 규정)

구분	중량조건	치수조건
A	서행 등의 특별한 조건을 붙이지 않는다.	서행 등의 특별한 조건을 붙이지 않는다.
B	서행 및 운행금지를 조건으로 한다.	서행을 조건으로 한다.
C	서행, 운행금지 및 해당 차량의 전후에 유도차량을 배치하는 것을 조건으로 한다.	서행 및 해당 차량의 전후에 유도차량을 배치하는 것을 조건으로 한다.
D	서행, 운행금지 및 해당 차량의 전후에 유도차량을 배치하고 2차선 내에 다른 차량이 통행하지 않은 상태에서 해당 차량이 통행하는 것을 조건으로 한다. 도로관리자가 별도로 지시하는 경우는 그 조건도 부가한다.	

승인, 검사기법의 표준화

측량기술에 대해서는 ICT기술의 발전에 의하여 보다 간단하고 보다 정확도가 높아질 것으로 기대된다. 또 같은 장소에서 반복해서 부재를 제작하는 프리캐스트 공법에서는 각종 센서나 ICT기술로 효율적인 품질관리가 가능해 질 것이다. 그러나 현재의 검사 및 승인 방법은 검사원 입회 아래 눈으로 확인하거나 종이에 기록하는 것이 일반적이며, ICT기술의 발전에 제도가 따라가지 못하고 있는 실정이다. ICT를 활용한 검사기법 제도화의 조기실현이 요망된다.

안전규칙의 제정 및 개정

현재의 안전규칙은 '중장비는 사람이 운전하는 것'을 전제로 제정되어 있다. 일부 위험장소에서 이용되는 무인화 시공은 원격조작을 사람이 하므로 안전규칙 법에는 적합하지만, 사람이 운전하지 않는 자동기계를 현장에서 사용하는 데 있어서는 적합성에 대해서 Gray zone이 될 가능성이 높다. 앞으로 기계화, 자동화, ICT화에 적합한 법 정비도 시급하다.

건설기계의 통신·제어 프로토콜 오픈 및 표준화

건설기계의 통신·제어의 사양을 오픈 혹은 표준화함으로써 사용자가 건설기계 업체를 통하지 않고 자동화, 무인화를 스스로 하는 것이 가능해지기 때문에 이 분야의 기술개발은 한층 더 촉진될 것이다. 특히 건설업과 같이 현장상황이 수시로 변하는 환경에서의 작업을 위해서는 기본이 될 수 있는 표준화가 필요하다.

파일럿 프로젝트의 실시

각종 요소기술 개발 성과의 실증 및 사회 구현을 위한 전 단계의 검증으로서 실증 실험이 필요하지만, 각 개발 성과의 조합에 의한 전체 효과 검증을 위해서는 어느 정도 규모의 구조물 시공을 대상으로 한 시험시공이 필요하다. 예를 들어 2차선 도로 단면 정도의 암거공사 구축을 대상으로 하여 각종 요소기술의 개발 성과를 적용하여 공정, 비용, 품질, 안전, 환경 부하 등에 대한 효과를 검증하는 것이 바람직하다.

이상과 같이 건설공법의 합리화에 대하여 살펴보았는데, 지금까지 이어져온 건설의 현장타설이라는 공정관념을 버리고 제조업과 같은 생산방식을 도입함으로써 보다 합리적인 건설 생산성향상과 함께 품질관리 및 안전관리향상을 추진할 수 있을 것으로 보인다.

6.4

건설공법 합리화를 위한 성력화의 예

지금까지 4차 산업혁명에 대비한 건설공법의 합리화에 대하여 소개하였다. 여기서는 토목구조물의 합리화를 위한 성력화에 대하여 예를 들어 소개하고자 한다. 성력화省力化, elimination of labor란 "생산성의 향상을 목표로 하여 생산 공정에서 가공이나 공정간 공작물 운반의 능률화를 도모하기 위해서 될 수 있는 한 작업을 기계화하여 사람의 손을 필요로 하는 작업을 생략하는 것"이라고 할 수 있다.

그런데 지금까지 건설에서는 주로 공사에 필요한 기계화, 자동화에만 초점이 맞추어져 진행되었는데, 이제는 생산성향상 및 안전관리, 품질관리를 위해 구조물 자체에도 성력화가 필요한 시점이 다가온 것이다. 앞에서 언급한 건설공법의 합리화가 바로 여기에 해당된다. 그렇다면 성력화를 추진해야 하는 이유를 열거하면 다음과 같다.

- 공공공사의 건설코스트 절감
- 인건비의 상승
- 숙련공의 고령화
- 기능레벨의 저하(외국근로자)
- 4차 산업혁명에 대비한 건설공법의 합리화

그동안 구조물이 재료의 Minimum으로 그 형상이 결정되었다면 이제는 노동량의 Minimum으로 전환되어야 할 시기이기도 하다. 그러기 위해서는 ① 현장작업의 성력화 및 기계화, ② 구조물형상의 단순화, ③ 사용재료 및 주요 부재의 표준화와 규격화, ④ 구조물의 Precast화가 이루어져야 한다.

그렇다면 성력화를 추진해야 할 대상을 선정한다면 ① 구조물의 형상을 단순화할 수 있는 것, ② 사용재료의 표준화와 규격화가 쉬운 것, ③ 관행적인 방법에서 개선할 것을 대상으로 성력화를 추진하여야 한다. 따라서 토목구조물 중에 가장 많이 시공되는 옹벽과 암거를 대상으로 성력화를 어떻게 추진해야 하는지 예를 들어 설명하도록 한다.

구조물형상의 성력화

지금까지의 건설공사에서는 구조물의 형상을 최적화하여 재료비의 최소화를 위한 원가절감에 초점을 맞추었다. 현재의 건설공사에서는 노무비 상승으로 인건비 비중이 높아지고 있으며, 기능레벨의 저하(외국인근로자)에 의한 구조물의 품질문제가 대두되고 있으며, 숙련공의 고령화에 의한 대체인력의 기술력 저하가 문제되고 있는 것이 현실이다. 이와 같은 사항은 4차 산업혁명으로 건설의 문제점을 해결하는 데 걸림돌이 되고 있다.

따라서 4차 산업혁명에 의한 건설공사의 엔지니어링 및 품질관리 향상을 추진하기 위해서는 재료의 원가절감에서 인건비의 절감으로 이행하기 위한 대상 구조물의 형상을 단순화할 필요가 있다.

◥ 복잡한 단면형상의 옹벽을 단순화

건설현장에서 가장 많이 시공되는 구조물 중에 하나인 역T형 옹벽이 있다. 도로, 철도, 상하수도, 단지 등 분야에 상관없이 시공되는 구조물이다.

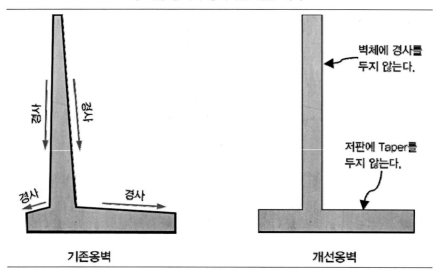

[그림] 옹벽의 성력화를 위한 예시

벽체에 경사를
두지 않는다.

저판에 Taper를
두지 않는다.

경사

경사

경사

경사

기존옹벽

개선옹벽

    그림에서 왼쪽이 현재 사용하고 있는 역T형 옹벽인데, 재료를 절감하기 위하여 벽체와 저판에 경사를 두고 있다. 구조적으로 검토하면 당연히 이와 같은 형상이 올바르지만, 이 형상을 사용하여 현장에서 시공을 하면 거푸집 설치와 콘크리트치기에 시간과 인건비가 과다하게 투입되며, 철근가공 및 조립에 시간이 많이 소요되고 있다. 반면에 오른쪽 그림과 같이 벽체와 저판의 경사를 두지 않는 구조로 개선하면 콘크리트와 철근의 재료비는 더 투입되겠지만, 규격화 된 거푸집을 사용할 수 있어 공사비 절감효과를 볼 수 있으며, 콘크리트치기에 시간 및 인건비 절감이 가능하고 철근조립이 쉽고 Loss율이 적게 발생하는 장점이 있다. 가장 주목할 것은 형상의 단순화는 4차 산업혁명의 로봇화를 위해서는 반드시 필요한 것이라는 것이다. 형상이 단순화되면 그만큼 로봇에 의한 작업자체가 단순해져 쉬워지고 이에 따른 시공속도와 관련 기술개발이 복잡하지 않아 여러 가지 측면에서 장점이 많다. 즉, 건설업이 안고 있는 문제점을 해결하기 위한 방안 중에서 가장 기본이 되는 것이 구조물 형상의 단순화이다.

▶ 복잡한 단면형상의 암거를 단순화

[그림] 암거의 성력화를 위한 예시

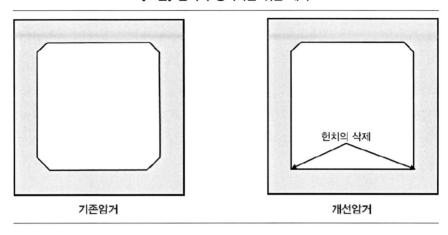

기존암거   개선암거

[사진] 프리캐스트 암거 조립완료 사진
출처: (주)프리콘 홈페이지

암거는 내측에 4개의 헌치가 있다. 이 헌치는 구조상 벽체와 하부슬래브의 단면이나 철근량을 축소하기 위해서 필요하다. 하지만 하부 헌치를 설치하기 위해서는 별도의 거푸집조립이 필요하기 때문에 추가 인건비가 소요되며, 헌치 거푸집에 따른 공사기간 및 재료비가 늘어난다. 헌치를 없애면 거푸집 설치에 따른 인건비가 절감되는 것과 동시에 형상의 단순화에 의한 공사기간을 단축시킬 수 있다.

현재 토목구조물에서 프리캐스트제품을 가장 많이 사용하는 것은 암거일 것이다. 공장에서 제작할 때에도 이 헌치를 삭제하면 공사단가가 낮아질 소지가 있다.

철근배근의 성력화

구조물형상의 성력화와 더불어 철근배근에 대한 성력화도 필요하다. 구조검토에 따라 철근을 배근함에 있어 안전성을 확보한 최소의 개념에서 배근되어 왔던 것도 사실이다. 이 또한 구조물 형상과 마찬가지로 재료의 Minimum으로 배근이 결정되었다면 이제는 노동량의 Minimum으로 전환되어야 할 시기이다.

근래에 들어 건설근로자의 고령화와 더불어 젊은 층의 기피로 인하여 외국인 근로자가 현장을 책임지고 있다고 해도 과언이 아닌 시점에서 외국인 근로자의 기능수준이 한국인에 비하여 떨어지고 있어 품질관리문제가 대두되고 있다. 이러한 상황에서 복잡한 철근배근의 정확성확보를 위한 단순화된 배근방식이 필요하다. 따라서 옹벽과 암거의 배근방식의 단순화를 통한 성력화를 제시한다.

◪ 옹벽 벽체 배근의 단면변화를 단순화

역T형 옹벽 벽체의 배근은 토압의 작용에 따라 하단부에서 상단부로 가면

[그림] 옹벽배근의 성력화 예시

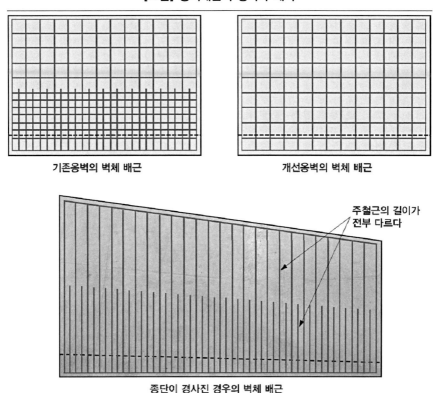

기존옹벽의 벽체 배근

개선옹벽의 벽체 배근

주철근의 길이가
전부 다르다

종단이 경사진 경우의 벽체 배근

서 토압이 줄어들기 때문에 철근량도 이에 맞추어 배근하는 것이 지금까지의
방식이었다.

그림에서 보면(상단 왼쪽) 철근을 토압에 맞추어 주철근을 지그재그로 배근
(구조최적화)하고 있으며, 만약에 종단경사가 있는 벽체에서는 철근의 길이가
전부 다르기 때문에 조립이 상당히 복잡하여 철근조립에 시간과 인건비가 많
이 소요된다. 또한 철근을 가공하는 데도 상당히 어려움을 겪고 있으며, 철근
Loss율도 높다.

성력화를 추진하여 벽체의 철근에 단면변화를 두지 않으면(상단 오른쪽) 철근
배근 간격이 넓어 조립이 쉽고 빨라서 인건비가 절감되며, 종단경사가 있는

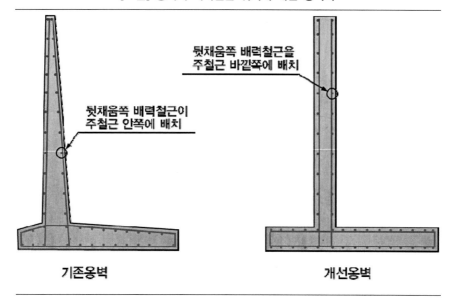

[그림] 옹벽의 배력철근 위치에 대한 성력화

뒷채움쪽 배력철근을
주철근 바깥쪽에 배치

뒷채움쪽 배력철근이
주철근 안쪽에 배치

기존옹벽   개선옹벽

벽체에서는 철근조립이 쉽고 Loss율이 적게 발생할 수 있다. 물론 성력화를 추진하면 철근량이 기존에 비하여 더 늘어날 수 있지만, 종합적인 관점에서 본다면 공사비절감으로 이어질 것으로 보인다.

또한 옹벽의 배력철근을 배치할 때에 앞쪽의 배력철근은 주철근 외측에, 뒷채움 쪽의 배력철근은 주철근 안쪽에 배치하도록 되어 있다. 이와 같은 형태의 배근은 철근을 절감하기 위하여 배력철근을 주철근 안쪽에 배치한 것인데, 배력철근을 조립할 때에 주철근 안쪽에 배치되어 있어 조립이 불편하고 시간이 많이 소요된다. 배력철근을 주철근 바깥에 배치함으로써 조립을 쉽고 빠르게 할 수 있으며, 조립철근이 바깥에 설치되면 외력을 주철근에 균등하게 전달할 수 있어 구조적으로 안정성을 유지할 수 있다. 물론 배력철근을 외측에 배치함으로써 철근량이 다소 증가하지만, 종합적인 관점에서 본다면 공사비절감으로 이어질 것으로 보인다.

◪ 암거 배력철근 배치 변경

암거의 배력철근도 옹벽과 마찬가지로 주철근을 절감하기 위하여 배력철근을 주철근 안쪽에 배치하고 있다. 배력철근을 조립할 때에 주철근 안쪽에 배치하므로 조립이 불편하고 시간이 많이 소요된다. 따라서 배력철근을 주철근 바깥에 배치하면 쉽고 빠르게 조립할 수 있으며, 배력철근이 주철근의 바깥에 배치되면 외력을 주철근에 균등하게 전달할 수 있어 구조적으로 안정성을 유지할 수 있다. 그 이유는 다음과 같다.

철근콘크리트 구조물은 콘크리트에 미세한 균열이 생기는 것을 전제로 하여 설계하고 있다. 따라서 외부에서 구조물에 토압 등의 힘이 작용할 때, 인장력은 주로 철근이 담당하게 된다. 그러나 이러한 사항을 고려하지 않고 배근을 하는 경우가 있다.

설계나 시공을 하는 기술자들은 배력철근의 역할을 정확히 이해하지 못하는 경우가 있다. 배력철근은 여러 기능이 있지만 그중에서 가장 큰 역할은 토압 등의 외력을 주철근에 균등하게 전달하는 역할이다. 암거나 옹벽 등은 토압을 받는 면적이 넓다. 따라서 배력철근은 특히 중요한데, 그 이유는 토압은 반드

[그림] 암거의 배력철근 위치에 대한 성력화

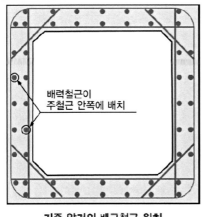

기존 암거의 배근철근 위치

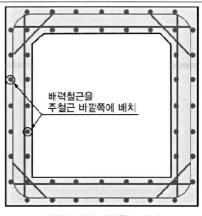

개선 암거의 배력철근 위치

[그림] 배력철근이 주철근 내측에 배치되었을 때의 힘의 전달범위

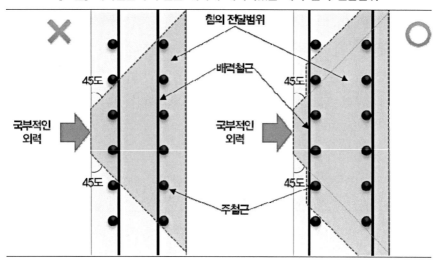

시 면[面] 전체에 균등하게 작용하지 않기 때문이다. 따라서 배력철근이 주철근 내측에 배치되어 있으면 힘을 받아들이는 주철근의 개수가 작아지게 된다. 따라서 토압을 받는 구조물의 배력철근은 반드시 주철근 외측에 배치하는 것이 구조상 안전하다.

이상과 같이 건설공법의 합리화를 위한 개산방안으로 옹벽과 암거를 예로 들어 설명하였다. 4차 산업혁명에서 구현될 자동화기계나 ICT기기 등으로 생산성 및 안전관리, 품질향상을 위해서는 구조물의 단순화는 필수적이다. 또한 단순화와 더불어 표준화와 규격화를 동시에 추진하여야 할 것이다.

제7장
4차 산업혁명에 대한 건설의 대처

7.1

스마트건설시스템

지금까지 4차 산업혁명과 건설 산업의 문제점, 건설 산업에 적용이 가능한 ICT 요소기술과 건설 공법의 합리화 등 건설이 처해 있는 현실과 제반 문제점, 그리고 나아갈 방향에 대하여 살펴보았다. 이 장에서는 앞으로 추진해야 할 건설의 대처에 대하여 정리하였다.

스마트건설시스템이란

제2장 "2.3 미래의 건설생산시스템"에서 가장 중요한 요소로 '건설데이터 기반의 BIM'과 '건설 ICT의 구현' 2가지를 제시하였다. 이 2가지를 실현하기 위한 방안으로 '스마트건설시스템'을 구성하고자 한다.

'스마트건설시스템Smart Construction System'이란 건설과 관련된 모든 것을 ICT로 유기적으로 연결하여 생산성 및 안전성이 높은 스마트한 '미래의 건설'을 창조하는 것을 말한다. 현재의 건설프로세스 중에서 가장 개선해야 할 분야가 시공이기 때문에 이곳에 초점을 맞추어 스마트건설시스템을 구축함으로써 건설업이 안고 있는 제반 문제를 해결할 수 있을 것으로 기대하고 있다.

[그림] 스마트건설시스템 구성

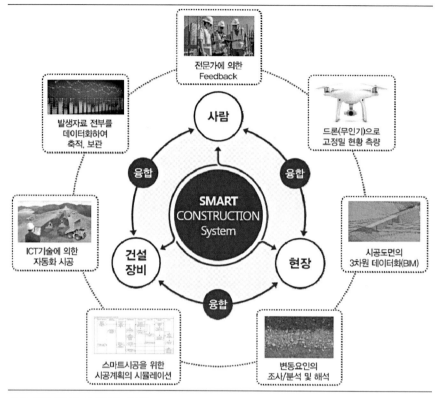

출처: 여러 자료를 조합하여 재구성

스마트건설시스템의 구성

스마트건설시스템을 구체적으로 전개해 나가기 위해서는 '사람', '현장', '건설장비'가 서로 유기적으로 연결할 수 있도록 6단계로 나누어 구성한다. 여기서 말하는 '사람', '현장', '건설장비'의 정의는 다음과 같다.

'사람'은 현장에 종사하는 기능 인력에 대하여 첨단 ICT기기로 무장한 고급인력으로의 변화를 통해 노동을 천시하는 한국사회의 인식과 3D업종에서 벗어날 수 있도록 한다. 이렇게 함으로써 절대적으로 부족한 젊은 기능 인력을 확보할 수 있으며, 매력적인 업종으로 변할 수 있을 것이다.

'현장'은 대부분이 실외작업이라는 특성과 함께 재해위험에 노출되어 있고 힘든 작업이라는 의식이 팽배해 있어, 자동화와 더불어 프리캐스트 제품화를 통한 제조업과 같은 생산시스템으로의 변화로 현장 작업을 줄여 나갈 수 있도록 한다. 이렇게 함으로써 안전과 품질관리는 물론이고 생산성향상으로 기업의 수익구조가 개선되면 건설에 종사하는 '사람'과 현장 주변의 주민인 '사람'에게 그 혜택이 돌아갈 수 있게 되어 매력적인 업종으로 변할 수 있을 것이다.

'건설장비'는 '현장'이라는 장소에서 '사람'이 조작하여 목적물을 만드는 도구이다. 이 도구를 자동화·무인화 함으로써 부족한 기능 인력의 대체와 더불어 '사람'에 대한 '현장'의 위험노출을 최소화할 수 있고 '사람'이 할 수 없는 작업을 대신 수행할 수 있어 결과적으로 '현장'의 생산성향상과 '사람'의 안전관리를 확보할 수 있다. 이렇게 함으로써 기업의 수익구조가 개선되면 건설에 종사하는 '사람'에게 그 혜택이 돌아갈 수 있게 되어 매력적인 업종으로 변할 수 있을 것이다.

이렇게 '사람', '현장', '건설장비'가 연결되면 시공은 다음과 같이 6단계로 나뉘어 스마트건설시스템을 구성할 수 있다.

◪ 단계 1 : 고정밀 현황 측량

스마트건설시스템은 가장 기본이 되는 '현장의 현황을 파악하는' 것부터 시작한다. 드론이나 3D 스캐너, 건설장비에 탑재된 스테레오 카메라 등에 의한 3차원 측량으로 고정밀도의 현황측량을 실시하여 설계단계에서 작성된 현황과 비교를 통하여 설계와의 차이를 사전에 파악하여 정확성을 확보함으로써 시공의 리스크를 사전에 예방할 수 있다. 또한 드론(무인비행기)에 의한 3차원 현황측량은 필요할 때 언제든지 측량이 가능하기 때문에 수시로 변하는 현장의 매일 매일을 기록할 수 있어 그동안 알 수 없었던 현장의 리스크를 파악할 수 있는 장점이 있다.

◪ 단계 2 : 시공도면의 3차원 데이터화(BIM)

해외에서 BIM을 도입하는 가장 큰 이유로 생산성향상을 언급하고 있는데, 자료에 의하면 영국에서는 30%, 일본과 싱가포르에서는 25%의 생산성향상을 목표로 하고 있다.

BIM으로 시공도면을 작성하면, 시공 중에 발생할 수 있는 리스크를 사전에 파악할 수 있는 장점이 있다. 이것은 설계와 시공이 단절된 현재의 시스템에서는 매우 유용한 것으로 설계에서 미처 파악하지 못한 현장상황이나 고려하지 못한 상황을 공사를 착공하기 전에 파악함으로써 시공 중의 설계변경을 사전에 막을 수 있다. 또한 건설현장은 불확실성이 많아 설계와 다른 현장조건이 시공 중에 발생하면 변경을 위한 기간만큼 공사가 중단되는 등, 공기에 영향을 미치기 때문에 빠른 피드백이 필요하다. 이와 같은 리스크를 최소화할 수 있는 것이 바로 BIM이다.

BIM을 해야 하는 이유 중에서 주목해야 할 것은 한국 건설이 처해 있는 현실 중에서 고령화와 더불어 고급기능 인력의 퇴직과 젊은 기능 인력의 수급에 어려움이 많기 때문에 이에 대한 대처로 ICT를 활용한 무인화의 추진이다. 시공도면의 3차원데이터는 시공에 사용되는 ICT 건설기계로 전송되어 자동제어를 위한 정보로 제공되어 건설장비의 무인화가 가능하기 때문에 획기적인 생산성향상을 추진할 수 있다. 이를 위해서는 기반이 되는 3차원데이터, 즉 BIM이 필요하다. ICT에 의한 건설이 추진되면 3D업종에서 첨단기술을 구사하는 업종으로의 변화와 함께 젊은 인력의 흡수로 노동력 부족현장을 해소할 수 있을 것으로 기대하고 있다.

◪ 단계 3 : 변동요인의 조사/분석 및 해석

시공도면을 BIM으로 모델링하면 시공 중에 일어날 수 있는 갖가지 리스크(지반조건, 지하 매설물 등의 지장물)를 미리 조사하여 3차원으로 해석한다. 그런 다음에 실제로 현장작업 시에 설계와 차이가 발생하면 실시간 피드백을 통하여 문제를 해결할 수 있어 설계변경이나 대기시간으로 인한 리스크를 사전에 최소화할 수 있다.

■ 단계 4 : 스마트시공을 위한 시공계획의 시뮬레이션

발주처가 원하는 시공조건과 일치하는 여러 개의 시공패턴을 시뮬레이션 하여 공기를 가장 많이 단축하는 경우, 비용을 가장 저렴하게 하는 경우, 안전을 가장 우선으로 하는 경우 등 최적의 공정을 시뮬레이션 하여 제안 할 수 있다.

또한 최신의 시공 상황이 실시간으로 반영되기 때문에 시공 중에 현장여건 이 변경되면 최적의 변경제안을 시뮬레이션 하여 빠르게 제안할 수 있어 발주 처에 의한 의사결정을 신속하게 할 수 있다.

또한 현장시공 전에 현장에 종사하는 근로자들에게 작성된 시뮬레이션으로 미리 작업 상황에 대한 현황과 교육 등을 실시할 수 있어 효과적이다.

■ 단계 5 : ICT기술에 의한 자동화 시공

현황의 고정밀도 3차원데이터와 시공완성도면의 BIM 데이터로 시공의 범위, 형태, 토공을 정확하게 파악함으로써 보다 생산성이 높은 현장을 실현할 수 있다. 가령 지금처럼 일일 작업공정을 2차원 도면으로 계획한 상태에서는 그날그날의 정확한 작업량을 파악할 수 없었지만, 드론에 의하여 전날 작업이 완료된 상황의 촬영과 BIM 데이터의 비교를 통하여 신속하게 오늘의 작업량 을 산출할 수 있기 때문에, 시공 장비의 배치 등 작업계획을 정확히 파악하 여 투입할 수 있으며, 인력배치도 보다 정확하게 할 수 있다.

또한 자동제어의 ICT건설장비로 누구라도 숙련된 운전자와 같이 손색이 없 는 정밀한 작업이 가능하기 때문에 경험이 미숙한 운전자도 어려운 작업을 해 낼 수 있으며, 설령 작업에 어려움이 있더라도 실시간 모니터링 기술에 의하 여 경험자의 조언을 바로 받을 수 있기 때문에 품질관리 측면에서도 획기적인 발전을 기대할 수 있다.

◥ 단계 6 : 시공 후의 데이터 활용

BIM에 의한 데이터와 ICT 건설장비로 시공한 정보는 공사 착공부터 준공까지의 모든 정보를 클라우드에 축적하여 준공도서 작성과 유지관리 단계에서 발생하는 재해 등, 필요할 때 관계자에게 제공함으로써 신속하게 대처할 수 있다. 이렇게 모아진 데이터는 향후 유사한 프로젝트를 계획할 때에 문제점을 사전에 차단하여 계획이 될 수 있도록 빅 데이터로 분석한 자료가 제공되어 보다 향상된 시공계획이 될 수 있을 것이다.

이상과 같이 '사람', '현장', '건설장비'가 서로 연결되어 시공단계의 스마트 건설시스템을 구현함으로써 건설업이 안고 있는 제반 문제를 해결함과 동시에 건설의 위상을 높일 수 있을 것이다.

4차 산업혁명에 대한 건설의 대처는 다차원의 건설기반 데이터인 BIM의 도입과 함께 ICT구현을 건설에 적용하는 기술에 대한 연구와 노력이 필요하며, 특히 '사람'과 '현장' 그리고 '건설장비'가 연결되지 않으면 효과를 발휘할 수 없기 때문에 3가지를 일체로 한 스마트건설시스템 구현에 대한 종합적인 연구가 필요할 것이다.

건설데이터 기반으로서의
BIM 도입

건설데이터 연계를 위한
BIM 도입

BIM을 단순하게 3차원 모델작성 도구로 이용하는 것만이 아니라 건설프로세스 전체에 대하여 데이터 기반으로 사용하는 것과 동시에 설계, 시공, 유지관리까지의 라이프사이클을 일관된 데이터로 연계를 높이는 것은 생산성향상, 품질·안전성 확보, 매력 있는 사업으로의 전환, IoT 활용촉진의 관점에서 목표로 해야 할 방향이라고 보고 있다.

또, 건설업계가 처해 있는 문제에 대한 해결과 더불어 국제경쟁의 관점에서도 건설데이터기반 툴tool로서의 BIM을 중심축으로 한 건설프로세스의 새로운 형태는 민관이 일체가 되어 대처할 매우 중요한 테마라고 생각한다. 그 실현을 위해서는 데이터 호환성을 잊는 소프트웨어, 보안, 도입비용 등의 '기술적인 과제'의 해결뿐만 아니라 업무 프로세스, 법규 및 제도 정비, 각종 검사에 BIM 이용 등 '제도적인 과제'에 대해서도 선행하여 개정할 필요가 있다.

또한 건설프로세스 데이터 기반으로서의 역할을 하기 위해서는 각 발주기관별로 별도의 기준을 정하기보다는 통일된 하나의 기준이 필요하다. 지금 발주기관별로 별도로 BIM 가이드라인 제정을 위하여 각기 다른 주제로 연구가 진행되고 있어, 이를 통일할 수 있는 기구의 설치가 무엇보다 중요하다. 그래야만 BIM데이터를 생산하는 기업인 설계회사, 시공회사, 유지관리회사 등에서 중복투자 없이 BIM을 도입할 수 있을 것이다.

BIM의
보급 및 사용 촉진

토목 인프라 분야에서의 BIM에 대해서는 주된 발주자인 공공기관의 선도 아래 토목 프로젝트의 데이터 기반으로서의 활용에 대해서 기술적인 면에서 검토가 시작되었으며 향후 가이드라인 등을 통해서 보다 효율적인 생산 프로세스의 구축이 기대된다. 하지만 아직 제도적인 면에는 이르지 못하고 주로 기술적인 면에 대한 검토만 이루어지고 있는 실정이다. 또한 공공기관별 별도로 검토되고 있는 만큼, BIM의 효율적인 보급과 사용을 위해서는 하나로 통합된 기술적인 면과 제도적인 면이 필요하다.

한편, 건물이 대상이며 주요 발주자가 민간인 건축 BIM에 관해서 주로 기술적인 과제에 대해서는 IT벤더나 건축 관련 민간기업, 업계단체 등을 주체로 하여 표준화와 규격화, 라이브러리 구축, 데이터 호환성 등의 검토와 정비가 권유되고 있어 설계나 시공 등 각각의 사업 영역에서의 데이터 연계에 의한 활용이 진행되고 있다. 구체적으로는 건축, 구조, 설비 등의 설계업무 내에서의 데이터 연계, 시공 업무의 원청과 하청과의 데이터 연계 등의 대처가 실시되고 있다.

그렇지만 기획, 설계에서 시공, 유지관리까지의 라이프사이클을 통한 전체 최적으로 이어지는 데이터 연계를 위한 활동은 잘 진행되지 않고 있으며, 또 라이프사이클을 통일적인 관점에서 조감하고 검토하는 단체가 없어 이해관계의 해결도 어려움이 예상된다. 실제로 조달청이 2014년에 발행한 BIM 가이드라인에서도 라이프사이클을 통한 건설프로세스의 전체 최적화까지는 들어가 있지 않아 많은 이해관계자가 관여하는 제도 면이나 관습 측면에서의 과제도 클 것으로 생각한다. 구체적으로는 각 단계의 설계상세수준의 명확화와 이에 따른 보수·계약 형태, 데이터의 소유권과 저작권, 공적 신청에서의 데이터 형식, 데이터 관리방식과 보안의 확보 등이 꼽힌다.

또한 국제적인 표준화의 움직임이나 정부에서 BIM을 이용한 건설업 개혁의 비전과 방안을 제시하고 있는 영국과 싱가포르, 일본 등 각국의 BIM추진 동향에 대해서 국가의 입장을 확인할 수 있도록 민관이 협력하여 정보를 수집하여야 한다.

BIM 보급을 활성화하기 위해서 넘어야 또 다른 벽은 현재의 설계 대가이다. 외국에 비하여 적은 설계비로는 BIM 도입에 대한 개별 회사의 부담이 커 도입이 쉽지 않은 것이 현실이다. 「엔지니어링산업 진흥법」은 500억 원 이상 공사의 경우 4.2%를 설계비용 평균으로 적용한다. 그러나 2010년 이후 200억 원 이상 사업의 설계비용을 분석한 결과, 설계비용이 공사비용의 2.4% 수준으로 법이 정한 설계비의 절반수준만 지급되고 있는 것으로 나타났다.

이와 같은 수준의 설계비로는 BIM의 도입 부담이 커 쉽게 접근하기 어려운 것이 현실이므로 적정대가의 지불과 함께 BIM 도입에 따른 별도의 BIM 대가가 제도적으로 마련되어야 할 것이다.

[표] 발주기관별 법정 설계비용과 집행 설계비용 비교(단위: 백만 원)

발주기관	건수	건설예산	설계비용	비율	법정요율	
					요율	금액
LH공사	112	6,648,269	169,813	2.6%		279,227
도로공사	34	4,501,200	105,709	2.3%		189,050
철도공단	49	5,122,196	116,013	2.6%		215,132
서울시	35	3,215,289	65,297	2.0%	4.2%	135,042
경기도	20	1,362,969	40,323	3.0%		57,245
합계	250	20,849,923	497,154	2.4%		875,697
건당 평균		83,400	1,989	2.4%		3,503
법정요율대비 56.8%						

출처: 국정감사자료(2016)

새로운 체계 구축, BIM 컨소시엄

이상과 같이 BIM을 건설프로세스 전체의 최적으로 이어지는 수준까지 높이려면 국내에서의 활동 실태를 조사한 후에, 관련된 산업계를 포함한 국가 전체로서의 새로운 체제 구축이 필요하다. 산업계의 이러한 도전적인 대처를 추진하기 위해서 이상적으로는 국가(국토교통부), 공공발주기관(도로공사, LH공사, 철도시설공단, 한국수자원공사, 지방자치단체 등), 연구기관, 건설관련 업체(설계, 시공, IT벤더 등), 산업계(자재회사, 중장비업체, 물류기업 등)를 포함한 'BIM 컨소시엄 추진조직'을 설립하여 추진 모체에서 정보수집, 실증 실험에 의한 과제의 명확화, 관련 기술개발, 프로세스 표준화 등 검증과 개선의 반복에 의한 시스템의 실현을 목표로 관계자의 강한 의지와 꾸준한 노력이 요망된다. 또한 건설에 관한 개별 회사에서는 이와 같은 장래적인 전체 최적화에서의 대처와 병행해서 각각의 사업 영역에서 BIM의 활용을 추진함으로써 개별 이용을 위한 과제의 명확화, IT벤더와 연계한 소프트웨어 개량, IoT협력 등의 개별 장점의 창출, 인재 육성, 사회적 인지도 향상을 계속할 필요가 있다.

[그림] BIM 컨소시엄 구성

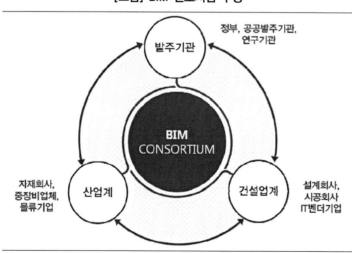

7.3

ICT 구현의 대처

건설데이터 기반으로서의 BIM도입과 함께 도입이 기대되는 ICT를 현장에 전개함으로써 발생되는 효과를 다음 쪽의 그림 '도입이 기대되는 ICT와 그 효과'와 같이 정리하였다. 그림에서 예상한 ICT를 구현하려면 현장의 다양하고 대용량인 비구조화 데이터를 효율적으로 수집·분석한 후에 시기적절하게 현장에 피드백을 할 수 있는 구조와 불필요한 제도와 법규의 개선이 필요하다.

또한 일반 제조업의 공장 생산에 적용하여 효과를 보고 있는 IoT, CPS를 비양산적이고 자연의존적인 건설생산에 적용하기는 쉽지 않을 것이다. 그렇기 때문에 이후에도 계속 ICT로 무엇이 중요한지를 지켜보면서 ICT기기의 장기 수명화, 정보 보안의 확보나 현장에 알맞은 견고성의 실현 등 ICT 구현의 과세 해설을 위한 섬토를 추신일 펼요가 있나.

특히 건설생산프로세스 전반에 걸쳐 ICT를 구현하는 데 있어 걸림돌이나 방해가 되는 요소는 없는지 살펴보고 개선할 사항이 있으면 의견수렴을 통해 정부가 주도하는 과감한 개혁이 이루어져야 한다.

지금까지 인간이 기술에 적응하는 시대였다면 앞으로는 기술이 인간에게 적응하는 시대가 열릴 것이기 때문에 4차 산업혁명 시대에 대비한 건설의 ICT 대처는 무엇보다 중요하다.

[그림] 도입이 기대되는 ICT와 그 효과

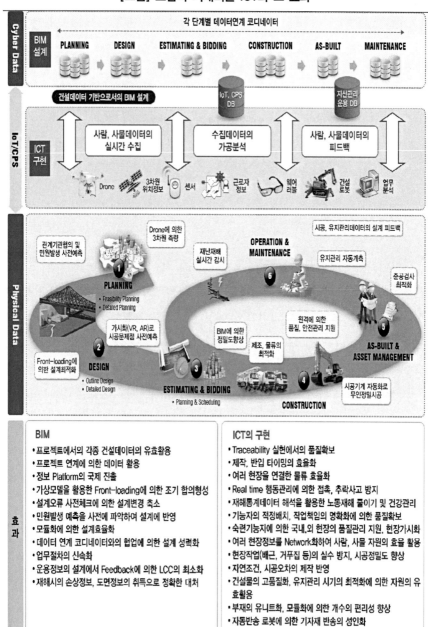

BIM

- 프로젝트에서의 각종 건설데이터의 유효활용
- 프로젝트 연계에 의한 데이터 활용
- 정보 Platform의 국제 진출
- 가상모델을 활용한 Front-loading에 의한 조기 합의형성
- 설계오류 사전체크에 의한 설계변경 축소
- 민원발생 예측을 사전에 파악하여 설계에 반영
- 모듈화에 의한 설계효율화
- 데이터 연계 코디네이터와의 협업에 의한 설계 성력화
- 업무절차의 신속화
- 운용정보의 설계에서 Feedback에 의한 LCC의 최소화
- 재해시의 손상정보, 도면정보의 취득으로 정확한 대처

ICT의 구현

- Traceability 실현에서의 품질확보
- 제작, 반입 타이밍의 효율화
- 여러 현장을 연결하는 물류 효율화
- Real time 행동관리에 의한 접촉, 추락사고 방지
- 재해통계데이터 해석을 활용한 노동재해 줄이기 및 건강관리
- 기능자의 적정배치, 작업책임의 명확화에 의한 품질확보
- 숙련기능자에 의한 국내,외 현장의 품질관리 지원, 현장가시화
- 여러 현장정보를 Network화하여 사람, 사물 자원의 효율 활용
- 현장작업(배근, 거푸집 등)의 실수 방지, 시공정밀도 향상
- 자연조건, 시공오차의 제작 반영
- 건설물의 고품질화, 유지관리 시기의 최적화에 의한 자원의 유효활용
- 부재의 유니트화, 모듈화에 의한 개수의 편리성 향상
- 자동반송 로봇에 의한 기자재 반송의 성인화

출처: 日本産業競争力懇談会, 'IoT·CPS를 활용한 스마트 건설생산시스템(2016)'

ICT 전개를 위한
법, 제도 개선

건설업이 안고 있는 문제는 누구나 인식하고 있지만, 그 해결을 위한 방안이 무엇인지 노력을 어떻게 하고 있는지에 답은 늘 '법'이라는 '규제'의 개정으로 시작하고 있을지도 모른다.

새로운 기술이나 새로운 환경변화가 발생하면 가장 먼저 '규제'부터 생각하는 것이 현실이다. 이렇게 규제부터 만들도록 환경을 제공하는 자가 건설업에 몸담고 있는 당사자이며, 이를 규제를 만드는 것도 결국은 건설과 관련이 있는 종사자들이다. 건설과 관련된 많은 법규와 조례를 보면 부정적이고 단속적인 하지 말아야 할 것들이 대부분으로 '벌' 위주이며, '상'은 존재하지 않는다. 법규 자체가 건설에 종사하는 모든 사람을 잠재적 범죄자(?)로 만들고 있으며, 그것을 피하기 위하여 지금도 부실과 편법이 만연하고 있다.

「건설기술진흥법」(2016. 1. 19 개정)을 보면 '아니 된다', '처분', '벌금', '업무정지', '취소', '명령', '보고', '금지' 등 규제와 관련된 키워드가 199번이나 나오지만(시행령 및 시행규칙 포함), '상'에 대한 키워드는 존재하지 않는 것이 현실이다. 지켜야 할 최소한의 의무가 '법규'라고 하지만, 건설의 발전을 위해서 동기부여를 할 수 있는 '상'이 없다는 것이 아쉽다. 또한 '품질관리'와 '안전관리'를 검색하면 194번이나 나오는 데 반하여 '생산성향상'이라는 키워드는 존재하지도 않는다. 말 그대로 건설기술을 진흥하는 법인데도 불구하고 '관리'만 존재한다.

건설에서 ICT를 구현하여 건설업의 문제를 해결하기 위해서는 법규개 등의 저해 요인을 우선 추출하여 과감한 제도개선이 선행되어야 하며, 제도개선을 통하여 건설업에 종사하는 관련 단체(설계사, 시공사, IT업계, 자재회사 등)로 하여금 건설발전을 위한 협력을 구하는 것이 미래의 건설시스템을 구축하는 길이다. 지금까지 인간이 기술에 적응하는 법제도였다면 기술이 인간에게 적응하는 시대에 대비한 법제도의 개선이 필요한 시점이다.

ICT 구현을 위한 표준화의 필요성

4차 산업혁명 시대에 펼쳐질 기술은 제5장에서 언급되었지만 '드론', '3차원 측량 및 계측기술', '건설기계(로봇)', '센서', '웨어러블 기기', '업무분석 기술' 등 6가지의 요소기술을 효과적이고 빠르게 건설에 적용하기 위해서는 표준화가 필요한데, 표준화에는 기술적인 것과 제도적인 것 두 가지가 있다. 제도적인 측면은 기술적인 검토가 선행되어 문제점을 파악한 후에 보완을 할 수 있도록 '시범사업'을 통해 표준화를 추진하여야 한다.

기술적인 표준화는 건설공법의 합리화를 통한 표준화와 ICT요소 기술의 표준화로 나누어 생각할 수 있는데, '단순'하고 '편리'한 것을 고려하여 표준화를 추진하여야 한다.

건설구조물 중에서 가장 많이 시공되는 '옹벽'을 예로 들면, 옹벽 중에서 현장에서 타설하는 역T형 옹벽의 형상을 보면 벽체와 앞굽, 뒷굽이 사다리꼴 형상을 하는 경우가 대부분이다. 이러한 형상은 사각형 형상과 비교하면 거푸집 설치, 철근배근에서 설치비용이 많이 소요되지만 재료인 철근과 콘크리트는 적게 들어가는 이른바 재료의 최소화를 위해 만들어진 구조물의 형태이다. 하지만 이와 같은 구조물을 '단순'화하면 건설공법의 합리화로 ICT 구현이 쉬워져 자동화로 이어지기 편리할 것이다. 따라서 ICT 구현을 위한 표준화는 요소기술의 표준화도 중요하지만, 건설의 대상물에 대한 표준화가 먼저 이루어져야 하며, 그로인한 ICT의 구현이 쉽고 빠르게 진행될 것이다.

또한 같은 구조물이라도 발주기관별로 달리 사용하는 경우가 있으므로, 이것에 대한 국가적인 표준도 필요하다. 중복투자를 없애고 하나로 표준화함으로써 생산성향상과 더불어 제작단가를 줄일 수 있을 것이다. 앞으로 진행될 4차 산업혁명에서는 '단순'하고 사용이 '편리'한 표준화에 목표를 두고 실천한다면 '저비용'으로 '효과적'인 건설의 실현으로 그 혜택은 건설 산업은 물론이고 국가 전체로 이어질 것이다.

4차 산업혁명과 건설의 미래
저자의 후기

 지금까지 건설 산업이 가지고 있는 특성과 함께 4차 산업혁명에 대비한 스마트건설시스템에 대하여 두서없이 제언을 하였다. '토목'과 '건축'이라는 공학이 한국에 도입되어 한국의 경제발전에 견인차 역할을 하면서 외줄타기를 하듯이 위기의 순간도 많았지만, 그때마다 슬기롭게 극복해나가면서 경제발전에 큰 발자취를 남겼다. 하지만 오늘의 현실이 그저 암울하기만 한 것은 저자만 느끼는 것은 아닐 것이다.

 한국건설기술연구원은 '2016년 건설 산업 글로벌 경쟁력 종합평가'에서 한국의 순위를 주요 20개국 중 6위로 평가하였는데, 건설기업의 시공경쟁력은 4위, 설계경쟁력은 8위에 오르면서 건설기업들의 글로벌 순위가 4위까지 올라 선전한 반면 공공성색 부분의 건실세노는 13위, 신프라는 10위, 깅꿱 투명성은 18위로 평가하였다. 이 수치를 보면서 건설기술인이라면 믿을 수 있는지(?) 의문이 든다. 평가의 기준이 무엇인지 모르겠지만 우리의 기술력 수준이 과연 이정도로 높았는지(?) 책을 쓰는 내내 의구심을 떨칠 수 없었다.

 일본의 총무성이 IoT와 관련하여 'IoT국제경쟁력지표' 순위를 조사하여 발표한 것이 있는데, 60점을 받은 미국이 1위, 54점의 중국이 2위, 51점의 일본이 3위, 50점을 받은 한국은 4위에 순위를 올리고 있다.

[표] IoT 성장시장의 국가경쟁력 한국기업 지표

분류	No.	항목	순위	점수
단말기	D3	스마트시티	2	57
	D4	헬스케어	8	47
	D5	스마트공장	6	46
	D6	Connected car	6	39
연구개발	E2	엔지니어 수(IoT)	1	64
finance	F2	M&A 금액(IoT)	5	49
표준화	G	IoT표준화단체 참가기업 수	3	51
IoT 시장			4	51

출처: 일본 총무성 정보통신국제전략국 자료

[표] IoT 시장의 국가별 순위

순위	국가	종합점수	ICT시장		IoT시장		WEF 순위
			순위	점수	순위	점수	
1	미국	60	1	59	1	61	5
2	중국	54	2	53	2	54	59
3	일본	51	6	49	3	54	10
4	한국	50	4	50	4	51	13
5	대만	50	3	50	5	50	19
6	독일	48	8	48	6	49	15
7	네덜란드	48	7	48	7	49	6
8	스웨덴	48	5	49	9	46	3
9	프랑스	46	10	46	8	47	24
10	핀란드	46	9	47	10	44	2

※ WEF : 세계경재포럼(World Economic Forum)이 ICT인프라 정비와 활용 상황 등을 바탕으로 약 140개국을 순위화한 자료

출처: 일본 총무성 정보통신국제전략국 자료

이 순위가 의미하는 것은 한국의 IoT 국가경쟁력은 상당한 수준에 이르고 있다는 것이다. 이렇게 ICT와 관련된 기술의 경쟁력은 높지만 앞서 ICT요소 기술은 외국의 사례를 소개하였다. 즉, 건설의 시공 및 설계경쟁력이 높다고 하지만 앞으로 전개될 4차 산업혁명 시대에서의 건설경쟁력은 얼마나 될 것인

가에 대하여 다시 생각해야 할 부분이다.

한국의 건설은 제한된 국토에서의 인프라구축은 이미 한계에 이르러 더 이상의 성장은 없을 것으로 판단되기 때문에 해외 진출에 매진해야 하는 처지에 놓여 있다. 글로벌 시장의 경쟁은 치열하기 때문에 경쟁에서 이기기 위해서는 한국의 강점인 ICT기술을 건설에 융합시켜 지금이라도 경쟁력을 키워야만 살아남을 수 있을 것이다.

세계의 유수 건설기업들은 르네상스시대부터 500년간 이어져온 '도면'이라는 툴을 디지털모델인 'BIM'으로 바꿔 각종 ICT기술을 접목한 첨단 건설기술을 하루가 멀게 쏟아내고 있다.

2017년은 근대 건설 산업 70주년이 되는 해이다. 한국에서 건설 산업에 종사하는 수는 대략 210만 명으로 추정된다(근로자 150만 명, 판매영업·사무·관리·기술전문직 60만 명). 여기에 건설과 관련된 자재나 물류 등과 함께 그 가족까지 포함하면 천만 명이 넘을 것으로 추산되는데 대략 우리나라 인구의 20% 이상을 차지하는 수치이다.

BIM과 ICT를 활용한 스마트건설시스템으로 건설에서의 생산성향상을 위해서는 생산현장에서 일하는 많은 사람들에 대하여 BIM 및 ICT 인재 발굴뿐만 아니라, 생산프로세스에 관한 교육연구도 중요하다. 또한 최근에 ICT의 급속한 발전에 의한 요소기술을 깊이 이해하고 이것들을 융합하고 이용하는 것이 요구되고 있다. 특히 BIM의 활용은 주로 건설생산 현장과 설계 업무를 중심으로 하는 '실무의 세계'에서 진행되고 있지만 앞으로는 건설 관련학과에서 BIM 및 ICT 활용교육, 건설생산시스템공학의 새로운 확충 등 4차 산업혁명에 대비하여 프로세스 관리를 포함한 건설 ICT 인재의 수준 향상이 요망된다.

또한 실제의 건설생산 현장에서 ICT나 로봇을 활용하는 근로자들의 ICT 기능향상도 필요하다. 향후 산업계의 대책을 세워서 개별 회사에 의한 근로자 교육/훈련과 함께 업계, 단체 등을 통한 교육도 계속해나가야 한다. 또 중소건설사, 전문건설회사나 개인 사업주, 중소설계사 등 건설업을 지탱하는 인재에 대한 교육도 국가에서 폭넓게 지원을 하여야 한다.

특히 젊은 층이 외면하고 있는 건설업에 유능한 인재를 영입하기 위해서는 ICT와 같은 첨단기술을 활용하여 시공이 될 수 있는 현장을 만들어야 하며, 이를 위해서는 교육을 통한 인재 발굴과 홍보에 힘써야 할 것이다.

30년이 넘는 세월동안 건설업에 몸담고 있으면서 '시니어모임(?)'에 참석하면 요즘 젊은 엔지니어의 기술력이 예전만 못하다고들 말한다. 이렇게 된 것은 시니어의 잘못이 크다. 모든 산업이 정보화를 도입하여 생산성향상에 주력하고 있을 때에 건설업은 어떤가? 일부 정보화를 도입하고 있지만 옛날방식 그대로가 대부분으로 정보화하고는 거리가 먼 산업처럼 보인다.

지금도 건설의 결과물을 만들기 위해서 3차원인 결과물을 2차원 도면으로 만드는 기술(?)을 사용하고 있다. 하지만 시니어가 젊은 시절에는 2차원 게임을 주로 하였지만 요즘은 3차원 게임을 즐겨하듯이 환경이 변했는데도, 즉 3차원에 익숙한 젊은 엔지니어에게 2차원을 강요하는 것은 그들로 하여금 흥미와 매력을 잃게 하는 요소일 것이다. 젊은 엔지니어가 잘할 수 있는 환경을 만들어 주지 않고 기술력을 탓하는 것은 시니어가 변하지 못하고 있다는 것을 반증하는 것이라 생각한다. 젊은 엔지니어들에게 3차원적인 건설 시설물을 있는 그대로 다차원으로 설계할 수 있도록 환경을 제공한다면 지금보다 훨씬 능력을 발휘할 것으로 보인다. 시니어가 생각할 수 없는 그런 결과를 도출해 낼 수 있을 것으로 믿는다.

미약한 책이지만 젊은 엔지니어들에게 꿈과 희망이 될 수 있기를 희망하면서 4차 산업혁명 시대에 살아가고 있는 젊은 엔지니어들에게 건설의 미래를 맡기고자 한다. 미흡한 책에 대하여 궁금 사항이나 오류가 있으면 아래 메일로 연락주시기 바랍니다.

E-Mail : 황승현(storkbill@gmail.com)

참고문헌

(1) '토목 그리고 Infra BIM', 도서출판 씨아이알, 2015.

(2) '체크리스트에 의한 소량, 단기납기 생산모델 봉제공장 실천가이드', 섬유유통연구회.

(3) 'CPS 기반기술의 연구개발과 그 사회로의 도입에 관한 제안', CDS-FY2012-SP-05, 일본과학기술진흥기구, 2013-03.

(4) '기후변화 영향평가 및 적응 시스템 구축' 제3차년도 보고서, 한국환경정책·평가연구원(KEI), 2008.

(5) '확장적 재정정책과 SOC투자 확대 세미나', 한국건설산업연구원, 2017.02.

(6) '2017년도 건설업 취업동포 적정규모 산정', 명지대학교 산학협력단.

(7) KOTRA 중국사업단, '육성에서 혁신으로 : 중국제조 2025 전략과 시사점', 중국투자뉴스 제460호(2015).

(8) 독일·일본의 4차 산업혁명 대응정책과 시사점, 산업기술리서치센터.

(9) IPA 테크니컬 워치 '새로운 유형의 공격'에 관한 리포트 ~Stuxnet 등의 새로운 사이버 공격 기법 출현~, 2010.12.

(10) '2016 한국을 바꾸는 10가지 ICT 트렌드', KT경제경영연구소

(11) 건설기술진흥법, 제13805호, 2016.1.19.

(12) Aboola, A. Chimay, A John, M(2013) "SCENARIOS FOR CYBER-PHYSICAL SYSTEMS INTEGRATION IN CONSTRUCTION" Journal of Information Technology in Construction-ITcon Vol. 18, pg. 240.

(13) Recommendations for implementing the strategic initiative INDUSTRIE 4.0, 2013. 4, Federal Ministry of Education and Research.

(14) Erik Brynjolfsson & Andrew McAfee(2014.). The Second Machine Age. 이한음 역(2014.). "제2의 기계 시대", 청림출판.

(15) "Cyber-Physical Systems Executive Summary", the CPS Steering Group. March 6, 2008. http://iccps2012.cse.wustl.edu/_doc/CPS-Executive-Summary.pdf.

(16) http://share.cisco.com/internet-of-things.html

(17) http://esa.un.org/unpd/wpp/index.htm

(18) http://gizmodo.com/5136970/hacking-road-signs-is-frightningly-easy-and-funny-and-illegal/

(19) http://www.telegraph.co.uk/news/worldnews/1575293/Schoolboy-hacks-into-citys-tram-system.html

(20) "Experimental Security Analysis of a Modern Automobile", K. Koscher et al, 2010 IEEE Symposium on Security and Privacy, http://www.autosec.org/pubs/cars-oakland2010.pdf.

(21) IoT, CPSを活用したスマート建設生産システム, 一般社団法人 産業競争力懇談会(COCN), 2016.3.

(22) CIM技術検討会 平成24年度報告, CIM技術検討会, 2013.4.

(23) CIM技術検討会 平成25年度報告, CIM技術検討会, 2014.5.

(24) 国务院, '国务院关于印发《中国制造2025》的通知', 2015.5.

(25) 新産業構造ビジョン中間整理, 産業構造審議会, 新産業構造部会, 2016.4.

(26) 国土交通省生産性革命プロジェクト, 日本國土交通省, 2016.8.

(27) IoT国際競争力指標について, 日本 総務省 情報通信国際戦略局.

(28) i-Construction～建設現場の生産性革命～, 日本國土交通省.

(29) 情報化施工推進戦略 ～「使う」から「活かす」へ、新たな建設生産の段階へ挑む!!～, 2013.3.29, 情報化施工推進会議.

(30) 「インダストリー4.0」と「IoT」を理解するための基礎, 知的資産創造, 2016.3月号, pp.72-107.

(31) 「第四次産業革命」(IoT時代のものづくり), 勉強会運営支援業務報告書, 平成

28年3月, 一般財団法人九州地域産業活性化センター.

(32) 次世代製造技術の研究開発ドイツ編, 2015. 1, 独立行政法人科学技術振興機構研究開発戦略センター.

(33) CPS(Cyber Physical Systems)基盤技術の研究開発とその社会への導入に関する提案, 2013.3, 独立行政法人科学技術振興機構研究開発戦略センター.

(34) サイバーフィジカルシステムとIoT(モノのインターネット), 情報管理 2015 vol.57 no.11.

(35) 社会連携講座の活動成果の概要(2009-2011), 2012.4.

찾아보기

저자 소개

황승현

강원대학교 토목공학과를 졸업하고 토목엔지니어링회사에서 구조설계와 건설소프트웨어회사에서 프로그램개발 및 기획업무를 수행하였으며 현재는 건설ICT 및 BIM에 대한 칼럼니스트로 활동하고 있다.

저서 및 번역서

- 《토목 그리고 Infra BIM》 씨아이알, 2014
- 《Civil BIM의 기본과 활용》 씨아이알, 2014
- 《옹벽 암거의 한계상태설계》 씨아이알, 2013
- 《엑셀을 이용한 토목공학 입문》 씨아이알, 2012
- 《실무자를 위한 흙막이 가설구조의 설계》 씨아이알, 2010 외 8권

4차 산업혁명과
건설의 미래

초 판 발 행 2017년 9월 27일
초 판 2쇄 2020년 2월 14일

저 자 황승현
펴 낸 이 김성배
펴 낸 곳 도서출판 씨아이알

책 임 편 집 박영지, 최장미
디 자 인 백정수, 윤미경
제 작 책 임 김문갑

등 록 번 호 제2-3285호
등 록 일 2001년 3월 19일
주 소 (04626) 서울특별시 중구 필동로8길 43(예장동 1-151)
전 화 번 호 02-2275-8603(대표)
팩 스 번 호 02-2265-9394
홈 페 이 지 www.circom.co.kr

I S B N 979-11-5610-335-6 93540
정 가 25,000원